现代混凝土科学的问题与研究
(第 2 版)

杨文科　著

清华大学出版社

北 京

内 容 简 介

　　本书通过大量工程实例、试验研究和理论分析，以及作者二十多年施工现场经验积累，指出了旧的混凝土理论对现代混凝土科学的偏差、不适应性和错误。从配合比、骨料和水泥的使用、纤维的使用、抗冻性、裂缝、耐久性、干缩、自愈合、高性能混凝土的使用等多个方面，对旧的混凝土理论和当前在学术界比较权威的结论，进行了补充、纠正，提出了自己的见解，取得了许多独创的科研成果，特别是对现代混凝土科学理论的研究，取得了一定阶段的开创性的研究成果。

　　本书对纠正当前混凝土界的一些片面性的或者错误的观点，对正确指导混凝土科学研究，提高当前混凝土工程的耐久性，控制和提高混凝土工程的施工质量，指导大专院校的教学，都有很重要的指导意义。

　　本书可供土建工程方面的技术人员、科技工作者和大专院校师生参考。

图书在版编目(CIP)数据

现代混凝土科学的问题与研究/杨文科著. —2 版. —北京：清华大学出版社，2015(2023.3重印)
ISBN 978-7-302-39896-7

Ⅰ. ①现…　Ⅱ. ①杨…　Ⅲ. ①混凝土—研究　Ⅳ. ①TU528

中国版本图书馆 CIP 数据核字(2015)第 076952 号

责任编辑：章忆文　杨作梅
封面设计：刘孝琼
责任校对：马素伟
责任印制：刘海龙
出版发行：清华大学出版社
　　　　　网　　址：http://www.tup.com.cn, http://www.wqbook.com
　　　　　地　　址：北京清华大学学研大厦 A 座　　　邮　　编：100084
　　　　　社 总 机：010-83470000　　　　　　　　邮　　购：010-62786544
　　　　　投稿与读者服务：010-62776969, c-service@tup.tsinghua.edu.cn
　　　　　质量反馈：010-62772015, zhiliang@tup.tsinghua.edu.cn
　　　　　课件下载：http://www.tup.com.cn, 010-62791865
印 装 者：涿州市般润文化传播有限公司
经　　销：全国新华书店
开　　本：170mm×240mm　　印　张：24　　　　字　数：485 千字
版　　次：2012 年 5 月第 1 版　2015 年 5 月第 2 版　印　次：2023 年 3 月第 5 次印刷
印　　数：15501～16000
定　　价：89.00 元

产品编号：054741-01

序　言

　　"大胆假设，小心求证"是胡适先生的观点，此言虽曾在政治语境下颇受争议，但在科学范畴，"假设"和"求证"恰似捍卫真理的干将、莫邪，相辅相成、缺一不可。而本书的作者——杨文科先生，正通过大量的假设与求证，探寻着混凝土应用科学的真理标准。书中，他对业界在混凝土应用方面的一些传统理论和共识提出质疑，并在其后阐释了自己对现代混凝土理论的思考。

　　混凝土，中文谓之"砼"，由结构学家蔡方荫教授提出，寓意"人工石"。时至今日，这种高效能的人造建材已成为城市文明的基座，见证了人类社会的繁荣发展。特别是近年来，伴随着我国社会经济的高速发展，中国混凝土使用量已占全世界总量的一半以上(根据全世界水泥产量估计)。因此，不断提升这种广泛使用的基础产业耗材的应用技术水平，不仅有助于推动产业革新，更有益于抵御灾害、节能环保，造福人民大众，服务国家战略。

　　混凝土虽已出现近两百年，但由于其自身属性，至今仍属实验科学，尚未进入计算(或定量)科学阶段。当然，随着科技水平和理论认识的不断提升，我们有理由相信，这一学科将日臻完善。也正是有了杨文科这样的学者，才让人们对这一应用科学的未来充满了信心。愚以为，无论本书所列观点对错与否，其中的部分认识和实践探索至少可为业界提供一个靶心，以供抛砖引玉、百花齐放。

　　当然，除却书中掷地有声的"大胆假设"，更令我感动的是作者"小心求证"的精神。概览全书后，读者会发现，书中蕴含了作者深厚的理论功底和丰富的实践经验，诚如他自己所述："二十多年来，热衷于在实践中对工程技术进行研究，特别是对混凝土，尤为偏爱。近十几年，几乎倾全部之精力……"本书正是作者对混凝土科学技术深入研究的一次重要总结，纵使不算毕生心血，亦占去其大半人生。二十年磨一剑，此志、此情、此功如何不令人动容？

　　在喧嚣浮躁的今天，一个人可以几十年如一日，为冰冷而枯燥的钢筋混凝土倾注如此大的热情，这种精神比书中的内容更加值得称道。在此，也恳请读者可以付以真心地阅读书中那些用大量心血和赤诚热情浇筑而成的文字。

中国民航机场建设集团公司总经理　洪上元

呼应杨文科，一起来探索

2012年6月，笔者手头添了本新书——清华大学出版社出版发行、杨文科著的《现代混凝土科学的问题与研究》。这本书通过大量的工程实例、试验研究和理论分析，凭借作者二十多年丰富的施工现场经验积累和潜心深入钻研技术的理解领悟，指出了旧的混凝土理论和经验对现代混凝土科学的偏差、失效和错误。从配合比、骨料和水泥的使用、纤维的使用、抗冻性、裂缝、耐久性、干缩、自愈合、高性能混凝土的使用等诸多方面，系统、全面地对旧的混凝土理论和经验以及当前在混凝土学术界尚被推崇的某些观点、意见，进行了鉴定、甄别、补充、纠正。提出了许多独到的见解，对创建现代混凝土科学技术理论体系，贡献了不少题材。这本书的内容，对纠正当前混凝土界的诸多片面性的或错误的观念和做法；对控制和提高混凝土工程的施工质量，提高耐久性；对引导混凝土科学研究和更新学科教学内容，都有值得重视的参考作用。

笔者深切感受到，近二三十年中国的混凝土生产和应用方式确实由传统混凝土向现代混凝土急剧转化着，相应的技术发展也是兴盛迅捷的。但是，由于多个方面的复杂现实情况，生产转型的潮流中也乱象涌动，喜中有忧。最应忧患的是相当普遍性的工程质量低劣情况。质量低劣多半与弄虚作假、偷工减料、违规犯禁、粗制滥造等行径相关联，这是不难查证的。要说这些是"技术问题"，恐怕相当勉强。但"技术问题"确实有所存在，主要是在传统混凝土向现代混凝土的技术变革中必要的破旧立新工作远未完成，对陈旧失效的传统理论和经验未予甄别和切割，科学有效的新理论技术体系未能完备建立，这在混凝土的生产和应用实践中有时就会茫然失措、无所适从。这方面，最为标志性的事例就是JGJ 55—2011《普通混凝土配合比设计规程》至今仍旧"规范"着当前"普通"混凝土配合比的"设计"。这个顶多是"追认"了若干现代混凝土的概念和事实，但设计理念和方法仍墨守其几十年的陈规，其实对现代混凝土完全是谬误和失效的，还硬要维持"法定权威"架势的"规范"，不知能"规范"出怎样的现代混凝土"配合比设计"来。作为有心人，笔者注意到：在生产技术难度高的高强度混凝土、自密实混凝土等现代混凝土的工程实践中，排除非技术性的成因的话，鲜有因技术施用不当而产生质量问题的，盖因这些高性能混凝土的生产技术，较少能掺杂进传统的理论和经验去干扰破坏，贯彻体现现代混凝土的理论技术较为纯正到位。反之，被传统理论和经验所"规范"，设计出的"普通混凝土"，究竟能有现代混凝土的多少成色？还实在难说清楚，但频频显现质量问题，则的确是事实。所以，面对当前混凝土质量问题的种种弊端，在技术层面上的解决之道只能是进行从传统混凝土到现代混凝土的完全彻底的科学技术变革，必须刻不容缓地推进学术体系的破旧立新，推进实践技术的拨乱反正，推进生产规范的新陈代谢。这是项繁重而又艰巨的任务，只有众多专家学者齐心协力、分进合击，才能完成。前些时候，从刊物上陆续读到廉慧珍等教授学者撰写的有关构建现代混凝土配合比设计的一些基本思路等文章，证实他们日益关注和参与推动技术变革的势态，倘若能够得到众多呼应，彼此唱和，把话题延伸和扩展开来，就是对技术变革的建树。杨文科先生的著述，从应用实践方面展开了一系列技术变革的话题，也是正当其时、弥足珍贵、意义重大的。

于是，在沟通协商之后，《商品混凝土》期刊编辑部决定用《博文天地》栏目连续转载杨先生的著述。由杨先生自行裁定连载篇幅，或依照原书稿，或作增删修改，悉听尊便。这样，《商品混凝土》7 月份刊出了杨先生的《谈混凝土的灵魂——配合比》一文，8 月份刊出了杨先生的《混凝土重要的原材料——粗骨料》一文，9 月份刊出杨先生的《混凝土核心原材料——水泥》一文，依次陆续连载到 2013 年下半年。如此推重杨先生的文章，固然是他的研究既有广度又有深度，饶有成果，很有价值，应予介绍。更是希望借此吸引广大读者，特别是专家学者，也来参与议论争鸣。利用本刊平台，进行不限话题、尽抒己见的学术讨论。杨先生的论文富含翔实的实证资料、精细的分析研判和慎重的立论建言，这些都是难得可贵的题材。你可以信赖给出的实证资料，即使你有不同的解读意见；你或许秉持其他的观念认识，但杨先生的立论建言你肯定要斟酌辨析。这样，无论杨先生的论点对错与否，其相关认识和实践探索至少可以提供一个靶心，吸引众议、抛砖引玉、集思广益、百花齐放，最终目的是推进现代混凝土的技术变革，实现其理论体系到技术规范的创建、发展和完善。

　　为此，笔者"自不量力、不揣浅陋"，也将以《杂议混凝土》为题发表一些议论，或许大多是姑妄之言，算是呼应杨文科，站台敲边鼓，甩出一批"板砖"，也来"抛砖引玉"，图个热闹。

《商品混凝土》编辑部

丁抗生

再 版 前 言

2012 年我的专著《现代混凝土科学的问题与研究》由清华大学出版社出版以来，在海内外引起了较大的反响，在民航、铁路、海军、空军、电力等广大施工单位，混凝土搅拌站，各大专院校受到了广泛的关注。

近二十年来，混凝土科学技术出现了翻天覆地的变化，而目前还在使用的混凝土科学的理论、公式和观点，基本上还是二十年前、甚至上百年前总结的，与现代混凝土环境相差巨大，这让国内外许多专家学者都感到十分困惑。本书正是指出了这些问题，同时提出了解决问题的初步方法。

《现代混凝土科学的问题与研究》一书在一年时间内，连印三次，发行 8000 余册，创造了同类科技书的发行奇迹。行业内权威的《商品混凝土》杂志，在本书出版一个月后，就进行了连载。我国混凝土科技界著名前辈，名誉主编丁抗生先生，发表了《呼应杨文科，一起来探索》的论文。2012年 12 月 1 日，由中国混凝土协会组织，此书的研讨会在北京举行，清华大学、浙江大学、铁道部、建设部、交通部、水电部、国家电网、海军等单位的四十多名专家学者与会，对书中所提出的问题和观点进行了热烈的讨论。我也应邀到国内多所大学演讲，2013 年 6 月，应香港大学关国雄教授邀请赴港，与香港大学、香港理工大学、香港科技大学等专家学者进行技术交流，同年 7 月，应我国台湾省混凝土协会会长，台湾交通大学教授赵文诚先生邀请，与台湾交通大学、台湾国立大学、台湾科技大学、海洋大学的同仁进行技术交流。在加拿大华裔学者刘清松先生推荐下，国际上著名的科技书出版商、权威的 Springer 公司，于 2014 年 11 月，出版了本书的英文版，面向全球发行。

我是一个普通的混凝土工作者，书中所写是自己近三十年现场工作的经验积累，片面性和错误自然在所难免。但在海内外学术界引起如此大的反响是万万没有想到的，也使自己感到十分欣慰，同时也倍加诚惶诚恐。在此我十分感谢混凝土科技界的许多前辈、专家，感谢常年战斗在工程一线的广大工程技术人员对本书的厚爱和支持。

由于本书涉及混凝土学科许多至今仍有争议的前沿问题，引起争议也在意料之中。许多专家学者在肯定本书的同时，也指出了书中的不足或错误，提出了补充和修改的意见，也有的学者对书中的个别章节，提出了十分尖刻的反对意见。也有许多意见超越了本书，反映了专家学者对混凝土科学发展方向和许多前沿问题的不同看法。总之，不论何种意见，对我来说，都是十分值得珍惜的。正如冯中涛工程师所说："由于我们都是混凝土科学的发烧友，必然会坦率地进行批评与自我批评。"

在这种情况下，我决定对本书进行补充修改和再版。主要的目的是对不同的意见进行整理和归纳，一方面体现百家争鸣的学术精神，另一方面也尽可能地防止一些片面的观点对读者造成误导。对于同意的意见，进行吸纳补充，在书中进行了修改，对于我暂时还不能同意的意见，也列入相应章节之后，以便读者思考。特别是对一些还没有形成定论和共识的重大前沿问题的争论，我尽可能地把争论双方有代表性的意见，都列入相应章节后面。因此，本次再版，对作者同意修改的内容用脚注加以说明，并在某些章后相应增加了"相同观点"和"不同观点"栏目。这也是本次再版的一个最大的特色。

另外，本书基本是 2005 年在内蒙古呼和浩特的一个工地写成的，原书共 16 章，2012 年出版的时候，由于有的学者对《粉煤灰，真的只有优点吗？》和《外加剂，是药三分毒》两个章节有尖锐的不同意见而删节，本次在征求了许多专家的意见后，重新补上。

在整理专家学者的意见时作者发现，大多数人的意见基本集中在书的第 1 章(混凝土的灵魂——配合比)，第 4 章(碱骨料反应，你在哪里？)和第 14 章(高性能混凝土，真的高性能吗？)，权威的《商品混凝土》杂志发表了许多学者对这几章的不同观点，使许多专家对这几个争议较大的问题有了更多的讨论、提高、升华，这是作者更感到欣慰的一件事。

总之，科学探索的道路是曲折的，也是不会停止的，我们每个人对科学的认知，其片面性和错误也是难免的，我希望能沿着探索的道路继续走下去，也非常高兴向各位同仁、前辈请教。如果有任何建议和意见，请发到我的邮箱 1332880590@qq.com。

最后，再次感谢以下教授、专家和单位对本书的关心支持和帮助，尽管有的人不同意本书的许多观点，甚至提出了较激烈的反对意见，但作者认为，这对我国混凝土科技的发展，都是大有益处的。

清华大学廉慧珍教授

清华大学覃维祖教授

清华大学阎培渝教授

北京建筑学院宋少民教授

浙江大学钱晓倩教授

武汉大学梁文泉教授

武汉理工大学陈银洲教授

兰州铁道交通大学王永逵教授

北京交通大学朋改非教授

西安冶金建筑科技大学王福川教授

长安大学刘开平教授

浙江嘉兴学院蒋元海教授

深圳大学丁铸教授

华东交通大学陈梦成教授

福州理工学院陈琪教授

香港大学关国雄教授

台湾交通大学赵文诚教授

台湾海洋大学黄然教授

台湾大维石业有限公司林明弘先生

加拿大公路局刘清松工程师

《商品混凝土》杂志社名誉主编丁抗生研究员

中国建筑科学研究院建材所混凝土研究室主任周永祥研究员

中国外加剂协会秘书长王玲研究员

中铁建设检测协会理事长安文汉

辽宁抚顺水泥股份有限公司赵黎宾高级工程师

海军后勤营房部林欢高级工程师

中国混凝土与水泥制品协会孙芹先秘书长

中国混凝土与水泥制品协会预拌混凝土分会路来军秘书长

中国混凝土与水泥制品协会韩小华副秘书长

中国混凝土与水泥制品协会预拌混凝土分会师海霞副秘书长

北京建筑材料科学研究总院段鹏选高级工程师

北京金港工程有限责任公司侯俊刚高级工程师

华西集团席青高级工程师

北京中关村建设集团中宏基公司李玉琳高级工程师

中国冶建研究院郝庭宇高级工程师

中国中铁一局集团畅亚文高级工程师

西北电力建设第四工程公司冯佳昱高级工程师

西北民航监理公司实验室主任冯中涛高级工程师

中铁一局四公司杨宏伟高级工程师

中铁七局三公司张朋军高级工程师

中建八局副总工程师王桂玲高级工程师

中铁十八局四公司总工程师杨雄利

山东高速青岛海湾大桥建设指挥部郭保林高级工程师

《商品混凝土》杂志社

《混凝土世界》杂志社

作　者

2015 年 2 月 20 日于北京

第八次印刷前言

今天，本书的第八次印刷开印了。

从 2012 年 6 月 1 日第一版第一次印刷开始，到 2015 年 4 月，根据许多专家、学者、前辈和朋友提的意见进行了修改，出版了本书的第二版。第一版共印刷了三次，第二版此前共印刷了四次，今天开始了第二版的第五次印刷。第一版和第二版加起来，这就是第八次印刷了。感谢各位读者对本书的厚爱，在短短的十年时间里，几乎每年要重印一次，这在我们建材行业里，也是一个难得一见的现象，此时此刻，我的心情非常激动，有许多话想说。

首先感谢清华大学出版社的领导，尤其是章忆文女士为此书付出的心血。在书稿争议很大的情况下，是她勇敢地决定出版这本书。使本书得以与广大读者见面。出版以后，立即在海内外学术界引起了强烈的褒贬不一的评价。我也因此多次受邀到海内外各著名的大学和研究机构演讲和交流。总之，混凝土界许多权威、前辈、朋友、同事们，不管对我的学术观点，持不同或赞同意见，他们当时的关注和帮助，对本书的完善，都起到了非常了不起的作用。另外，本书的英文版也印刷了两次，这要感谢国际上最权威的科技出版商 Springer 公司的专家编辑们，为本书英文版的出版及在全世界推广付出了辛勤的劳动。

另外，必须要提出的是，在本书出版半年以后，在清华大学廉慧珍教授的建议下，中国混凝土协会组织全国不同行业的知名专家教授，就本书的观点专门开了一次讨论会，扩大了本书在当时我国混凝土界的影响。海外的许多教授权威，比如，香港大学关国雄教授，台湾交通大学赵文成教授(已逝)，台湾大维石业有限公司林明弘先生，美国加州大学金伟华教授，都热情邀请我到海外交流、讲学，促进了本书在国际混凝土界的影响。当然，到目前为止，还有些学者对我的观点持不同意见，我在此对他们也表示尊重。

我更要感谢我的祖国，是国家的经济腾飞，以及近四十年来国家在基建领域大规模的投入，为我这样的混凝土工作者提供了大量的实践机会，让我才有可能在工程实践中不断发现问题、总结问题、反复验证，才有了今天这一本书。没有国家的发展，就没有我作为一个混凝土工作者的今天。我个人的进步，是我们国家经济发展进步的缩影，个人只是整个经济发展过程中的是一滴水和一粒沙。

混凝土是一门经验科学，任何理论或者权威观点都必须得到工程实例的验证，要不然就是空中楼阁。我就是在几十年来的大量工程实践中，发现了我们过去和现有的混凝土理论、权威观点及技术，还存在着一些缺点和不足。本书的主要内容是以质疑为主。所以出版以后，在行业里引起的争议之大可想而知。首先在全国学术界，引起了理论问题的大讨论，对配合比的原则、鲍罗米公式、高性能混凝土等问题，许多专家学者都发表了各自不同的观点，《商品混凝土》杂志主编，我国著名学者丁抗生老前辈，破例在杂志上连载了这本书，并发表了《学习杨文科，大家来探索》的编者按，大概用了一年时间，杂志刊登了来自全国不同领域的专家学者对书中观点的讨论与商榷。尤其以高性能混凝土是不是品质最好的混凝土这个问题，争论最为激烈，我也专门写了文章《雾里看花的高性能混凝土》，这篇文章在我国学术界、工程界震动最大，并且传到海外。这次讨论，也直接引起了我国对高性能混凝土定义的重新修改。

通过本书的出版，丰富了我的知识，开阔了我的视野，得到了海内外许多著名权威专家的指导和帮助，我的专业知识水平也得到了很大的提高。从 2016 年开始，我充分吸收了许多权威专家的观点，以及我自己对许多理论和技术问题的认识，开始在工程实践中进行新的探索，北京大兴新机场工程，给了我开发新技术、探索新道路的一次大好的机会。我根据自己对现代水泥生产问题的看法，结合我国权威专家如清华大学廉慧珍教授、覃维祖教授，同济大学黄士元教授等人的技术观点，在金隅集团琉璃河水泥厂李衍厂长、练永财厂长、技术室主任桑红山工程师的大力支持下，研制出了能大量减少混凝土收缩的新的抗裂水泥。在北京新机场飞机跑道、地下管廊、候机楼大体积混凝土地板上应用，取得了惊人的好成绩。后来这一技术，在北京市政高强混凝土有限公司李彦昌总工、杨荣俊副总工，铁道部科学研究院谢永江研究员等人的支持下，在京张高铁八达岭地下火车站、南水北调亦庄水塔工程上应用，实现了无裂缝，这些成绩震动了我国混凝土工程界。2019 年，在中国混凝土协会主持下，组织全国民航、铁路、公路、水利、市政、房建等行业权威专家，对我们这一技术进行了鉴定，鉴定结论是达到了世界先进水平。目前，我们这一项技术已经在全国各地多个工程上应用，都取得了无裂缝的好成绩。我现在又在兰州机场工地，重庆机场工地、对我书中的其他的技术观点进行应用实践，力图将世界混凝土最大的技术难题——裂缝和龟裂问题进行彻底解决。

总之，我的成长得益于这本书，主要是通过这本书，我得到了我国混凝土前辈，各行各业的权威的学者、专家以及同行的热情帮助，他们不同的观点和思路，使我受益良多。我取得的任何成绩，都离不开他们辛勤的指导帮助。

昙花虽须臾，也不负平生。这本书是我 40 年工程现场实践经验的总结，大学毕业 40 年来，从乌鲁木齐到上海，从哈尔滨到海南岛，我一直奔赴在各个工地，干过各种不同类型的工程，得到了大量的实践经验。书中的每一个字，都是我一笔一划写的，都是我辛勤汗水换来的。为了彻底弄清抹子遍数对混凝土抗冻的作用，我曾经穿着军大衣，整夜站在施工现场，一点一点观察；为了弄清高性能混凝土的优缺点，我曾在 99 米高的斜拉桥塔顶上，穿着军大衣，系着安全带，冒着大风，一点一点观察；为了弄清干缩的全部原因，我在呼和浩特机场，同时指挥全国不同地方、不同环境下的五个工地，在同一时间开打混凝土。当时的情景，至今历历在目。所有这些付出换来了这本书受到了国内外混凝土科学界的重视，这是我一生的自豪和骄傲。

谨以此书献给我国学术界、科技界以及战斗在全世界不同工地上的，我的同行和朋友们，正是我们大家的共同努力，我们中国的混凝土理论和技术，正踏踏实实地、一步一步向世界混凝土科学的顶峰前进！所以这也是我们这个集体的自豪和骄傲。

再一次谢谢大家！

杨文科

2022 年 7 月 1 日于兰州中川机场工地

第1版前言

作者大学毕业25年，24年工作在施工一线，参与修建过房屋、桥梁、隧道、机场、码头等铁路、公路、民航、水利的各项工程。从新疆到上海，从海南岛到哈尔滨，全国三十多个省(自治区、直辖市)除个别省(市)外都做过不同类型的工程。这期间做过施工单位的测量员、技术员、工程师、总工程师、监理工程师、总监理工程师、项目经理、项目总工程师；做过项目管理部副总经理、总经理；参与领导过设计工作，并参与主持过多项大型科研试验，解决过多项技术难题。

二十多年来，作者热衷于在实践中对工程技术进行研究，特别是对混凝土，尤为偏爱。近十几年，几乎倾全部之精力，投入到对混凝土各个问题的研究之中。对许多重大问题取得了独有的科学成果，汇集后形成本书，名为《现代混凝土科学的问题与研究》。

什么是现代混凝土？它与过去的混凝土有什么区别？

作者认为，从20世纪末开始，混凝土科技三个重大的技术进步，催生了现代混凝土。这三个技术进步是：①水泥工业的技术进步，使高强度、高细度水泥大量用于实际工程中；②泵送施工工艺和商品混凝土的出现，使大流动性混凝土大量使用；③高效减水剂和大掺量粉煤灰混凝土的使用。所以，现代混凝土当然是指以高流动性、低水胶比、掺有大量粉煤灰或其他活性混合材为特征，以高性能为代表的混凝土。

出现了现代混凝土，过去混凝土的生产和使用是否就可以抛弃，是否现代混凝土的所有性能都优于过去的混凝土呢？作者认为不是这样的。现代混凝土和过去的混凝土都各有优缺点。不论是抗冻、抗渗、收缩以及最重要的耐久性问题，它们都有自己的优势和缺陷。对一个具体的工程，甚至同一个工程的不同部位的质量和耐久性来讲，是使用现代混凝土还是过去的混凝土，哪个更有利一些？要根据具体的情况而定，不能一概而论。

那么起源于过去的混凝土工程实践的理论和一些经验公式，是否适应于现代混凝土呢？作者认为是不适应的。过去的混凝土科学的许多基础理论和较权威的经验公式，使用到现代混凝土中，都产生了不适应性。比如过去的混凝土中的水灰比理论，鲍罗米强度公式，配合比中的比表面积理论，使用到现代混凝土中，偏差很大，甚至是错误的。在过去的混凝土中，裂缝是最严重的质量事故，而在现代混凝土中，裂缝由于必然要产生和无法防治这两个原因而被漠视。

现代混凝土作为一种成熟的技术已经被广泛使用，但对其理论的系统总结研究一直没有跟上。这个工作谁来做？作为当代的混凝土科技工作者都责无旁贷。根据 2009 年的统计资料，全世界有一半以上的水泥产量在中国，也就是说，有一半以上的混凝土工程在中国实施，那么，中国的混凝土科技工作者，应该有更多的机会来总结现代混凝土的理论和经验。

本书就是作者不自量力，对这一问题进行总结和探索的成果。全书共14 章，前 12 章是针对每一个具体问题，对权威的旧理论和经验总结进行新的研究分析，指出它们的不足和偏差。第 13 章是对现代混凝土理论进行的探索和研究。最后一章是针对新疆吐鲁番机场跑道混凝土失水裂缝问题进行的一次规模较大的科研总结报告。将此报告放在本书的最后一章，是让读者由此看到作者取得每项科研成果时所采用的方法，试验和结论取得的过程。以加深对前面 13 章中所有成果的认识。总之，错误难免，抛砖引玉，欢迎广大的混凝土工作者批评指正。

完成此书，作者也可谓感慨良多。经过无数次反复对比、试验和工程实践，弄清了影响裂缝产生的 23 种因素，并按其影响大小和重要性进行了科学排序；第一次通过工程实践对纤维混凝土的使用范围和缺陷进行了符合实际的论断；通过无数个工程实例，对引气剂的使用效果和缺陷做了论证；为了正确地弄清影响干缩裂缝发生的因素，曾在一年的时间内和自己的团队一起，对我国东西南北五个不同类型的工程，同时进行观察试验。并多次深入我国新疆吐鲁番、阿拉山口等干旱、高温、大风地区，针对干缩裂缝对工程耐久性的影响及危害进行调研，得出了干缩是普通环境下普通混凝土耐久性第一危害和天敌的结论；特别是"现代混凝土的科学基础"一章，从 2003 年开始用三年功夫写成以后，发给我国各权威专家征求意见，曾引起激烈争论。为了进一步验证观点的正确与否，作者又一次深入施工现场，用四年时间反复验证，并做了适当修改，今日才拿出来与读者见面。其他章节的情况也与此类似。另外，由于本书绝大部分学术观点都与当前科学界流行或者公认的观点不同甚至相反，求证时无不是多次工程的反复实践，多次试验的相关数据，小心求证得出结论。

因此，在这里作者要特别感谢自己团队里的冯中涛、侯俊刚、席青、韩民仓、任惠平、袁晓娟、郑鹤、王昭元、林兴刚、唐雅琦、赵金鹤、杨宏伟等工程师，是他们长期不辞劳苦，战斗在施工一线，对作者的每一个结论进行反复验证，是本书形成的坚强后盾。作者还要感谢我国混凝土界的权威专家，清华大学覃维祖教授、廉慧珍教授，原《混凝土》杂志主编刘良季研究员等，他们也可能不完全同意本书的观点，但他们多年来对作者的支持、帮助和鼓励，是作者长期以来能坚守清贫、心无旁骛地进行混凝土研究的精神支柱。

作　者

2012 年 4 月

目　　录

第 1 章

混凝土的灵魂——配合比

配合比是混凝土的灵魂。混凝土的性能、质量和耐久性的好坏都与配合比有直接或间接的关系。工程的设计强度明确以后，现场工程师首先要考虑的是如何做好配合比。怎样才能做好配合比？做配合比时我们的理论依据是什么？应坚持什么样的原则？对现代混凝土来说，无论是理论基础，还是在理论基础之上建立起来的规范，都出现了许多新问题。这些问题是怎么产生的？如何解决？这些是当前困扰混凝土科技界最严重的技术难题。

二十年前，配合比的理论基础有比表面积法、水灰比原理及鲍罗米强度计算公式等[①]，以及在此基础上制定的规范，可以说混凝土科学技术理论也是在此基础上发展起来的。那时，依据理论和规范做具体的配合比工作，基本上满足工程需要，也基本符合工程实际。但现在，用二十年前的比表面积理论、水灰比原理和规范来指导现代混凝土，特别是现代混凝土的配合比工作，已经是错误很大，相差千里了。比如说，二十年前，以比表面积法为理论基础制定的配合比规范认为，提高砂率，强度就必然会相应降低，可对现代混凝土来说，却不是这样；适当地加大水灰比，强度也必然会相应降低。对现代低水胶比混凝土来说，这个说法也不一定对。以上种种原因，使现代混凝土的配合比工作，从理论到规范，都出现了混乱和问题，以致现在工地上的配合比工作，主要靠工程师们的经验进行，靠老一代传帮带。所以我们必须重新建立配合比问题的理论基础，使它能和现代混凝土的技术进步相匹配、相适应，并在此基础上建立新的符合工程实际的规范。但现代混凝土的配合比工作，由于受太多的因素影响，因此建立新理论，制定新规范，绝不是一件容易之事，也绝非个人之力所能为。本章是作者根据个人经验，来讲解现代混凝土的配合比理论问题和在做配合比时应注意的原则及事项。以抛砖引玉，向各位专家学者请教。

1.1 过去配合比所依据的理论基础

从世界上第一次发现天然水泥以来，1824 年，英国利兹的一个施工人员约瑟夫·阿斯普丁(Joseph Aspdin)提出"波特兰"水泥的一个专利，大家

---

① 按冯中涛工程师的意见修改。

认为这是混凝土技术的开始。有了水泥，还要将粗、细骨料和水与其混合在一起才能形成混凝土，才能进行工作。这四个组分如何搭配，它们各自合理的比例是多少？这就是混凝土配合比问题的首要理论实质。

近二百年来，关于如何进行颗粒的合理搭配[①]，配合比在理论上有三种方法，分述如下。

1. 比表面积法

此法是最早、也是使用时间最长的一种方法。这种方法的实质是，粗细骨料都是一种零散体，只有用水泥和水[②]，如同粘接剂一样把它们粘接起来，才能形成人造石头——混凝土。那么粘接剂(水泥)的需要量，就与粗细骨料提供的表面积总量有关。粗细骨料提供的总的表面积越多，在达到一定的强度要求的前提下，水泥的需要量就越大；相反，就会越少。在这种思路指导下，粗骨料相对细骨料，在同等体积下，粗骨料提供的比表面积比细骨料要小得多，所以，在做一个具体的配合比时，在满足施工要求的前提下，尽可能地提高粗骨料用量，降低砂率，是比表面积法最重要的原则。最通俗的理解是，比表面积法把水泥看成能粘结砂石的一种"浆糊"。那么砂石提供的表面积越少，达到同样强度所需的水泥"浆糊"就越少。

图 1-1 所示为混凝土内部粗细骨料示意图，可见粗骨料越多，在达到一定强度时水泥需要量就越少。

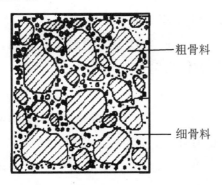

粗骨料

细骨料

图 1-1 混凝土内部粗细骨料示意图

---

① 按安文汉教授级高工的意见修改。

② 按冯佳昱教授级高工的意见修改。

如果我们把图 1-2 中的粗骨料放大，取掉一个粗骨料用细骨料代替，表面积就会成倍增加。在达到同等强度的前提下，水泥的需要量就会加大。

比表面积法认为，在一定的条件下，尽可能地降低水泥用量，就可以降低工程成本，减少混凝土的收缩。特点是尽可能多地使用粗骨料，减少细骨料用量和水泥的使用量。

总之，在混凝土科学的发展历程中，配合比中的比表面积法是使用时间最长的一种方法。在理论上有简单易懂的特点，但到目前为止，还有些问题没有搞清楚，还需要经验来补充。比如说，我们在配合比中，根据工程需要，减少了 1 千克粗骨料，那么需要增加多少千克细骨料，由此又需要增加多少千克水泥呢？这个问题上百年来一直靠经验来处理。

图 1-2　混凝土中由细骨料代替粗骨料引起的表面积变化示意图

2005 年，北京市建筑工程研究院退休的工程师傅沛兴，提出了骨料的表面积和直径的关系：认为当骨料的直径减少一半时，其表面积就会增加一倍。例如，当我们用直径为 2cm 的骨料代替直径为 4cm 的骨料时，水泥用量就会增加一倍。以下是傅沛兴工程师对正方体的计算。

以边长为 2m 的正方体为例：

体积　　　　　　　　　　　$V_1=2×2×2=8(\mathrm{m}^3)$

表面积　　　　　　　　　　$S_1=6×2×2=24(\mathrm{m}^2)$

将其切为 8 个小正方体时：

总体积　　　　　　　　　　$V_2=8×1×1×1=8(\mathrm{m}^3)$

总表面积　　　　　　　　　$S_2=8×6×1×1=48(\mathrm{m}^2)$

计算结果　　　　　　　　　$V_2=V_1$

$$S_2=2S_1$$

所以，正方体边长小一半，其体积相同，但总表面积增加一倍。

同时，傅沛兴对其他多边形和球形也进行了同样的计算，结果是一样的。这是对比表面积理论很好的补充。但经丁抗生教授验证，这种方法仅适用于正方体和球体，对其他长方体或不规则体并不适用[①]。所以，如果用于工程实际，还需要有人做进一步的研究。

2. 最大密度法

此法的核心是，组成混凝土的粗、细骨料以及水泥首先应有合理的级配，以求得混凝土有最大的密度和最低的空隙率。如果组成粗细骨料和水泥颗粒的级配不合理，就会在混凝土内部造成很多空隙，这时候套用比表面积理论必然误差很大。所以，组成混凝土的各种颗粒，必须求得最佳级配和最大密度，才能保证混凝土内部有最小的空隙率，如何保证有最大的密度和最小的空隙率呢？主要根据富勒的连续级配理论，其方程式见公式(1-1)。

$$P=100\sqrt{d/D} \tag{1-1}$$

式中：P——通过某筛孔的百分数，%；

　　　D——粗骨料最大直径，mm；

　　　d——筛孔的孔径，mm。

富勒级配曲线可用公式(1-1)表示，虽然瑞士学者鲍罗米和法国学者费瑞特根据混凝土实际配置情况有所调整，但级配曲线没有根本性变化。

为满足高性能混凝土与自密实混凝土的砂石最优级配的需要，意大利学者泰勃勒将富勒连续级配公式修改为公式(1-2)的形式。

$$P=100\sqrt[3]{d/D} \tag{1-2}$$

只有符合富勒曲线，由大小颗粒组成的材料才会有最大的单位容重和最小的空隙率。我国许多行业的施工规范中，对混凝土砂石料级配的要求都是以富勒曲线为基础，并根据我国的具体情况做了适当修改后形成的。目前我国《公路路面混凝土配合比设计规程》中，就是以最大密度法为理论依据的。

---

① 按丁抗生教授的意见修改。

3. 魏矛斯断档级配法

魏矛斯认为,在连续级配中,直径相邻的小颗粒会对大颗粒形成的骨架带来不利影响。同样,我国清华大学廉慧珍教授等人的研究也认为:只有当小颗粒的直径约为大颗粒的六分之一时,小颗粒才能完全只起到填充大颗粒骨架形成的孔隙的作用,而不会对骨料的空隙率起到负面的增加作用。为了不给空隙率和混凝土的强度带来不利影响,所以必须人为地对混凝土中的大小颗粒进行断档级配。

在这个思路的支配下,混凝土中的粗骨料一般都是单级配而不是二级配。也就是说,粗骨料只用2~4cm的石子,人为去掉0.5~2cm的小石子,提高砂率,在不增加水泥用量的前提下也能达到理想的空隙率最低而强度较高的效果。

以上三种有关配合比的理论是到目前为止我们做任何配合比的依据。

比表面积法以如何减少骨料的总表面积为核心,最大密度法和断档级配法以如何增大骨料的单位容重和最小空隙率为核心。二者表面上看起来似乎有矛盾之处,但仔细分析后就不难发现,最大密度法和断档级配法都是对比表面积法的补充。

比表面积法是使用时间最长、影响最大的一种方法。我国的普通混凝土配合比设计规程到目前为止都是以它为理论依据的。国外的情况也基本一样。最大密度法近二十多年来在我国公路、民航使用较普遍一些。在一个单位,老一代工程师用比表面积法多一些,而中青年一代使用最大密度法多一些。在同一个工地,使用同样的原材料做同一强度的配比,两种方法在粗细骨料的用量上大不相同。表1-1是2003年在广州白云新机场、2005年在内蒙古呼和浩特机场、2008年在天津机场对机场跑道设计抗折强度为5MPa的干硬性混凝土,老一代工程师和中青年工程师所做的配比。

表1-1 广州、天津、呼和浩特机场干硬性混凝土不同配合比对比表

编号	水泥/kg	水/kg	大石(2~4cm)/kg	小石(0.5~2cm)/kg	大小石比例	砂/kg	砂率/%	强度/MPa	备注
1	320	133	705	705	5:5	635	31	6.08	广州机场
2	320	133	1080	360	7:3	617	30	6.12	广州机场

续表

编号	水泥/kg	水/kg	大石(2~4cm)/kg	小石(0.5~2cm)/kg	大小石比例	砂/kg	砂率/%	强度/MPa	备注
3	315	132	846	564	6:4	672	32	5.97	呼和浩特机场
4	315	132	987	423	7:3	588	29	5.86	呼和浩特机场
5	320	132	862	568	6:4	675	32	5.81	天津机场
6	320	132	994	426	7:3	548	28	5.76	天津机场

注：强度值为 28 天 3 组平均抗折强度。

从上面几个不同的配比可以看出，每个机场的第一个配比是按最大密度法做出来的，大小石比例是 5:5 或 6:4，砂率是 32%；第二个是按比表面积法原理做出来的，大小石的比例是 7:3，砂率是 28%甚至 26%。二者的 28 天强度基本一致，没有高低之分。作者根据自己的经验对这两种方法进行对比点评认为：比表面积法在低标号(C30 以下)和大水灰比混凝土中适应性较好，而最大密度法在高标号(C40 以上)和较低水灰比(水灰比为 0.45 以下)适应性较好。

除以上说的颗粒如何合理搭配的理论外，水灰比的理论也一直是配合比最重要的理论。混凝土中加入水，目的是满足水泥水化的需要，但这个需要量是多少呢？大致为水泥用量的 20%左右。也就是说，水灰比为 0.2 左右就能满足水泥水化的要求了。但现在工程上用的水灰比，基本上都在 0.3 以上。这是为什么？这主要是为了满足施工操作的要求。也就是说，过低的水灰比非常干硬，施工时难以成型，也会带来许多质量问题，所以，在施工时就要多加水，加大水灰比。但多加的水不参加水泥的水化反应就变成混凝土中的自由水，蒸发后混凝土中就形成了空隙，而空隙就影响了混凝土的强度。所以，水灰比越大，混凝土强度就越低，是做配合比时最重要的原理。著名的鲍罗米强度公式 $f_{28} = Af_{28-1}(C/W - B)$ （式中，f_{28} 为混凝土的 28 天强度，f_{28-1} 为水泥的 28 天强度，C/W 为灰水比，A 和 B 为与骨料强度有关的经验常数)，就是以这个原理为依据总结出来的。

1.2　旧的配合比理论和现代混凝土的不适应性

以上所说的就是我们过去做配合比时所依据的理论基础，也可以说成是旧的配合比理论。但现在，为什么说旧的配合比理论指导不了现代混凝土的配合比设计？主要的原因是什么？随着现代混凝土技术的不断发展，在具体的配合比工作中，用旧的比表面积法指导配合比工作，出现了很大的误差，主要表现在以下几个方面。

1. 旧的配合比理论认为，砂率对强度有直接影响，砂率越高，强度就越低

在旧的配合比的比表面积理论中，由于细骨料的多少对混凝土中骨料的总表面积有较为重要的影响，也就是说，砂率对强度有直接影响，砂率越高，强度就越低。但在现代混凝土中，砂率的大小对强度已经没有明显影响。如表 1-1 中，作者在不同的机场做的对比试验，砂率从 26%、28% 到 32%，对飞机跑道的干硬性混凝土强度都没有明显影响。在这一问题上，许多专家学者也得出过和作者相同的结论，特别是在现代高性能混凝土和坍落度较大的自流平、免振捣混凝土中，砂率在 34%~46% 之间变化对强度无明显影响。

2. 旧的混凝土理论中，水灰比和强度的关系是最重要的关系式

旧的混凝土理论中，水灰比和强度的关系是最重要的关系式，即水灰比越大，强度就越低。在现代混凝土中，特别是对 C40 以上混凝土，这些理论和实际的实验数据找不到相关性。表 1-2 中所列的是作者近些年在几个机场做的部分干硬性混凝土配合比。水灰比从 0.38 到 0.45，试验的结果使作者认为：当水灰比在这个区间时，强度的大小和水灰比的大小找不到相关性。

3. 强度和水泥用量的对比关系

过去，我们做配合比时，如果发现强度不理想，一般第一个要采取的措施就是增加水泥用量。近几年在每一个工地我们都要做强度和水泥用量的对比关系，发现相关性也很差，几乎找不到规律，如表 1-3 所示。

表 1-2　三个机场不同水灰比抗折强度对比表

编号	水泥 /kg	水 /kg	水灰比	大石(2～4cm)/kg	小石(0.5～2cm)/kg	砂 /kg	砂率 /%	强度 /MPa	备注
1	320	133	0.41	705	705	635	31	6.03	广州机场
2	320	143	0.45	705	705	635	31	6.11	广州机场
3	320	123	0.38	705	705	672	32	6.17	广州机场
4	320	137	0.43	862	568	675	32	5.86	呼和浩特机场
5	320	127	0.40	862	568	675	32	6.01	呼和浩特机场
6	320	123	0.38	862	568	675	32	6.05	呼和浩特机场
7	320	141	0.44	832	555	652	32	7.40	乌鲁木齐机场
8	320	132	0.41	832	555	652	32	6.95	乌鲁木齐机场
9	320	125	0.39	832	555	652	32	6.99	乌鲁木齐机场

注：强度值为 28 天 3 组平均抗折强度。

表 1-3　三个机场不同水泥用量抗折强度对比表

编号	水泥 /kg	水 /kg	水灰比	大石(2～4cm)/kg	小石(0.5～2cm)/kg	砂/kg	砂率 /%	强度 /MPa	备注
1	320	141	0.44	832	555	652	32	6.09	和田机场
2	325	143	0.44	832	555	652	32	6.04	和田机场
3	330	142	0.43	832	555	652	32	6.35	和田机场
4	350	144	0.41	832	555	652	32	6.99	和田机场
5	320	138	0.43	862	568	675	32	6.01	呼和浩特机场
6	330	142	0.43	862	568	675	32	6.05	呼和浩特机场
7	320	144	0.45	832	555	652	32	7.4	乌鲁木齐机场
8	325	146	0.45	832	555	652	32	6.88	乌鲁木齐机场
9	330	149	0.45	832	555	652	32	7.29	乌鲁木齐机场
10	335	151	0.45	832	555	652	32	6.98	乌鲁木齐机场

注：强度值为 28 天 3 组平均抗折强度。

　　工地上的配合比工作是在半理论半经验的状态下进行的，半理论主要是以水灰比原理和比表面积法为基础，最大密度法和断档级配法为辅助，半经验是指仅仅靠理论还是做不了一个实际工程的配合比的。比如，我国《普通混凝土配合比设计规程》(JG J55—2000)中指出，配合比中有两个重要的经验系数——回归系数 α_a 和 α_b，就主要靠工程师的经验选取，否则，配合比是做不出来的。现在，根据过去的比表面积理论和水灰比原则、砂率选取原则、水泥用量选取原则，根据作者在表 1-1～表 1-3 中的试验结果，做出的配合比都出现了偏差，这就说明过去的配合比理论已经不适应现代混凝土了。这一点，从我国 2000 年出版的《普通混凝土配合比设计规程》中，也能得出同样的结论。在这本规程中，做配合比的第一步就是水灰比的确定，第二步是水泥用量的确定，第三步是砂率的确定。而这三步如何确定，主要是以比表面积的理论为基础的。而这个理论对指导现代混凝土配合比，已经偏差很大了。

1.3 原因和困惑

为什么会出现以上情况？这主要是由于近二十年来，混凝土技术出现了以下的重要变化。

1. 比表面积

在 21 世纪以前，我国的房屋、道路、桥梁、隧道等建筑没有采用商品混凝土和泵送工艺，混凝土的坍落度可以尽可能降低，一般不大于 5cm(只有在水下封堵混凝土和桥墩基桩现浇混凝土施工时，才采用坍落度大于 10cm 的大流动性混凝土)。现在，我国绝大部分建筑都采用了商品混凝土和泵送施工工艺，坍落度一般大于 15cm。为了提高坍落度，混凝土中的粗骨料用量被大幅度降低(过去的混凝土粗骨料用量一般在 1200kg/m³ 左右，而现在的高性能混凝土用量一般在 1000kg/m³ 左右)，粒径也被大幅度减小(过去粗骨料粒径一般是 2～4cm，当前高性能混凝土中大多数采用 1～2cm 粒径)。这样，混凝土中各种颗粒组成的总的表面积，都达到了过去从来没有过的最大限度。这样，以控制总的表面积为指导思想的配合比原则，在使用中就自然出现了较大的偏差①。

另外,在 21 世纪以前,加工粗骨料的机械采用的是挤压式的工作原理(即锷破式)。这种方式生产出的碎石,针片状含量较大,超过了规范要求,对混凝土的强度影响较大。而现在我们采用的破碎机械,其工作原理是锤击式(即锤破或反击破)。采用这种方式破碎的粗骨料,针片状含量完全满足规范要求,对混凝土强度的负面影响降低;粒径的减小和粗骨料用量的降低使原来粗骨料颗粒内部的软弱面和节理面对混凝土强度的负面影响降低,也使水泥石与骨料粘结面,这个薄弱环节对强度的负面影响降低。

2. 水灰比

在 21 世纪以前,由于施工工艺的落后,高效减水剂未投入使用等原因,我们在工程中实际使用的混凝土,其水灰比极少有小于 0.4 的。而现在,随着高效减水剂投入使用、各种新的矿物掺合料被大量使用,水灰(胶)比小于 0.4 的混凝土被广泛用于工程中。低水灰(胶)比(小于 0.4)混凝土在工程中被大量使用,使过去我们在大水灰比(大于 0.4)条件下总结出的,水灰比与强度成反比的线性关系式,典型的鲍罗米强度公式,在使用时出现了较大的偏差。

3. 强度

21 世纪以前,工程中使用的基本上是 C30 以下的混凝土。那时候 C30 被人们认为就是高标号混凝土。现在,C40 以上的混凝土在工程中的用量已远大于 C30 以下的混凝土。在建筑物中的重要结构,如板、梁、柱等,已基本上不使用 C30 以下的混凝土了。这样,我们在低强度时总结出的一些经验、理论和经验公式,在高强度使用时也出现了偏差。

4. 水泥细度

21 世纪以前,由于受水泥生产技术落后的局限,水泥的细度很难达到 $300m^2/kg$ 以上。而现在,随着机械工业技术的不断发展,我国现在 $42.5^{\#}$ 水泥的细度一般在 $350m^2/kg$ 以上,有的甚至超过了 $400m^2/kg$。水泥细度的

---

① 按林欢教授级高工的意见修改。

增加使比表面积的大小对强度的影响出现了新的变化①。

5. 其他

高性能混凝土的大量应用，泵送的大量应用，大掺量粉煤灰的应用，高效减水剂的应用；水泥工业方面：闭路磨的使用，细度的大幅度提高，高效选粉机和助磨剂的使用等，都使混凝土技术有了彻底的改变。

假如我们把近二百年来的混凝土的理论科学比作一座高楼，那么配合比中的比表面积理论、水灰比理论、骨料和水泥使用等方面的技术，就是这座高楼的基础。现在，我们的基础出现了问题，对混凝土学科来说，还有什么问题比这更严重呢？

近二十年来，我国的混凝土科技界出现了一个怪现象：一个有几十年经验的科技工作者、教授甚至院士，指导不了工程现场遇到的、可能是很普通的技术问题；任何权威的著作，或大家公认的结论，都能在施工现场找到反证。

综上所述，二十年前，配合比的理论基础有比表面积法、水灰比原理和鲍罗米强度公式等，可以说混凝土科学技术理论就是在此基础上发展起来的。那时，依据理论和规范做具体的配合比工作，基本上满足工程需要，也基本符合工程实际。但现在，用二十年前的理论和规范来指导现代混凝土，特别是高性能混凝土的配合比工作，误差很大。配合比工作已经由原来的半经验、半理论的模式走向完全靠经验的模式。以致现在工地上的配合比工作，主要靠工程师们的经验进行。

所以，必须重新建立新的配合比理论，使它能和现代混凝土的技术进步相匹配、相适应，并在此基础上建立新的符合工程实际的规范。

建立新理论，制定新规范，绝不是一件容易之事，也绝非个人之力所能为。本章是作者在这个问题上所做的一些探索性的工作。

1.4 对建立现代混凝土配合比理论的思考

配合比是混凝土的核心问题，是灵魂，人们的任何学术思想都会在配

---

① 按段鹏选教授级高工的意见修改。

合比设计上有所体现。如果我们的配合比工作没有理论和学术思想上的指导，只靠每个工程师有限的实际经验，那么，混凝土科学的发展就只能靠现场工程师了，学者们只有靠边站了。那样的话发展就进入死胡同了，因为任何科学的进步必须靠实践和理论两条腿走路。实践，认识；再实践，再认识。从实践总结上升到理论，是我们必须要走的正确的道路，也是我们必须要完成的工作。

作者认为目前建立现代混凝土配合比新的指导理论面临两座大山式的难题。

一是混凝土的发展进入了"第二阶段"(参见本书第 15 章)，很多相关因素的相互影响十分复杂。比如说，旧的混凝土理论中，影响强度的因素只有水泥石(包含水灰比)、水泥石与骨料的粘结面和骨料自身的强度三种，现在大的方面有原材料、配合比、养护条件、施工工艺和环境气候条件等，细分恐怕有几十种了。在这样的条件下，关系式的建立和理论上的总结提高，难度非常之大。

二是学者们的学术思想非常混乱，许多思想甚至尖锐对立。比如，高性能混凝土是不是耐久性最好？有人说是，有人说不是。有人提倡大掺量粉煤灰，有人反对。正如作者在施工现场的总结：现在任何权威的观点都能在现场找到反例，等等。

在这样的学术环境下，找出一个能让大部分专家学者认可的配合比设计原则，谈何容易！

比如，我国用十二年时间，修订发布的《普通混凝土配合比设计规程》(JGJ 55—2011)(过去修订一般用三到五年的时间，这次是用时最长的一次)，出版以后，专家学者争论较大，这是为什么？

其根本的原因在于我们过去所公认的做配合比时的理论基础没有了，这个理论基础就是比表面积法、水灰比原理和鲍罗米公式。当这些基础在现代混凝土中出现偏差以后，我们能做出来的任何关于配合比方面的设计原则和方法就完全变成经验型的，但任何人的经验都是有片面性的，所以，本次由权威的中国建筑科学研究院主编的这个规程，对其正确性和适用性，引起较大的争议是不奇怪的，或者说是必然的。作者对这个规程也有较大的质疑，比如，本规程一开头对配合比提出的四项基本要求里说，最大限度地节约水泥。作者认为这是在提倡大掺量粉煤灰和其他胶凝材料，作者不认可这个原则(参见本书第9章)。另外，作者在本书中列出了许多工地上正在使用的干硬性混凝土配合比的实例，读者若有兴趣可以用《普通混凝土配合比设计规程》(JGJ 55—2011)反算一下给出的各种材料的数量，会发现和工地实际上使用的量是无法对应的。这说明，用现在这个规程在工地上做一个干硬性混凝土配合比是不能符合实际情况的。

在这种情况下，作者提出如下配合比设计原则，纯属于个人观点，以求抛砖引玉。

如上所述，现代混凝土和旧的混凝土，不论在原材料使用和施工工艺等诸多方面，都发生了许多大小不同的变化。而这些变化对混凝土的各种性能、质量、耐久性和配合比的原则，又产生了许多与过去不同的新影响，而这些新影响也决不完全都是正面的，也有负面的。

那么什么是正面影响？什么又是负面影响呢？这是我们必须首先回答的问题。我们认为，对质量和耐久性有好的影响的就是正面的，否则就是负面的。

如果我们要建立新的现代混凝土配合比理论，就必须要把正负两个方面的影响分清楚，然后才能确定新的配合比理论所必须坚持的原则，分述如下。

1. 坍落度

现代常用的混凝土的坍落度(主要指泵送、商品混凝土等)，是旧的常用混凝土的3～5倍。那么坍落度的大幅度增加对混凝土的性能有什么影响呢？

我们要确定一个最重要的原则，就是坍落度越小，混凝土的抗冻、抗渗、抗裂缝、抗碳化能力及耐久性越好。具体地说，这个问题很复杂，不能说所有情况下混凝土都绝对符合这一原则(比如零坍落度混凝土和高温大风等其他特殊情况就不一定符合这一原则)，但作者认为，在目前混凝土技术发展水平的情况下，这个原则基本上在绝大多数情况下是正确的。

坍落度的大小当然与混凝土结构的尺寸，是钢筋混凝土还是素混凝土及钢筋的密集程度，地上还是地下及是否是高层建筑，是泵送还是现场搅拌，是冬天还是夏天，水泥情况及强度等许多因素有关。一个有经验的工程师要根据以上情况确定工程所需的坍落度。

我们要明确的是，增加坍落度是我们施工工艺的需要，而不是混凝土或工程的需要。在钢筋密集、体积较小、楼层较高，特别是现在大都采用的是混凝土和泵送时，我们的施工工艺水平，不能把坍落度小的混凝土注入这些构件，并保证它们的密实性。所以，必须确立的原则是，增加坍落度，是当前施工工艺水平的需要，是被动的，迫不得已的行为。也就是说，在满足施工工艺要求的情况下，尽可能地降低坍落度是我们在做配合比时必须要坚持的一个重要原则。

我国在 20 世纪 70 年代以前，提倡使用干硬性混凝土，特别是在机场、码头和混凝土预制构件这些领域里，通过强震成型等方法，大大减少了这些领域里的混凝土裂缝，提高了工程质量和耐久性。那时候我国的施工工艺原则和配合比原则，也是尽可能地降低坍落度，使用干硬性混凝土。但在现代混凝土环境下，这一原则被彻底地放弃了。工地上大量使用流动性较大的高性能混凝土，其特点就是坍落度越来越大。现在，我们反思这一原则的变化，对混凝土和工程的质量，特别是耐久性，是有利还是有害？

放弃优先使用干硬性混凝土这一原则，首先出现了一个大的变化，就是单方混凝土的容重降低了，粗骨料用量同时也降低了。这使混凝土的体积稳定性变差了，产生收缩裂缝的可能性增加了(参看本书第 13 章)。

还有一个比较严重的问题，也是目前科技界争议较大的一个问题，就是使用高效减水剂给混凝土的质量和耐久性带来的负面影响。许多人通过试验认为，高效减水剂增加了混凝土的收缩，增加了产生裂缝的可能性，特别是加速了干缩，这些都给耐久性带来了极为不利的影响。作者根据自己的工程实践，也赞同这一看法(参见本书第 10 章)。

综上所述，作者认为，尽可能降低坍落度，重新提倡优先使用干硬性、半干硬性或塑性混凝土，尽可能少用大流动性混凝土，仍然是目前情况下做好配合比的重要原则。

2. 粗骨料

现代混凝土的粗骨料用量比过去混凝土有较大幅度的降低。粗骨料的减少就会提高砂浆浆体的体积，而浆体体积的增加就会使裂缝发生的可能性增大，也使混凝土的容重降低，容重的降低就会使体积稳定性变差。如果是暴露在空气中的构件，干缩将变得相对严重，耐久性变差；同时也使水泥用量增加，工程成本也随之会增加。

在满足强度和施工工艺要求的前提下，尽可能增加粗骨料用量应该是配合比的重要原则。

3. 胶凝材料用量

在满足强度和施工工艺要求的前提下，尽可能降低胶凝材料的用量是配合比的重要原则。胶凝材料用量过大可能带来的不利影响是水化热过高和体积稳定性差，裂缝增多，抗冻抗渗性能下降，发生假凝的可能性增大，耐久性变差，工程成本随之增大，也对环境保护不利。特别是细度大于 $380m^2/kg$、终凝时间低于 3h 的水泥，负面影响可能就更明显、更严重。所以，我们应考虑尽可能降低胶凝材料的用量。

4. 粉煤灰等矿物掺合料的使用

在现代混凝土中，粉煤灰等矿物掺合料的使用越来越受到热捧，其地位已经到了与水泥不相上下的地步。许多人对粉煤灰的看法几乎都是只有优点没有缺点，甚至被视为比水泥还要优质的胶凝材料。真的是这样吗？作者在二十多年的工程经历中，在各种不同的结构中使用过粉煤灰，通过这些工程实践，作者认为粉煤灰和混凝土中任何其他材料一样，有优点也有缺点，使用得不合适，也会产生许多负面影响，甚至给工程带来灾难性后果，这必须引起我们的注意(参见本书第 9 章和第 15 章)。

所以，粉煤灰等矿物掺合料的合理使用是目前现代混凝土配合比必须坚持的一个重要原则。

5. 外加剂

在现代混凝土中，外加剂的使用几乎是到了每个角落。在各种施工现场，已经很难找到没有掺外加剂的混凝土了。外加剂的品种也是五花八门，有减水剂、泵送剂、早强剂、缓凝剂、膨胀剂、引气剂等。

外加剂就同治病的良药一样，帮助我们解决了许多技术难题，是不是就只有好处没有坏处呢？不是的。对混凝土来说，有正面作用，更有负面影响；有优点更有缺点。是药三分毒。实践中如果把握不好，就有可能走向反面(参见本书第 10 章)。

所以，各种外加剂的合理使用是目前现代混凝土配合比必须坚持的一个重要原则。

6. 用"三阶段"原理核定各种材料用量和混凝土性能

作者在本书中提出了现代混凝土的"三阶段"原理(参见本书第 15 章)。指出在现代混凝土中，任何元素 x 对结果 y 的影响都分为三个阶段。在第一阶段如果是正面的，那么在第三阶段就可能反过来。所以，我们要做好一个配合比，就必须用这个原理，对各种材料用量和混凝土性能进行核定。特别是各种原材料品种和用量，最好能使它对混凝土性能的影响处在第一阶段的末端和第二阶段的开始[①]。

以上是作者认为做好现代混凝土配合比的 6 个指导原则。和过去尽可能降低砂率和水灰比的指导原则相比，变化较大。作者经过实践认为，对现代 C40~C60 混凝土，砂率和水灰比对混凝土各项性能指标的影响已经变得很复杂，是提高好还是降低好要根据具体情况而定。所以，尽可能降低砂率和水灰比，已不能作为现代混凝土配合比设计的指导原则了。

以上原则在指导一个具体工程的配合比设计时，意义很大。比如，在实验室做配比时，粗骨料用量由 1450kg 到 1500kg、水泥用量由 300kg 到 330kg，进行小量的调整时，对混凝土强度和其他性能指标的影响不是很明显，实验室就很难对比出优劣来。但用以上原则进行取舍，就比较方便。

在现代混凝土中，以下几个问题可能同时成立。

(1) 粗骨料用量越来越大。

(2) 水泥用量就越来越小。

(3) 混凝土体积稳定性就越来越好。

(4) 坍落度就越来越低。

(5) 混凝土的单方重量就越来越大。

(6) 裂缝的可能性越来越小。

---

① 按畅亚文教授级高工的意见修改。

(7) 混凝土耐久性越来越好。

下面以 C50 混凝土为例，讨论现代混凝土配合比设计的具体步骤。作者经验介绍如下。

第一步：根据工程实际，确定使用何种混凝土，干硬性混凝土、半干硬性混凝土、塑性混凝土还是高性能混凝土。

在满足施工工艺、施工环境、构件尺寸和钢筋密集程度要求的前提下，应优先考虑使用干硬性混凝土，然后依次使用半干硬性混凝土、塑性混凝土、高性能混凝土。

第二步：确定单方混凝土容重。

根据作者经验，干硬性混凝土的容重为 $2480\sim2550kg/m^3$，半干硬性混凝土的容重为 $2430\sim2480kg/m^3$，塑性和高性能混凝土的容重为 $2380\sim2450kg/m^3$。做配合比时取大值还是取小值，主要与粗骨料的视比重有关。

第三步：确定胶凝材料用量。

干硬性混凝土水泥用量为 $280\sim330kg/m^3$，半干硬性混凝土水泥用量为 $320\sim360kg/m^3$，塑性混凝土水泥用量为 $380\sim450kg/m^3$，高性能混凝土水泥用量为 $450\sim500kg/m^3$。

第四步：确定粗骨料用量。

干硬性混凝土粗骨料用量为 $1380\sim1450kg/m^3$，半干硬性混凝土粗骨料用量为 $1330\sim1380kg/m^3$，塑性混凝土粗骨料用量为 $1250\sim1350kg/m^3$，高性能混凝土粗骨料用量为 $1000\sim1300kg/m^3$。

有了以上四个步骤，其他如砂率和用水量就会随之确定下来。

对以上步骤的总结如表 1-4 所示。

以上就是作者对建立适应现代混凝土的配合比原则和理论的一点建议和看法。总之，自从旧的混凝土配合比指导原则和理论，在现代混凝土环境下产生了不适应性以后，配合比工作就陷入了没有理论和公认的指导原则、完全靠个人经验的状态之中。我们做一个形象的比喻：假如我们做一个 $1m^3$ 的素混凝土方墩，不考虑施工工艺等因素对流动性的要求和影响，许多人弄不清是采用干硬性混凝土还是采用大流动性混凝土对工程的质量和耐久性有利。这就是当前我们要解决的最重要的技术问题。作者认为：配合比是混凝土科学的一个核心问题，如果我们的配合比工作都没有了理论原则做指导，那么混凝土这门科学，就可能由原来的半经验、半理论向完全靠经验的模式后退。所以，解决这个问题应该是我们当代混凝土科技工作者的一项重大任务。

表 1-4　C50 混凝土不同配合比材料用量及其他

对比内容	干硬性混凝土	半干硬性混凝土	塑性混凝土	高性能混凝土
坍落度/mm	0～5	5～15	15～50	150 以上
容重/(kg/m³)	2480～2550	2430～2480	2380～2450	2380～2450
水泥用量/(kg/m³)	280～330	320～360	380～450	450～500
粗骨料用量/(kg/m³)	1380～1450	1330～1380	1250～1350	1000～1300
用途	机场跑道、码头、高等级公路、预制构件、体积较大的素混凝土等	一般等级公路、市政道路、停车场等	用吊车、小推车施工的钢筋混凝土等	在泵送、商混环境下施工的混凝土等

不同观点

1. 钱晓倩教授的观点

水灰比定则的一维属性是指"灰"性能一定时，水灰比决定其浆体硬化后的强度，"灰"变成"胶"后，若将"胶"理解成为宏观概念上的"灰"，其相关关系同样成立；水灰比定则的二维属性是通过"经验系数"建立起硬化后浆体强度与混凝土强度的相关性，是一种衍生关系。以前"灰"的性能取向比较单一，粗细骨料相对唯一，因此，经验系数适应性比较强。现在的"灰"，特别是"胶"的性能变得多样性，粗细骨料已经不是那时的骨料，经验系数的适用性本来已面临挑战，而要重新建立相对通用的经验系数难度很大。因此，从某种意义上说，即使不掺减水剂，水灰比定则也已经成为概念。

掺入减水剂后，如果减水剂提供的是纯物理属性的减水，那么上述理念仍成立。然而所有减水剂，更不要说缓凝、引气、早强等复合型减水剂，均有其化学属性，即使是引气、吸附等物理现象，也不仅改变了凝结硬化过程，更改变了浆体硬化后的最终性能。同一减水剂与不同"胶"将具有不同的过程和不同的浆体，同一"胶"与不同减水剂也将形成不同浆体，因此，同一水灰比将形成不同的硬化浆体，显然，掺入减水剂后的一维属性即已改变，水灰比定则只能更加成为概念。

但是水灰比定则的概念仍是指导生产和科研的重要工具，我们需要的是如何修正、如何拓展。

关于坍落度"我们要确定一个最重要的原则，就是坍落度越小，混凝土的抗冻、抗渗、抗裂缝、抗碳化能力及耐久性就越好"表面上看好像是那么回事，实质上并不存在直接关系，只是在其他条件一定时，坍落度越小，表明的是单方用水量越少，在保证振捣均匀密实的前提下，混凝土性能得到改善。而减少单方用水量的方法很多，如掺减水剂。但问题是掺减水剂后，单方用水量少了，甚至坍落度在减小的情况下，混凝土的收缩照样增大，特别是早期收缩，增大比例惊人。

"高性能混凝土水泥用量为 $450\sim500\text{kg/m}^3$。"一般来说水泥用量与高性能混凝土之间并不存在直接关系；粗骨料用量若能达到 1300 kg/m^3，那是太好不过了，目前的泵送混凝土，粗骨料用量很少有超过 1100 kg/m^3。

2. 阎培渝教授的观点

杨先生提及，近二百年来，三种混凝土配合比设计理论方法分别是"比表面积法""最大密度法"和"魏矛斯断档级配法"，认为旧的混凝土配合比设计理论指导不了现代混凝土的配合比设计。这三种方法主要涉及混凝土用骨料的品质和用量，单纯依靠这三种方法，是做不出一个混凝土配合比的。混凝土配合比设计的理论基础还需要包含更多内容。

传统混凝土与现代混凝土之间没有截然的界限。现在生产的混凝土与数十年前相比，在材料组成和性能表现上有很大变化，但依据的基本理论是一脉相传的。迄今为止，混凝土配合比的设计最主要的理论依据是多孔材料的孔隙率与其强度成负相关关系。具体到混凝土，就是混凝土的强度在一定范围内与水胶比成负线性关系。杨先生想凭自己有限的工程经验推翻这个理论，是不可能的。虽然表 1-2 给出了一些干硬性混凝土的抗折强度与水灰比无关的例子，但如果在更大的范围内进行数据分析统计，我们会发现，1918 年 Abrams 提出的混凝土强度的水灰比定则仍然是成立的。

当混凝土试配强度较低时，采取的首要调整措施，不是如杨先生所说，增加水泥用量，而是降低水胶比。不论是一百年以前，或是现在，总是根据设计要求的混凝土强度等级和耐久性调整混凝土水胶比。并不是说，由于有了高效减水剂，现在混凝土使用的水胶比就低了。而是现在要求的混凝土强度等级提高了，所以水胶比必须低。

杨先生思考了现代混凝土配合比理论(应该是"配合比设计理论")，提出需要坚持的三个重要原则：坍落度、粗骨料、水泥用量。在此基础上，提出了混凝土配合比设计的步骤：①确定混凝土的工作性(在此杨先生将高性能混凝土排在塑性混凝土后面，意指高性能混凝土是大流动性混凝土，前已论述了杨先生基本认识的错误)；②确定混凝土单方容重；③确定胶凝材料用量；④确定粗骨料用量；然后就可以确定砂率和用水量了。

根据这三项重要原则，杨先生提出应优先使用低坍落度的混凝土，优先使用大粒径的骨料，并尽可能降低水泥用量。现在的工程实践中，尽可能降低水泥用量的原则是大家都遵循的，尽管原因不尽相同。而混凝土的工作性是由建筑结构形式和施工方法决定的，并不是由混凝土生产商控制。混凝土的工作性只能在很有限的范围内调整。同样，骨料粒径的选用也有很多限制条件，如配制高强混凝土或自密实混凝土，就必须使用小粒径粗骨料。一般情况下，应该是先根据需要的工作性选择用水量和砂率，根据强度等级确定水胶比，然后计算胶凝材料和骨料的用量。这牵涉到配合比的经济性问题。如果先确定胶凝材料的用量，就不好评价配合比的经济性了。

在杨先生给出的确定胶凝材料用量的原则中，规定了干硬性混凝土、半干硬性混凝土、塑性混凝土和高性能混凝土的水泥用量。按照所给的范围，如果配制塑性高强混凝土，水泥(胶凝材料)用量可能不够，如果配制塑性低强混凝土，水泥(胶凝材料)用量可能多了，经济性不好。此处杨先生给高性能混凝土规定了一个很高的水泥(胶凝材料)用量，默认高性能混凝土是高强混凝土，还给高性能混凝土规定了一个最低的容重和粗骨料用量。杨先生的概念中的高性能混凝土就是大流动性高强混凝土。这明显是错误的。

按照杨先生给出的混凝土配合比设计步骤，不能设计出一个配合比，因还差一个需要根据强度—水胶比定则确定的参数：水胶比。没有这个参数,用水量无法确定。所以杨先生不要嘲讽教授和院士解决不了工程现场的技术问题。任何人都不是万能的!杨先生作为一个有二十多年施工经验的资深工程师,所提出的混凝土配合比设计方法却不能设计出一个配合比。

现行混凝土配合比设计方法国内外都差不多,需要综合考虑混凝土的工作性、强度和耐久性、经济性。其设计流程如下。

(1) 根据施工方式确定混凝土的工作性。

(2) 选择骨料最大尺寸:需要考虑钢筋间距、板厚、强度等级和工作性。

(3) 根据拌合物工作性选择用水量。

(4) 根据混凝土强度等级和耐久性要求选择或计算水胶比。

(5) 根据用水量和水胶比计算胶凝材料用量。

(6) 根据经验或实验结果确定胶凝材料中水泥与辅助性胶凝材料的比例。

(7) 根据混凝土容重、用水量和胶凝材料用量,计算骨料用量。

(8) 根据工作性选择砂率。

(9) 计算粗细骨料用量。

(10) 试配调整。

国外多使用单粒级骨料,没有砂、石的区别,就不需要确定砂率,直接按经验选择各粒级骨料的量。

随着混凝土技术的发展和材料的变化,混凝土配合比设计过程中所需要的经验参数在不断变化,但基本设计思路和流程没有改变。在现行配合比设计思路指导下,大量优质的、具有各种性能的混凝土被生产出来,建成了现在的繁华都市。现在混凝土生产过程中出现的很多问题,是未能科学地使用混凝土原材料、一味追求经济效益、野蛮施工等造成的。不能将其完全推给混凝土配合比设计理论。

杨先生提出的三个"旧的配合比理论和现代混凝土的不适应性"是不对的。现行混凝土配合比设计方法中,从没有说,砂率与强度有关。砂率主要影响工作性,水胶比才是决定强度的主要因素。杨先生说水灰比与强度无关,是违反基本科学原理的错误观点。在现行配合比设计方法中,水泥用量本就不是决定强度的主要参数。当需要配制高强混凝土时,水胶比降低,但为保证拌合物的工作性,用水量有一下限,这样胶凝材料用量自然就增加了。

3. 丁抗生教授的观点

见本书附录 A。

参 考 文 献

[1] 傅沛兴. 比粒度——一种表示砂石粒度的新概念. 建筑材料学报，2006(01).

[2] 丁威，冷发光等. 普通混凝土配合比设计规程(JGJ 55—2011).

[3] 王永逮，耿加会. 浅谈对杨文科同志《现代混凝土科学的问题与研究》一书的看法和理解. 商品混凝土，2013(2).

第 2 章

重要的原材料——粗骨料

骨料是制作混凝土最重要的原材料之一。特别是粗骨料,对混凝土的许多性能有重要影响。如抗冻、抗渗、干缩、耐久性等,都与骨料有密切关系。本章是作者二十多年来几乎走遍了全中国,通过不同类型的工程,使用了全国绝大多数地方的不同岩石所做的骨料后,对这一问题的总结和研究。

混凝土所用的粗骨料——岩石,是地球上分布最广泛的一种材料。岩石有沉积岩、火山岩和变质岩三种,不同的岩石对混凝土有不同的影响。

2.1 骨料品种和成因概述

不同的岩石当然成因不同,要想彻底弄清楚就得从工程地质学讲起,为了更简捷明确地描述这一问题,对我国混凝土常用的各种不同岩石的地质学成因,归纳成简单的图例,如图 2-1 所示。

图 2-1 简略地描述了沉积岩、火山岩和变质岩的形成过程,以及混凝土工程常用的各种岩石的名称及其形成的大概区域。

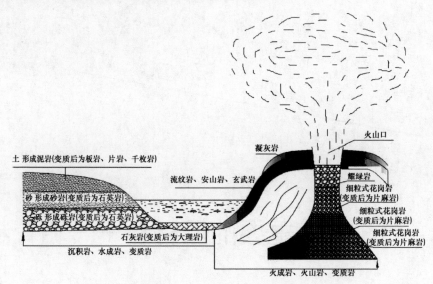

图 2-1　沉积岩、火山岩和变质岩形成过程示意图

图 2-1 是作者根据混凝土工程的实际需要从工程地质教科书中简化来的,有些地方可能和地质学的原理不十分相符,主要是为了让混凝土工作者能简洁明了地认识岩石的形成及演化过程,这对我们做好混凝土工程具有重要意义。

物成分含量。表 3-2 是以 P.O42.5 型水泥为例，将 1980 年和 2010 年的矿物成分和性能进行对比。

表 3-2　1980 年和 2010 年熟料矿物成分及性能对比表

矿物名称	化学式	代　号	年　份	含量/%
硅酸三钙	$3CaO \cdot SiO_2$	C_3S	1980	47～55
			2010	55～63
硅酸二钙	$2CaO \cdot SiO_2$	C_2S	1980	17～31
			2010	13～25
铝酸三钙	$3CaO \cdot Al_2O_3$	C_3A	1980	8～10
			2010	1～15
铁铝酸四钙	$4CaO \cdot Al_2O_3 \cdot Fe_2O_3$	C_4AF	1980	10～18
			2010	8～16
细度/(m^2/kg)			1980	250～300
			2010	350～420
终凝时间/min			1980	210～270
			2010	180～210
混合材掺量/%			1980	6～10
			2010	10～20

注：1980 年的各项数据摘自吉林科学技术出版社于 1985 年出版的《混凝土手册》。

由表 3-2 可以看出：有利于水泥和混凝土 28 天强度的 C_3S 含量得到了充分的提高，强度增长缓慢的 C_2S 含量被降低。特别是细度，得到了大幅度提高。终凝时间也随之缩短。

总之，特别是近十年来，随着机械工业的进步，水泥工业面貌改变很大。从产量上讲，二十年前我国八大水泥厂，每个厂的年产量也不过二三百万吨，现在的水泥生产大厂，年产量大约在五百万吨以上。我国有些品牌的水泥，年产量已经上亿吨。从单窑日产量来说，十年前上千吨的窑已经是大窑了，现在我国万吨窑已经在生产中使用了。水泥产量也由 1980 年的 1 亿吨左右提高到 2012 年的 20 亿吨以上[①]。细度的提高改变了水泥工业的面貌，那么对混凝土来说是好事还是坏事？当前学术界看法不一，作者的看法基本上是否定的，认为现代水泥是现在一切工程质量问题的主要原

---

① 按中国混凝土协会秘书长孙芹先的意见修改。

因之一。理由如下。

(1) 随着水泥 28 天强度的大幅度提高,高强混凝土被大量应用到工程实际当中。

大约 20 世纪 80 年代以前,C30 混凝土已经是高标号了,一般用在工程结构的关键部位。现在,C30 混凝土已经很难配出来了,房子的散水有时候都是用 C40 混凝土做的,C100 也被用在工程实体结构中。随着细度的不断提高,水泥的强度检验方法也在不断地改变和提高,我国 20 世纪 60 年代是硬练法,80 年代是软练法,现在是 ISO 法。另外,随着混凝土前期强度的不断提高,各种工程的拆模时间缩短,工程进度加快。

(2) 使过去的许多混凝土配比公式、理论和经验等出现了偏差,甚至失去了使用价值。

二十年前,水灰比越小,混凝土强度越高,质量越好;现在,过小的水灰比是混凝土发生假凝和裂缝的一个主要因素。过去使用减水剂,可以减少裂缝的发生,现在却反过来了,使用减水剂是产生裂缝的原因之一。过去认为砂率越低,混凝土强度越高;在现代混凝土中,这个概念也已经不能成立,等等。这些使现代混凝土工程实践失去了理论支持,更使混凝土学科的理论研究出现了混乱。

(3) 现代水泥是混凝土耐久性变差的主要原因之一。

现代水泥是许多混凝土病害最重要最直接的原因之一。特别是水泥的"高细度、高含量(C_3S)、高标号",也就是所谓的"三高"水泥,尤其对混凝土裂缝的不利影响应该说是越来越大了,有许多工程实例可以证明这一点。就作者所熟悉的机场跑道工程,在 20 世纪 50 至 70 年代修建的许多军事和民用机场,道面混凝土至今保持完好,而 20 世纪 80 年代后修建的混凝土道面三五年内出现破坏的有很多;陕西省有一条渭惠水渠,是 20 世纪 30 年代由我国著名水利专家李仪祉主持修建的,至今 80 年过去了,许多桥涵设施大部分保持完好,而 20 世纪 80 年代后修建的一些水利工程,出现严重破坏的有很多;类似的例子还有不少。据作者所看到的一些资料,美国从 20 世纪 30 年代开始,把水泥中的 C_3S 含量由 30%提高到 50%,把细度由允许大于 75μm 颗粒含量为 22%,改为基本为零。70 年后对 1930 年前后修建的桥梁进行调查,发现 1930 年前修建的桥梁有 67%基本保持完好，而 1930 年后修建的桥梁只有 27%基本保持完好，日本近几年类似的例子更多。

特别是在许多房建施工工地，比表面积高、终凝时间短、3 天强度高的水泥受到了广泛欢迎。但对这种水泥引起的混凝土水化热集中、收缩大、裂缝比较严重等问题，现场工程师却束手无策。

3.4　水泥生产科技正确的发展方向

出现以上问题的根源在于：水泥生产技术进步过快，而混凝土技术的发展落后于它。水泥是混凝土的核心原材料。从某种意义上说，水泥的优劣决定了混凝土的优劣。水泥生产技术的过快发展而混凝土技术的发展相对滞后，致使现代混凝土从理论到工程实践，都出现了许多无法解决的混乱和问题。特别是现代水泥，它是混凝土强度、抗冻抗渗、泌水和假凝、裂缝、干缩、徐变、碳化、耐久性等的最主要、最直接的影响因素。如果不懂得水泥，特别是现代水泥的性能，要解决工程实际中出现的质量和技术问题，已经变得十分困难。所以，全面掌握现代水泥在混凝土中的作用，应该是现代混凝土科学的基础任务。

我们不禁要问：虽然现代水泥提高了混凝土的强度，加快了工程进度，但同时给混凝土的科学技术带来了这么多难以解决的问题，为什么不采取和混凝土技术同步或者说协调发展的措施呢？水泥生产行业似乎忘记了自己生产的不是完整的产品，而只是混凝土的一种原材料而已，只管拼命地磨细，拼命地多加混合材料以最大限度地提高其商业利益。对混凝土质量和耐久性带来的危害，似乎从来事不关己。这也是我国水泥生产和混凝土施工分属两个不同行业带来的严重后果。

一百多年来，水泥生产技术一直按照如何提高细度和提高前期强度，特别是 28 天强度这个固定模式发展。不论是矿物成分含量还是细度，现代水泥生产已经达到了一个高峰，而这个高峰已经不能再高了，这就是混凝土科学的一个基本规律，发展到极致就会适得其反。以细度为例：现在的水泥生产技术，可以把水泥磨到 $400m^2/kg$、$500m^2/kg$ 甚至更高，那为什么不再磨得更细呢？一个最致命的问题是，当细度达到 $450m^2/kg$ 以后，终凝时间极速缩短，假凝、裂缝很快出现，水泥的强度不是上升而是下降了[①]。C_3S的问题也相同，65%的含量也是接近极限了。这就是当前世界水泥生产的实际情况。

总之，评价水泥质量的好坏不应在水泥自身，而在于它对混凝土各项性能的影响，特别是对混凝土的耐久性的影响，尤为重要。什么是优质水泥？由于混凝土的复杂性使这个看似简单的问题要想正确地回答，难度也是相当大的。

本节从以下几个方面对优质水泥的含义做出界定。

(1) 水泥颗粒应该和混凝土中的细颗粒级配连续起来，以利混凝土的密实性。目前，混凝土中的细骨料最小颗粒粒径为75~80μm，水泥颗粒的最大粒径也应为这个范围。

(2) 水泥自身颗粒应有合理的级配，以利自身的密实性。我国水泥标准中，颗粒范围为0~80μm，但为了提高早期和28天强度，水泥厂使用了闭路磨和高效选粉机等生产工艺以后，许多厂的水泥颗粒主要分布在60μm以下。这就人为地造成了窄颗粒分布，对密实性不利。

(3) 有适当的细度、早期强度、较低的水化热和收缩性，以利混凝土的耐久性。早期强度较高、水化热较大和收缩较大的水泥都增大了混凝土裂缝的可能性，对耐久性不利。

我国资深水泥专家乔龄山先生指出了水泥颗粒的最佳颗粒分布曲线——富勒(Fuller)曲线，并指出调配水泥最佳堆积密度的理论和工艺，在欧美一些发达国家日趋普及，在桥梁、隧道以及高性能混凝土和耐磨、耐腐蚀混凝土等工程中都有应用，并取得了很好的效果。清华大学阎培渝教授指出，为防止混凝土开裂，必须控制我国水泥出厂强度富裕系数，降低水泥中C_3A的含量，降低水泥细度等。也有人研究了水泥颗粒表面特性，研究了球性水泥颗粒对混凝土性能的良好影响等。这些研究对我国的水泥发展都起到了良好的指导作用。但混凝土问题是复杂的，单凭这些研究是不够的。我们把混凝土技术看作是一个"大系统"，那么水泥就是最重要的"支系统"。春夏秋冬、晴天雨天、不同工程、甚至同一个工程的不同

---

① 按教授级高工段鹏选的意见修改。

部位，对水泥这个"支系统"的要求都是不一样的。所以，提倡多品种，少批量，多生产针对某一个具体环境下具体工程的专用水泥，应该作为我们的发展方向。施工现场根据工程每个部位结构的不同，施工时施工工艺和方法及环境气候条件的不同，向水泥厂提出不同的要求。水泥厂根据这些要求，对水泥的主要成分 C_3S、C_2S、C_3A、C_4AF 及 MgO、SO_3 和其细度，进行自由调节，生产出完全满足现场要求，对混凝土的耐久性最有利的水泥。这可能是最好的。

3.5　结　束　语

总之，随着机械工业的快速发展，现代水泥工业技术进步的速度不断被加快。它必然会大于混凝土技术进步的速度。它就会像一匹脱缰的野马，拉着混凝土这个战车，疯狂地奔跑。而水泥工业的技术进步目前仍然以提高 3 天和 28 天强度为核心内容。而由此引起的混凝土收缩加大，裂缝越来越严重，耐久性也越来越差等严重的技术难题，就全部交给混凝土工作者来解决了。现在，施工现场一个经验丰富的工程师，要想解决混凝土一个很小的技术质量问题，如果不懂水泥，已经变得十分困难。如何让水泥行业的技术进步和混凝土技术的进步协调起来，变为可控，是我们这个时代要解决的最重要的问题。

相同或相似观点

1. 王永逵教授的观点

基本赞同作者的观点，类似的观点在 2011 年威海的粉磨会议上，丁抗生同志也大声呼吁过，水泥规范应修改，行业管理应加强。但，比表面积回到 $300m^2/kg$ 似乎不可能、也不必。大于 $350m^2/kg$ 也过细了，要限制。

2. 陈梦成教授的观点

过细的水泥颗粒和过窄的颗粒分布是混凝土耐久性的大敌，如果这个问题不改观，我国混凝土结构的耐久性将无从谈起。

3. 杜靖中高工的观点

现代水泥给混凝土质量带来的危害太严重了，如果不加强对水泥厂的管理将后患无穷。

4. 林欢教授级高工的观点

众所周知，近 200 年来水泥的发展历史，可以说就是一部如何磨得更细的历史。水泥生产厂家要想使其产品的综合效益达到最大化，就是要想办法让水泥所积聚的能量在 28 天内全部释放出来，最直接最有效的办法就是将水泥磨得更细，而国家现行标准不设细度上限又为水泥生产厂家提供了一个磨细的平台，所以，磨细也就成了必然趋势。正因为如此，早强问题、裂缝问题、耐久性差的问题经常发生也就不足为怪。可是，国内以往发生的各类重大工程质量事故又有多少是从水泥品质影响结构耐久性，导致结构强度提前劣化去分析和查找原因的呢？所以，在现代混凝土广泛应用的今天，要从混凝土质量的系统把握与控制出发，重新审视我们过去的经验和教训，包括传统理论和规范标准的应用，必须对水泥细度进行分级并按等级进行相应的配合比设计，方可从源头上确保混凝土的强度和耐久性，确保规范标准成系统，确保混凝土技术及规范标准科学发展、协调发展。

国家现行标准都是以 28 天强度作为混凝土质量评定基准，至于 28 天后强度如何发展没有明确规定。依据以往资料，混凝土 28 天后强度仍在增长，两年时间大约增长 20%左右，这是水泥比表面积在 300m²/kg 以下得出的结论。而现阶段水泥比表面积都在 300m²/kg 以上甚至超过 400m²/kg，其强度如何发展值得我们去分析研究。

目前，铁路和机场规范都要求或建议使用比表面积在 300～350m²/kg 的水泥，相应的水泥颗粒平均粒径大约在 30μm 左右。依据相关资料，粒径在 20μm 以下的水泥，28 天水化基本上达到 100%，也就是说，粒径在 20μm 以下的水泥对 28 天后强度增长是没有贡献的。据 1897 年开始建设的日本小樽港相关资料，水泥粒径上限是 200μm，平均粒径相当于我国当前水泥平均粒径的几倍，完工后 30～40 年混凝土强度达到最高值，大约提高 100%，然后逐年降低。另据日本海洋工程研究所 20 世纪中叶的试件数据，在海洋自然环境下，水泥比表面积在 250m²/kg 左右，混凝土强度发展五年左右达到最高，大约增长 40%，然后逐年下降，十年左右甚至低于原来 28 天强度。

通过上述数据分析，可以得出这样的结论：水泥粒径越小，混凝土强度发展到低于原来 28 天强度的时间节点越早，对于通常使用年限为 50 年的露天自然环境条件下的结构而言，其使用的安全性和可靠性是存在较大风险的。

鉴于我国现阶段水泥的平均粒径远小于日本海洋工程研究所试验数据所用水泥的平均粒径，在露天自然环境条件下，相应的时间节点一般不会超过十年，由此可见，我国许多重大桥梁质量事故大都发生在完工十年后或许就不难理解了，因为此时实际结构混凝土强度已经下降到甚至远低于原来 28 天的强度值。

混凝土强度发展犹如逆水行舟，不进则退，过细的水泥对混凝土 28 天后强度的发展是极为不利的，特别是对于露天自然环境条件下且无任何防腐措施的混凝土结构，难以确保其长期使用的安全性和可靠性，必须引起我们的高度重视。

几点建议

一是控制水泥比表面积在 $350m^2/kg$ 以下，以确保混凝土 28 天后强度仍有较大幅度的增长，增强混凝土的自愈合能力，抑制强度的提前劣化，提高耐久性。

二是当水泥比表面积大于 $350m^2/kg$，难以保证混凝土 28 天后强度有较大幅度增长的情况下，在混凝土配合比设计时应相应提高混凝土配制强度，以确保混凝土结构长期使用的安全性和可靠性，并经得起各种规范标准的检查和验收。

三是对于露天环境条件下的主体结构混凝土，应采取相应的表面防腐措施，增强混凝土抵御各种不利环境作用的能力，延长混凝土主体结构的安全使用寿命。

四是将普通硅酸盐水泥中混合材料用量纳入水泥常规检测内容，为混凝土配合比设计时对矿物掺合料的科学合理使用提供依据，防止混合材料和掺合料的总用量控制存在不确定性，确保混凝土具有较好的耐磨性、抗渗性、抗冻性和抗碳化的能力。

不同观点

1. 丁抗生教授观点

现代水泥的生产确实给混凝土技术带来了许多新问题，但不可能走回头路。所以，我们现在的任务应该是如何解决这些新问题。

2. 冯中涛、杨宏伟工程师观点

水泥中过高的碱含量使混凝土的收缩增加，产生裂缝的可能性变大，这一点必须明确。

3. 赵黎宾、段鹏选高工观点

水泥中碱的主要成分为 K_2O，Na_2O，遇水后体积膨胀可达 8～10 倍，所以过高的碱含量使混凝土的膨胀增加，产生裂缝的可能性增加。远期会更加严重。

参 考 文 献

[1] 乔龄山. 水泥的最佳颗粒分布及其评价方法[J]. 水泥，2001(8).

[2] 乔龄山. 水泥颗粒性能参数及其对水泥和混凝土性能的影响[J]. 水泥，2001(10).

[3] 乔龄山. 硅酸盐水泥的现代水平和发展趋势[J]. 水泥，2002(10).

[4] 吴笑梅等. 采用系统方法对水泥高性能化的研究[J]. 水泥，2002(8).

[5] 阎培渝. 关于优质水泥的思考[J]. 水泥，2001 (10).

[6] 覃维祖. 混凝土性能对结构耐久性与安全性的影响[J]. 混凝土，2002(6).

[7] 覃维祖. 混凝土的收缩开裂及其评价与防治[J]. 混凝土，2001(7).

[8] 高小建，巴恒静. 混凝土结构耐久性与裂缝控制中值得探讨的几个问题[J]. 混凝土，2001(11).

第 4 章

碱骨料反应，你在哪里？

自从美国教授 Atanton 于 20 世纪 20 年代在美国加州首次发现碱骨料反应的工程实例后，全世界报道发现碱骨料反应的工程破坏实例不断出现，美国最多。

我国从解放初期开始，对碱骨料反应问题进行研究，尤其是在水库大坝上重点防治。唐明述院士大约在 1980 年左右，在我国发现了许多碱骨料反应的实例，这些实例分布在我国绝大多数省市。北京最典型的是当时的西直门立交桥和三元立交桥、中国美术馆等，陕西最典型的是安康水电站等。

可是到了 2000 年，美国的 Burrows 教授经过多年的研究发现，那些在世界混凝土科技界著名的碱骨料反应破坏的工程实例可能都是高碱水泥干缩特性的结果，是误判的。典型的是美国的 Parker 水坝和墨西哥的电厂，他们都是把干缩裂缝引起的破坏当成碱骨料反应。在中国的情况也类似，北京西直门立交桥碱骨料反应破坏的典型实例，后来经上海同济大学黄士元教授、中国建材科学院混凝土研究所王玲研究员等几年的研究，认为是个假证[1]。就目前看来，在国际和国内，找一个大家公认的碱骨料反应破坏的工程实例可能很难[2]。可是，目前全世界为了预防碱骨料反应的发生，所付出的工程成本是巨大的。以我国为例：现在每年生产水泥已 20 亿吨以上，为了生产出能防止碱骨料反应的低碱水泥，每吨增加 1 元钱，可能就是 20 亿元。仅以陕西最大的水泥厂——秦岭水泥为例，原来烧水泥的酸性原料都是就地取材，但碱含量偏高，现在只好到陕西南部几百千米外的汉中去取砂岩，成本的增加和对环境的破坏可想而知。

作者 20 多年来跑遍了中国的绝大多数省(市、区)，从海南岛到哈尔滨，从乌鲁木齐到上海，在不同的地方修建过桥梁、隧道、房屋、机场、码头等各种不同的工程，一直想找一个碱骨料反应的工程实例，但始终没有找到。可它给我们带来的工程成本的增加和其他问题，却一直不断。按规范规定，我们几乎每一个工程，都要对骨料进行碱活性试验，如发现有活性，就得舍近求远。

---

① 按王玲教授的意见修改。

② 按王福川教授的意见修改。

近些年，民航每年都有好几个新建机场，经试验，工地附近的骨料有碱活性，如果舍弃不用，工程成本就会大幅度上升。为此有的工地就长时间停工，请专家来论证。

有时为了避免麻烦，基层的工程师冒着承担责任的风险，私自决定使用这些碱活性骨料。就作者大胆使用这些碱活性骨料做的机场工程，也有好几个了，可是近十年来工程一直完好使用，没有看见发生碱骨料反应。

作者为此曾感叹说，只听别人说狼来了(指碱骨料反应)，扎好了篱笆(用低碱水泥)，备好了猎枪(选非活性骨料)，篱笆烂了，枪也锈了，可就是没有见过狼！

2008 年，在我国三江源头玉树机场，那里的粗细骨料按现在的检测方法都有高碱活性，于是作者和西安空军工程大学岑国平教授等组成了一个试验小组，用当地的砂石料和碱含量为 1% 的高碱水泥做了一次碱骨料反应试验。以下是试验报告中的部分内容。

对卵石破碎石和人工碎石进行碱活性测试。试验用水泥为青海大通水泥厂生产的硅酸盐水泥。按试验规程的要求，快速法所用砂料级配均应符合表 4-1 的要求。

表 4-1　制作砂浆棒的砂料级配

筛孔尺寸/mm	5～2.5	2.5～1.25	1.25～0.63	0.63～0.315	0.315～0.16
分级质量/%	10	25	25	25	15

受检骨料为卵石破碎石、碎石制成的人工砂。由于用卵石加工的人工骨料从外观上看有不同的界面和颜色，试验时将其按不同颜色分为六种，其中 1# 和 6# 骨料的外观如图 4-1 所示。对分选的各种骨料分别制样成型，另外按比例成型一组混合样品试件。

按试验规程的要求，水泥与砂的质量比为 1:2.25，水灰比为 0.47；水泥为 440g，砂为 990g。

测试结果如表 4-2 所示。表中"碱含量"为水泥本身的含碱量和外加 NaOH 的总含碱量。

砂浆棒快速法测试结果的评价标准如下。

(1) 砂浆试件 14 天的膨胀率小于 0.1%，则骨料为非活性骨料。

图 4-1　部分骨料的外观

表 4-2　骨料碱活性砂浆棒快速法测试结果

试件编号	骨 料	水泥产地	碱含量	不同龄期的砂浆膨胀率/%		
				3 天	7 天	14 天
1	1#	青海大通	1.0%	0.0585	0.1833	0.3408
2	2#	青海大通	1.0%	0.0610	0.1522	0.2708
3	3#	青海大通	1.0%	0.0318	0.0614	0.1358
4	4#	青海大通	1.0%	0.0657	0.1837	0.3164
5	5#	青海大通	1.0%	0.0599	0.1445	0.2651
6	6#	青海大通	1.0%	0.0680	0.1727	0.2807
7	混合卵石	青海大通	1.0%	0.0747	0.1807	0.3074
8	碎石	青海大通	1.0%	0.0126	0.0180	0.0213
9	天然砂	青海大通	1.0%	0.0408	0.1223	0.2132

(2) 砂浆试件 14 天的膨胀率大于 0.2%,则骨料为具有潜在危害性反应的活性骨料。

(3) 砂浆试件 14 天的膨胀率为 0.1%~0.2%的,对这种骨料应结合现场记录、岩相分析,或开展其他的辅助试验、试件观测的时间延至 28 天后的测试结果等来进行综合评定。

根据快速法的检测结果测定受检骨料,卵石破碎的人工骨料 1#~6#砂浆棒的 14 天膨胀率除 3#试件膨胀率较小外,其余均超过 0.2%,综合评价为具有潜在危害反应的活性骨料;石灰岩碎石骨料试件膨胀率不超过 0.1%,为不具有潜在危害反应的非活性骨料。

(以上摘自杨文科、岑国平等的《玉树机场道面混凝土耐久性试验总结报告》)

作者与当地建设部门的技术人员进行过交流，询问当地发生过碱骨料反应没有？他们的回答是，五十年来他们用这种骨料和高碱水泥在长江、黄河和澜沧江(玉树地处我国的三江源头)上修建了不少工程，没有发现过碱骨料反应。

作者用碱活性骨料和高碱水泥，做了几块碱骨料反应试验板，配合比如表4-3所示。

表4-3　试验段混凝土配合比(每立方混凝土重量)

kg

水　泥	大石(2～4cm)	小石(0.5～2cm)	砂　子	水	引气减水剂
330	752	615	639	142	3.3

注：水泥用青海省大通昆仑山牌42.5级普通硅酸盐水泥，含碱量为1%。

砂子用玉树巴塘巴曲河砂场砂子，中粗砂，有碱活性。

粗骨料为2～4cm、0.5～2cm两种规格，用玉树巴塘巴曲河砾石粉碎而成，有碱活性。

外加剂为AJF-6高效引气减水剂，掺量为水泥重量的1%(水剂)，生产厂家为北京安建世纪科技发展有限公司。

试验段在青海玉树机场空军停机坪南侧第二排，共计4块板。

做完试验段后刻碑留念，碑文如下，是作者自撰的。

碱骨料反应是当今混凝土研究最前沿的课题之一，在世界范围内因工程实例较少而争论较多。而为了预防此问题的发生工程成本增加甚多，参加玉树机场建设的业主、设计、监理和施工单位的主要工程技术人员，满怀科学求实之精神，借此地高原缺氧、多雨多风、冰霜严寒等自然条件，用此地特有的具高碱活性的粗细骨料和碱含量较高之水泥，做此碱骨料反应试验段，长期观察，以讫验证。

　　　　玉树机场建设指挥部　魏有萍　徐良　卢海　吕红江

　　　　中国民航机场建设总公司　杨文科

　　　　中国人民解放军空军工程大学　王硕太　岑国平　王金华

　　　　中国航空港第七工程总队　陈宝成　邓可库

　　　　西北监理公司　王书明

二〇〇八年八月八日

图 4-2 所示照片是作者做的碱骨料反应试验段及碑记。现在西北民航局每年都会派工程师观察一次并拍照,到目前还未发现有碱骨料反应的迹象。

图 4-2　碱骨料反应试验段照片

以上就是作者所知道的关于碱骨料反应问题的全部内容。最后,作者还有几句话要说,你见过碱骨料反应吗?我们国家有碱骨料反应破坏的工程实例吗?如果有,建议保留下来,成立一个碱骨料反应纪念馆。

相同或相似观点

1. 王永逵教授的观点

碱骨料反应也是他"梦中的大灰狼",此问题对于年产 20 亿吨水泥的中国影响巨大,几十年了,应该是重新审视的时候了,老是听人喊"狼来

了，狼来了！"不行，也应该问一下：碱骨料反应，你在哪里？

2. 宋少民教授的观点

混凝土工程碱骨料病害不能说绝对没有，但在现代混凝土技术平台上，它发生的概率非常低，即便是使用碱活性骨料或较高碱度水泥，只要我们较大比例掺加矿物掺合料，控制住混凝土总碱的含量，降低水胶比，原材料问题较大时再适度引气，碱骨料病害就是一个小概率事件，目前风险防范措施过度，这对于我国混凝土产业资源的合理利用和可持续发展不利。

3. 林欢教授级高工的观点

几十年来，从南到北，我们一直在从事机场道面混凝土施工，对碱骨料反应问题非常敏感，并为此付出了大量的人力、物力和财力，笔者的初步看法是，所谓碱骨料反应导致的结构破坏不应是单一机制造成的，而应是多种因素重叠交错的产物。具体地说，第一存在碱骨料反应，第二存在冻胀，第三存在施工质量问题，即密实性差为冻胀破坏创造了条件，三者缺一不可，仅碱骨料反应一项难以导致结构的破坏，除非骨料膨胀率不仅仅是大于 0.2%，而是成倍数地提高这一极端情况出现，或许这就是在国内我们难得一见实物的原因所在。

4. 陈梦成教授的观点

我们的确不敢肯定碱骨料反应是不是存在，但学术界夸大了碱骨料反应的危害是不争之事实。

5. Burrows 教授(美国)的观点

ASR 的误诊

一些报道为 ASR(碱骨料反应中的碱-硅酸反应)的判例其实是高碱水泥干缩特性的结果。

1940 年 Atanton 在加利福尼亚发现 ASR，是由于骨料中的蛋白石和含碱 1.42%的水泥之间膨胀性的反应所造成的。该膨胀造成严重开裂，然而干缩也起了作用。Meissner(1941 年)在 Parker 坝上钻孔并安装仪器获得的数据，表明该混凝土在 1.5～2.7m 深处明显地发生膨胀；在 0.76～1.5 m 深处稍有膨胀；但在 0.76m 以内则收缩。裂缝宽度约为 2.8mm，但仅有 152～203mm 深。他说："表面裂缝与其干燥收缩到某种程度相关，裂缝的深度表明了这一点"。靠近水的边缘处，裂缝没有进一步发展；表层的混凝土也没有干燥到别处那样的程度。因此，这种劣化不仅仅是 ASR 所引起的，如前所述，也是含 1.42%当量 Na_2O 水泥的收缩特性所造成的。

显然，混凝土表面裂缝的开口只显示表面和内部有相对位移；无论是表面变小(收缩、减缩)，还是内部变大(膨胀、增大)，外观看上去可能一样。在 Parker 坝，两种情况都发生了；在青山坝只发生了收缩。

自那时起，已经有很多次开裂作为 ASR 报道的实例，很可能是出自高碱水泥的收缩特性。在 Parker 坝发生事故之后，Tremper(1941 年)首先向 ACI 报告了另一种 ASR 情况。Tremper 展示了一幅照片(见图 4-3)，显示一座桥护栏顶角发生劣化。墙的上部，尤其边角处，是桥梁最干燥的部位；而 ASR 只发生在相对湿度为 80%以上的情况下，笔者相信该劣化不是 ASR 所引起的，而是由于高碱水泥干缩特性造成微裂缝的混凝土受冻融作用引起的。Tremper 和 Stanton 可能是将其误诊成 ASR 了。

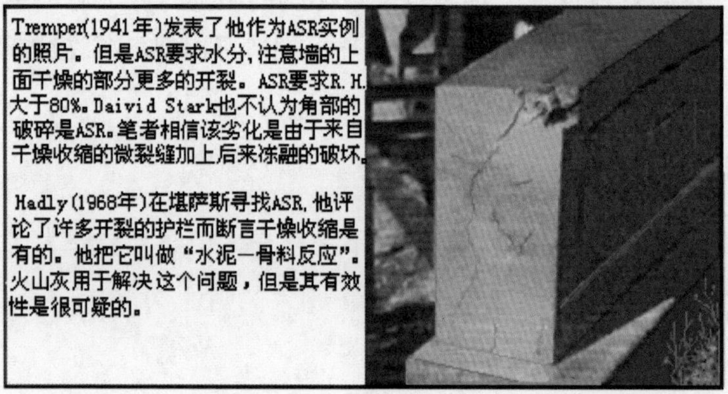

图 4-3　不可信的 ASR 误诊，这种劣化是干燥收缩引起的

Stanton(1942 年)发现 Parker 坝的 ASR 以后，在加州搜寻其他案例。认为他找到了一个不在潮湿的加州，而是在 Fresno——美国最干燥的地区之一的案例。在 1941 年炎热的夏季，连续 4 个月也没下过一点雨，因此很可能干缩才是罪犯，并非 ASR。

Stark(1991 年)曾综述过这样的问题：在混凝土内保持多少水分，可以在最小相对湿度为 80%时，使所观察到的 ASR 反应产物在干旱地区大坝上靠近表面的区域和诸如护栏之类的薄壁构件中得到发展? 他发现: 在亚利桑那州 Phoenix 附近的 Steward Mountain 坝上部薄构件(护栏)中，暴露在大气中的混凝土表面 50～200mm 的相对湿度大于 80%。取平均深度为 125mm，可见栏杆上的裂缝也许是由于外部的干燥收缩，或内部混凝土的 ASR 膨胀所造成的，也许二者都有。没有像青山坝那样预先设置测点，不可能进行准确的诊断，即使经过岩相检验。因为 ASR 可以在不产生任何膨胀的情况下发生。

当 Hadley(1968 年)在堪萨斯研究他确信与 ASR 有关的混凝土劣化时，同样发现桥的护栏(桥梁最干燥的部分)严重地开裂。Meissner(1942 年)发现: 使用高碱水泥时出现开裂，但在骨料为非活性的情况下，该水泥没有反应。因此，他规定垦务局在所有大型工程中应使用低碱水泥而无论骨料如何。加州的 DOT 也遵循这项规定。

Ferrer、Camacho 和 Catalan 在 1996 年 ACI 大会上提交了一份报告，题为 "一个在荒漠环境里混淆混凝土结构碱骨料反应的案例"。该报告描述了在一座墨西哥电厂出现的开裂现象。该工程选用了 II 型水泥以降低温升并提高抗硫酸盐性能，虽然能买到的 II 型水泥含碱量达 1.3%(几乎和 Parker 坝所用水泥的一样多)，但还是选择了它，因为他们觉得在干燥环境里不会出现 ASR。几个星期以后，裂缝就出现了，并且开口最宽处达 9.5mm。于是进行了一场紧张的研究工作。ASTM C259、C289、C227 和 C342 试验的结果表明: 细骨料有碱活性。但是用 ASTM C856 进行了 5 年的定期芯样检验结果表明: 没有发生 ASR 的证据。他们的结论是: 发生了两种不同的反应: 一个是产生早期开裂的 "不了解的" 反应; 另一个是多年后才出现，发展非常缓慢，曾认为在湿度非常低的荒漠地区不会发生的典型 ASR 反应。

以上案例与青山坝的情况非常接近，只是因为环境非常干燥而发生快得多而已。

Lehigh 水泥公司的 Neal(1996 年)送给笔者一张弗吉尼亚一爿墙的照片。这爿墙与典型的 ASR 外观相似，与青山坝的 43-4 号板几乎一样。据 Neal 观察也没有膨胀发生，因为胀缝材料在缝隙中是疏松的。他说: ASR 被弗州 DOT 看成一个有普遍性的问题，其实需要关注的正是许多混凝土发生不幸的案例被误诊。

总之，在干燥环境里，高碱水泥会引起干缩裂缝，而观测到的这种现象有时被误诊为 ASR。误诊为 ASR 可能会衍生出严重的后果。例如，怀疑骨料就去做试验，而用 ASR 即时快速检验的结果表明它无害，于是得出该 ASR 实验条件不够严酷的结论；然后推出新的、更苛刻的 ASR 检测方法。这样发展下去逐渐成为：世界上大多数骨料最后都将被"证明"是活性的。事实上，笔者相信现在几乎就到了这一地步，因为花岗岩都已经被宣布是活性的了。

摘自 Burrows 教授的《混凝土的可见与不可见裂缝》，覃维祖，廉慧珍译(内部资料)

6. 王玲教授的观点

见本书附录 B。

7. 王福川教授的观点

见本书附录 C。

不同观点

中国工程院重要构筑物咨询项目组见本书附录 D。

第 5 章

引气剂是解决抗冻问题的
灵丹妙药吗？

本章主要讲述引气剂对抗冻性的影响、提高和优缺点，以及正确的使用范围。

引气剂自问世以来，已经有近百年的使用历史了。作者在实际工程中，使用引气剂也有二十多年的时间了，地点包括新疆的阿勒泰、乌鲁木齐、塔城，甘肃的兰州、嘉峪关，陕西西安、延安，内蒙古的呼和浩特、锡林浩特、海拉尔、包头，东北的长春、哈尔滨，北京等地。总之，作者有我国整个北方地区，机场跑道和道路中使用引气剂的经验，大小涉及二十多个不同类型的工程。

5.1 冻融破坏对工程的危害

图 5-1 和图 5-2 是我国几个北方地区民航机场发生冻融破坏的照片。

在北方地区寒冷的冬季，混凝土产生冻融破坏的结果就是表面脱落，俗称掉皮。如图 5-1 所示的两幅照片为北方某机场刚修建的道面(我国民航一般将飞机跑道、停飞机的站坪、停机坪的路面称为道面)经过一个冬天的掉皮情况，第一幅为全景照片，第二幅为局部放大图。从照片可以看出，该路面已基本不能使用。

图 5-1 发生严重冻融破坏的工程实例照片(1)

图 5-1　发生严重冻融破坏的工程实例照片(1)(续)

如图 5-2 所示的混凝土路面是北方某机场经过一个冬天的破坏情况[①]。

图 5-2　发生严重冻融破坏的工程实例照片(2)

如图 5-3 所示的两幅照片为贵阳机场 2008 年春节期间突降百年不遇冰灾后机场道面的破坏情况。第一幅为全景照片，第二幅为道面破坏情况放

---

① 　按郭保林高工的意见修改。

大图。这种冻融破坏发生在南方极为罕见，给机场的飞行安全造成严重威胁。

图5-3　贵阳机场2008年春节发生冻融破坏的工程实例照片

从以上这些照片可以看出，冰冻破坏一般表现为混凝土表层 3～5mm
砂浆层在冬季发生脱落，俗称掉皮。脱落的面积有大有小，大的整块板全
部脱落，以致新修的道面无法使用直接报废。所以，抗冻问题是寒冷地区
许多工程能否正常使用并保证其耐久性的关键。

5.2　目前全世界对提高抗冻性的公认措施和方法——加入引气剂

加入引气剂提高混凝土中的含气量，可以大幅度提高抗冻能力，这一国际混凝土科技界公认的学术观点似乎从来没有被人怀疑过。表 5-1 是作者在我国不同地区的不同工地所取得的试验数据，清楚地表明了加入引气剂后混凝土中的含气量、抗冻融循环次数和混凝土各种性能指标之间的关系。

表 5-1　抗冻融循环次数与混凝土各项性能指标的关系

序号	工程地点		配合比/kg 水泥：石子：砂：水	每方容重/kg	砂率/%	维勃稠度/s	含气量/%	抗冻融循环次数
1	乌鲁木齐	1	320：1387：652：141	2500	32	18	2.4	225
		2	335：1320：660：145	2460	33	14	3.5	250
		3	380：1320：660：150	2422	33	9	4 以上	350 以上
2	呼和浩特	1	320：1430：675：137	2562	32	20	1.8	200
		2	340：1280：680：140	2440	35	12	4.0	250
		3	350：1210：700：141	2401	37	8	4 以上	350 以上
3	青海玉树	1	320：1382：648：144	2494	32	20	2.2	225
		2	335：1332：650：145	2462	33	11	4 以上	325
		3	350：1250：700：145	2445	36	9	4 以上	350 以上
4	哈尔滨	1	320：1410：653：144	2527	32	25	2.1	200
		2	330：1350：660：145	2485	33	15	3.5	285
		3	350：1165：626：161	2302	35	5 以下	4 以上	350 以上
5	海拉尔	1	320：1415：650：141	2526	31	22	2.2	225
		2	335：1335：655：141	2466	33	11	3.5	325
		3	350：1280：670：138	2438	34	5 以下	4 以上	350 以上

注：1. 为了能准确找出含气量及抗冻融循环次数与配合比中各项性能指标之间的关系，每次做配合比试验时，都要进行干硬性、半干硬性、塑性及流动性混凝土的对比试验。所以，每个工地的 1 号配合比为干硬性混凝土配合比，2 号为在原材料不变的情况下的半干硬性配合比，3 号为塑性或流动性混凝土配合比。

2. 所有配合比的强度目标值为 C50。

3. 每个工地三个配合比都加有引气型萘系高效减水剂。引气剂掺量都保持不变，都为水泥用量的万分之一左右。

4. 维勃稠度的单位为秒，用 s 表示。

根据表 5-1 可以分析得出如下结论。

1. 砂率与含气量的关系

当砂率在 32%以下时，砂率的大小与含气量的大小关系很不明显，但可以确认是正比关系，即随着砂率的增加，含气量也在缓慢增加；但砂率处在 32%至 35%时，砂率的大小与含气量的大小关系很明显，即随着砂率的增加，含气量会明显增加；当砂率大于 35%时，砂率的大小与含气量又找不到关系了，总结这个规律如图 5-4 所示。

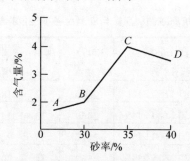

图 5-4 砂率与含气量的关系

2. 维勃稠度与含气量的关系

当维勃稠度(单位为秒，用 s 表示，下同)在 8s 以下时，维勃稠度与含气量的关系很不明显，但可以确认是反向关系，即随着维勃稠度的增加，含气量也在缓慢减小；但维勃稠度处在 8s 至 18s 时，维勃稠度与含气量的关系很明显，即随着维勃稠度的增加，含气量会明显减小；当维勃稠度大于 18s 时，维勃稠度与含气量又找不到关系了，总结这个规律如图 5-5 所示。

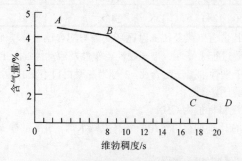

图 5-5 维勃稠度与含气量的关系

3. 混凝土性质与引气剂作用的关系

由于干硬性混凝土的维勃稠度一般最小在 18s 以上。从图 5-5 中可以看出，加入引气剂以后，干硬性混凝土的含气量一般在 2%以下，比不加引气剂的普通混凝土的含气量略高或持平。尽管作者偶尔也能引出 2%～2.5%的气来，但后来被证明是砂中含水量的误测。

在干硬性混凝土中加入引气剂无法引出我们所需要的含气量，其原因是什么呢？主要有：影响含气量的主要因素是坍落度大小，坍落度越大，同等条件下，含气量越大；其次是水灰比，水灰比越大，同等条件下含气量也越大。次要因素还有引气剂的品质与含量，砂子的含泥量等。水灰比和坍落度决定了含气量的大小，而干硬性混凝土基本上是没有坍落度的，水灰比也极低。这种情况下引不出气来就不难理解了。

所以，在真正的干硬性混凝土中无法引出能增加其抗冻性的含气量来，这是作者在工程实践中得出的重要结论。作者在我国不同的地方，不同的工程中，使用过许多不同的引气剂产品，有时为了能增加含气量，采用不断加大引气剂含量的办法，对干硬性混凝土来说，都没有明显效果。也就是说，用加入引气剂的方法来提高干硬性混凝土的抗冻性能，是没有明显效果的。但加入引气剂，对提高半干硬性和塑性混凝土的抗冻性能，效果是明显的；对提高流动性混凝土的抗冻性能，又没有明显效果。如图 5-2 所示的照片就说明了这一点。作者总结这个规律如图 5-6 所示。

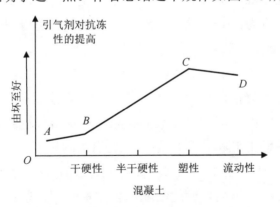

图 5-6　混凝土性质与引气剂作用的关系

以上结论与当前学术界公认的观点有所不同。

以上我们已经证明引气剂对提高干硬性和流动性混凝土的抗冻性没有效果，那么我们在有抗冻要求的工程结构施工中，是不是不提倡使用呢？它真的抗冻能力差吗？我们用什么方式来提高工程结构的抗冻性呢？

5.3　冻融破坏的机理简述

混凝土是一种带孔结构的材料，内部有不少肉眼可见与不可见的微小裂缝和孔隙。在遇雨和有水的环境下，水就会沿着这些孔隙和微小裂缝渗透到混凝土内部，渗透的大小用渗透率来表示。在我国北方地区的冬天，渗透到混凝土中的水在夜晚环境零度以下温度时就会结冰，结冰后体积膨胀就会对混凝土产生拉应力，当这个拉应力大于其抗拉能力时表面就会发生破坏，这就是冻融破坏的原理和过程。我们用抗冻融循环次数来表示抗冻能力的大小。

5.4　对提高实体工程抗冻能力方法和措施的研究

我们刚刚论述了产生冻融破坏的原因主要是外界的水渗入了混凝土中的孔隙和细小的裂缝中。那么我们就可以根据这个原理，提出一些方法和措施来提高抗冻能力。①提高混凝土密实度，减少混凝土内部的孔隙率和微小裂缝；②提高混凝土表面的抗拉能力，使之能产生更大的阻力来抵抗冻融破坏时的拉应力；③在混凝土中加入引气剂，可以提高部分品种的混凝土的抗冻能力。

我们还可以在这里作一个没有科学性的设想：假如在混凝土中消灭了孔隙，其自身就不会存在冻融破坏问题，而这是做不到的。但我们通过各种措施，尽可能地提高密实度，减少孔隙率，也可以达到提高抗冻能力的目的，而这个设想在实际工程中是可以做到的。

影响混凝土密实性的因素主要有：①水灰比；②配合比；③水泥品种及矿物成分组成；④粗细骨料的级配、含泥量及用量等；⑤施工时的外界气象环境条件；⑥施工工艺等。

影响表面抗拉能力的因素主要有：①抹子遍数；②表面砂浆厚度；③表面微小裂缝；④搅拌时间和均匀程度等。

影响含气量大小的因素有：①坍落度；②水灰比；③骨料的含泥量等。

以上就是作者总结的影响抗冻能力的因素。我们找到了这些影响因素，自然就能找到提高抗冻能力的方法和措施。事实上对一个具体的实体工程来说，其抗冻能力的大小是由以上几种因素或十几种因素组合影响后形成的。

鉴于学术界对引气剂提高抗冻能力的迷信，作者在这里有必要强调的是，引气剂的作用是在混凝土孔隙中加入微小的气泡来提高抗冻能力。从上面的分析就可以将其理解为一种补救措施。也就是说提高密实度，减少孔隙率和微小裂缝、提高表面的抗拉能力和加入引气剂，都是提高抗冻能力的有效方法。加入引气剂，只是方法之一而已。

混凝土科学的复杂性在于，即使找到了全部的影响因素，也不一定能找到行之有效的解决方法。因为这些影响因素对同一个问题的影响不是同等的，而这些影响因素在不同的工地也是不断变化的。还有，往往由于工程的局限性，比如气候、原材料等(这种局限性几乎在每一个工程中都是存在的和不能避免的)，我们不可能对每一个影响因素都能提出解决的方法。

在这里我们还有必要对这种局限性作进一步解释：对一个具体的工程来说，①环境是无法改变的；②水泥和其他原材料的改变可能会引起工程成本的上升超出人们能容忍的范围；③施工工艺的改变也可能存在同样的问题。

作者把这些影响因素分为主要因素、次要因素和一般因素。这种划分主要源于自己二十多年在北方地区的施工工程经验。

但有必要对划分的原则进行一下解释，因为在本书中这种划分方式可能在不同的章节会被多次提到。一般情况下，只要解决了主要因素，次要因素在可控的范围，这个问题就基本解决了；相反，如果只抓住次要因素而没有解决主要因素，问题就不会得到解决。只要解决了主要因素，一个具体的工程才不会因冻融破坏而影响其正常使用和耐久性。

由此可以看出，作者的主要工程经验在于解决主要因素，控制次要因素和监控一般因素。

尽管主要因素和次要因素在一个具体工程中会发生一些局部的转化，但在这里作者还是要根据自己的工程实践经验，对以上的影响因素进行分类排序。这主要是因为作者在我国北方许多地方的工程实践证明，这些排序是正确的。

1. 主要因素

(1) 搅拌时间。有些工程可能由于工期的原因，施工单位违反操作规程，人为地减少搅拌时间。但对抗冻能力的负面影响是致命的。

(2) 水灰比。水灰比偏大，就会造成混凝土密实度降低、孔隙率提高，使混凝土终凝前表面抗拉能力降低，容易引起裂缝。这些都会造成抗冻能力大幅度降低。如图 5-2 所示的混凝土路面是北方某机场经过一个冬天的破坏情况。尽管当时加了引气剂，含气量实验室测定为 4%以上，抗冻融循环次数也做到了 350 次以上，但由于施工时水灰比掌握不好，使原计划的半干硬性混凝土施工时变成了流动性混凝土。由此可见，引气剂掺量和实验室做出的抗冻融循环次数，对流动性混凝土的实际工程的抗冻性可能没有帮助。

(3) 水泥品质。水泥中的任何一个性能指标都对抗冻能力有直接或间接的影响，最主要的有三个。①C_3A 的含量。由于 C_3A 过快的水化速度和过高的水化热，使混凝土初、终凝时间缩短，失水加快。所以，如果采用的水泥 C_3A 的含量过大，就容易在表面产生收缩裂缝。②细度。水泥颗粒越细，比表面积越大，水化速度就越快，水化热就越大，需水量也就越大，产生表面裂缝的机会就越高。③C_2S 的含量。C_2S 的反应速度较慢，会修补前期水泥水化反应留下的孔隙和微小裂缝。所以，C_2S 的含量越高，抗冻能力就越好。

(4) 抹子遍数。水泥水化和混凝土强度增长的过程，就是收缩的过程。收缩就有可能产生孔隙和裂缝，特别是在混凝土表面 5mm 之内的孔隙和裂缝，对抗冻能力威胁较大。我国民航机场飞机跑道工程当前的施工工艺主要是由人工用抹子对表面的孔隙和裂缝进行消除。所以作者在这里特别强调抹子遍数的重要性。

2. 次要因素

(1) 加入引气剂，增加含气量。前面讲过，加入引气剂对半干硬性和塑性混凝土的抗冻能力提高很大。

（2）细骨料的含泥量。细骨料的含泥量对引气剂正常发挥作用影响较大。含泥量大的细骨料，使混凝土在引气剂作用下的含气量变小，使抗冻融循环次数降低。所以，当加入引气剂时，尽可能使用含泥量较小的细骨料。

（3）坡度。通过作者 2007 年对我国民航北方机场十三个发生过冻融破坏的混凝土道面进行的调查发现，这些破坏全部发生在停靠飞机站坪或停机坪。而在同等条件下的飞机跑道却没有发生破坏。经研究认为：主要的原因是站坪或停机坪坡度较小和面积过大，造成排水不畅(民航规范规定：站坪和停机坪的坡度一般不大于 5‰，跑道的横坡不大于 1%)。坡度大，排水顺畅的道面，在同等条件下，外界的水进入混凝土内部的难度就大，发生冻融破坏的可能性就变小。所以，在可能的情况下加大工程的排水坡度，使之排水速度相对加快，也是一个减少冻融破坏的好方法。

3. 一般因素

一般因素较多，如配合比，水泥品种及其他矿物成分组成，粗细骨料的级配及用量，施工时的外界气象条件，施工工艺，表面砂浆厚度等都对抗冻性有一些间接的影响。

5.5　引气剂的正确使用方法和范围

首先我们要特别说明的问题是，引气剂对半干硬性和塑性混凝土抗冻性的提高，其作用是明显的。那为什么不把需要提高抗冻性的工程结构（如民航北方地区的飞机跑道等）或部位采用半干硬性或塑性混凝土，而非要采用干硬性的呢？

我们必须要清楚，提高抗冻性的最终目的是什么？是要保持工程结构的正常使用，提高耐久性。在北方地区，影响工程结构的正常使用和耐久性的因素也有很多，抗冻性仅仅是危害较大的因素之一。作者在本书中曾多次说明一个观点：混凝土科学是一个互相关联的、复杂的系统，没有任何一个问题是单一的。所以，我们在解决一个问题时就必须考虑到对其他问题的影响。比如抗冻性的问题，我们采取了许多方法和措施，提高了抗冻性，但混凝土的其他性能变差了，影响了工程结构的正常使用和耐久性。

那么我们的终极目的实际上就没有真正达到。比如，采用加入引气剂的方法来提高许多工程结构的抗冻性，就实际存在着这样一个隐患。

什么样的工程结构需要提高其抗冻性？①北方寒冷地区；②在冬天与雨雪接触。这样的工程结构主要有：道路、机场、码头、桥墩与水接触的部分、房屋散水等。这些工程结构的特点是：①面积和体积较大；②含钢筋较少或基本为素混凝土结构。

根据作者多年来的施工经验和总结，影响这些工程结构的正常使用和耐久性的因素最重要的有两点：冻融破坏和裂缝。而在许多工程上，裂缝对耐久性的危害可能会大于冻融破坏。工程的实际情况可能是：我们加入引气剂，抗冻性得到大幅度的提高，可同时，产生裂缝的可能性也被大幅度地提高了。

所以，一个有经验的工程师必须综合考虑这两个因素，才能真正解决北方地区工程结构的正常使用和耐久性问题。由于裂缝的危害和冻融破坏相同或略高，因此，要正确地解决有抗冻要求的工程结构的耐久性问题，就应考虑减少或消灭裂缝和防止发生冻融破坏同时进行[①]，这才是有远见的工作思路。否则，就有虽然提高了抗冻性，却同时降低了耐久性的危险。

以上就是作者对如何提高北方地区混凝土抗冻能力和耐久性的工作思路。在这个思路的指导下，对正确解决北方地区抗冻问题，提出如下措施和建议。

1. 在条件允许的前提下，尽可能地使用干硬性混凝土

其主要的原因有以下几点。

(1) 因为在同等条件下，半干硬性和塑性混凝土更容易产生裂缝，而裂缝会给结构的耐久性带来更大的危害(参见本书第8章)。

从表5-1中可以看出，从干硬性到半干硬性，再到塑性和流动性，其单方混凝土的粗骨料用量在不断降低，容重也在不断变小。干硬性混凝土的粗骨料用量一般大于1400kg，而半干硬性混凝土为1350～1400kg，塑性和流动性混凝土基本在 1350kg 以下，干硬性混凝土的容重大致范围一般为

---

① 按席青、侯俊刚工程师的意见修改。

2480～2550kg，而半干硬性混凝土为 2350～2480kg，塑性和流动性混凝土基本在 2350kg 以下；干硬性混凝土的坍落度不大于 5mm，半干硬性混凝土为 5～15mm，塑性和流动性混凝土在 20mm 以上；干硬性混凝土的砂率大致范围是 28%～32%，半干硬性混凝土的范围是 32%～35%，塑性和流动性混凝土的范围都在 35%以上。以上这些因素都会使混凝土体积的稳定性变差，产生裂缝的可能性增加(参见本书 8.2 节)。

图 5-7 所示是山西某工程的照片，由于水灰比过大，在施工完成后 24h 内就出现了收缩裂缝。

图 5-7　产生收缩裂缝的山西某工程实例照片

图 5-8 所示是内蒙古一个工程的照片，由于混凝土流动性大，在施工结束后 24h 之内就出现了穿透性裂缝。

(2) 工程结构的实际情况给使用干硬性混凝土提供了条件。前面我们已经论述过，需要增加抗冻性的工程一般都是含钢筋量较少或者无钢筋的素混凝土结构。近些年来，干硬性混凝土的使用概率越来越小的一个主要原因是，钢筋混凝土结构越来越多，而且含筋量也越来越大了。如果使用干硬性混凝土，其必然容易造成施工操作困难、振捣不实，出现蜂窝麻面等质量事故。而需要增加抗冻性的大部分结构却不存在这类问题。

(3) 其抗冻性的提高不需要采用加入引气剂的方法。前面已经论述过，干硬性混凝土无法用加入引气剂的方法来提高其抗冻性。但可以采取控制好搅拌时间、尽可能降低水灰比、提高水泥品质、增加抹子遍数等方法和措施，来提高结构的抗冻性。

2008/09/22

图 5-8 产生穿透性裂缝的内蒙古某工程实例照片

2. 加入引气剂

在干硬性混凝土实际工程施工中，也有必要加入引气剂，这是作者在长期实践中得出的一条重要经验。引气剂只是对提高半干硬性和塑性混凝土的抗冻性有明显作用，但干硬性和半干硬性及塑性混凝土的主要区别就是水灰比。由于当前我国露天式的施工管理模式，施工现场对水灰比的准确控制实际上是很困难的。特别是粗细骨料的含水量的准确测试，基本上无法实现。这主要是气候因素的影响，降温下雨，水灰比就有可能突然变大。目标配合比是干硬性，而实际上施工时却变成半干硬性甚至塑性了。事实上，在我国当前露天施工干硬性混凝土的现场，根据当时气候温度及湿度等变化情况，及时对水灰比进行调整，是一个现场工程师的日常工作。下面作者从三个不同机场施工监理单位的日志中摘抄部分内容来说明这个问题。

(1) 内蒙古海拉尔机场。时间：2007 年 8 月 3 日；天气：晴；温度：15～28℃；施工时间：全天。单方混凝土目标配合比水灰比为 0.44，用水量为 141kg，实际用水量的变化情况如表 5-2 所示。

表 5-2　每日单方混凝土用水量增减变化表(内蒙古海拉尔机场)

序　号	时间/时:分	环境温度/℃	用水量增减/kg	原　因
1	9:30	18	−8	气温低，蒸发慢
2	11:20	23	+5	气温升高，蒸发加快，并有 2 级微风
3	14:17	28	+10	气温升高，蒸发加快，风停
4	16:50	24	−10	气温降低，蒸发变慢
5	20:00	21	−5	气温降低，蒸发变慢
6	23:18	18	−5	气温降低，蒸发变慢，有 2 级微风
7	5:00	15	−10	气温降低，蒸发变慢，并有露气

注：用水量增减一栏，"+"表示增加，"−"表示减少。

(2) 新疆吐鲁番机场。时间：2009 年 9 月 11 日；天气：晴；温度：25～42℃；施工时间：由于白天从上午 10:00 开始，环境温度都在 35℃以上，所以施工选在 23:00 开始，到第二天早晨 10:00 结束。单方混凝土目标配合比水灰比为 0.45，用水量为 144kg，实际用水量的变化情况如表 5-3 所示。

表 5-3　每日单方混凝土用水量增减变化表(新疆吐鲁番机场)

序　号	时间/时:分	环境温度/℃	用水量增减/kg	原　因
1	23:00	33	+5	气温高，蒸发快
2	1:00	28	−8	气温降低，蒸发变慢
3	2:32	28	+15	现场突然有 3 级风
4	3:08	28	−15	风停
5	5:00	25	−5	气温降低，蒸发变慢
6	7:00	29	+5	太阳出来，气温升高，蒸发加快
7	9:00	32	+5	气温升高，蒸发加快

注：用水量增减一栏，"+"表示增加，"−"表示减少。

(3) 青海玉树机场。时间：2008 年 7 月 3 日；天气：多云；温度：5～

28℃；施工时间：由于当地昼夜温差大，并可能随时有雨，所以只能在白天施工。单方混凝土目标配合比水灰比为 0.44，用水量为 141kg，实际用水量变化情况如表 5-4 所示。

表 5-4　每日单方混凝土用水量增减变化表(青海玉树机场)

序　号	时间/时:分	环境温度 /℃	用水量增减/kg	原　因
1	9:30	15	-7	气温低，蒸发慢
2	11:41	21	+10	气温升高，蒸发加快
3	14:00	28	+10	气温升高，蒸发加快
4	14:28	24	-10	突然有乌云，气温降低，蒸发变慢
5	15:12	25	+6	乌云过去，气温升高
6	16:10	23	-5	气温降低，蒸发变慢

注：用水量增减一栏，"+"表示增加，"-"表示减少。

对粗细骨料含水量的准确测试也存在着表面和内部、雨前和雨后等不断变化的影响，很难做到。这里不再多述。

目前，我国民航机场的现场施工管理对跑道干硬性混凝土水灰比的调整，在每个机场都是必须进行的，而且每天根据温度和风速的影响，调整次数至少在 5 次以上。而调整的原则还无法做到精细化和科学化，主要是根据现场工程师的经验。所以，这些因素都使实际进入模板内的混凝土，很难保证全部是干硬性的。根据作者的经验，在每一个机场，有 10%～30% 是半干硬性甚至是塑性混凝土。其余 70%～90%，才是干硬性混凝土[①]。

我们知道，半干硬性和塑性混凝土，只有在引气剂的帮助下才能提高抗冻性。

对使用干硬性混凝土来说，加入引气剂就是一种质量保险剂。

5.6　结　束　语

作者在本章中把引气剂对工程结构抗冻性的提高降低到次要因素，并把其使用范围限制到半干硬性和塑性混凝土中，这和我国现行的规范，以

---

① 按李军辉高级工程师的意见修改。

及权威专著中的观点不同。这是作者在青海西宁和玉树、新疆阿勒泰和乌鲁木齐、内蒙古呼和浩特和海拉尔、黑龙江哈尔滨、吉林长春和延吉、北京、天津等机场的工程实践中证明的。本章内容可以说明，混凝土技术中的任何材料、性能、方法和手段都有适合的范围及使用方法。

参 考 文 献

[1]　李金玉，曹建国. 水工混凝土耐久性的研究和应用[M]. 北京：机械工业出版社，2004.

[2]　冯乃谦. 高性能混凝土结构[M]. 北京：中国电力出版社，2004.

[3]　曹建国，李金玉. 高强混凝土抗冻性的研究[J]. 建筑材料学报，1999，2(4)：292～297.

06

第6章
泌水好还是假凝好？

本章主要论述混凝土为什么会出现假凝和泌水现象？在什么时候会发生假凝？在什么情况下出现泌水？它们与什么因素有关系？

为什么要将这两个问题放在一个章节里呢？经过工程实践我们发现，这两个问题可能恰恰是一个事物的两个极端。为了说明这个结论，先看下面几组工程照片。

图 6-1 所示的两张照片为典型的混凝土表面正在泌水的照片。严重时表面积水可达 1cm 厚。

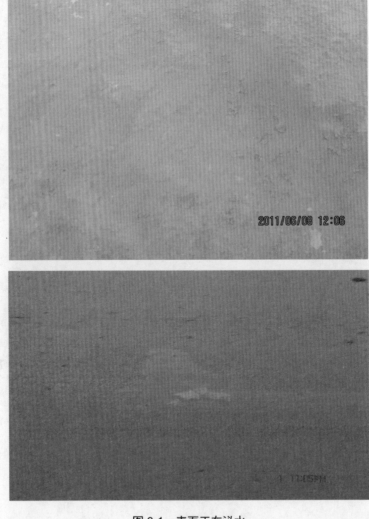

图 6-1　表面正在泌水

图 6-2 所示为混凝土发生假凝后的照片。第一张为刚刚振捣结束后,混凝土就已经凝固。混凝土表面发烫,收缩裂缝已出现;第二张和第三张为混凝土还没有来得及振捣,就迅速假凝,只好作报废处理,照片里工人正在铲除报废的混凝土。

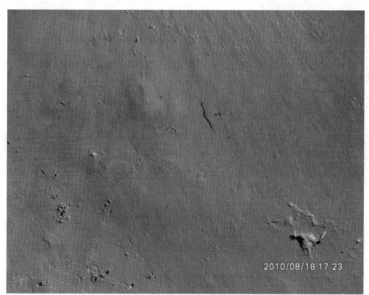

图 6-2　假凝后的照片

图 6-2　假凝后的照片(续)

表 6-1 是作者近几年在民航机场所用水泥发生泌水和假凝情况统计表。

表 6-1　不同水泥和气候条件泌水和假凝情况统计表

序号	机场所在地	水泥矿物成分/%		细度/(m²/kg)	终凝时间/min	水泥的28天抗折强度/MPa	泌水或假凝及发生的时间
		C_3S	C_3A				
1	新疆和田	58	0.6	354	221	8.7	中午 35℃以上或 4 级风以上假凝
2	青海玉树	56	2.6	331	213	8.4	15℃以下或阴天泌水
3	内蒙古海拉尔	57	2.6	338	213	8.5	无
4	首都机场			410	184	9.7	全天严重假凝
5	辽宁葫芦岛	55	3.0	328	243	8.3	晚上和阴天严重泌水
6	呼和浩特	55	9	410	210	8.8	中午 33℃以上假凝。晚上和阴天泌水
7	内蒙古临河			408	160	8.5	全天严重假凝

从表 6-1 中可以看出，水泥的性能指标和气候条件是假凝和泌水发生的主要因素。气温高，风速大，水泥终凝时间短，比表面积大，C_3A 和 C_3S 含量高，28 天强度高就容易发生假凝；相反，气温低，阴雨天，水泥终凝时间长，比表面积小，C_3A 和 C_3S 含量低，28 天强度低就容易发生泌水。

由此可以得出，假凝和泌水的影响因素在绝大多数情况下是相反的。绝对不发生假凝的时候，就有可能发生泌水；绝对不发生泌水的时候就有可能发生假凝。这两者也必然不会同时出现。

　　下面就假凝和泌水发生的原因和机理，以及防治的措施分别进行分析和研究。

6.1　泌水产生的原因

　　对工程界来说，泌水是一个老问题。二十年前，不论板、梁、柱，道路、桥梁和房建，还是流动性、塑性或干硬性混凝土都存在着程度不同的泌水。大约从十年前开始，泌水现象越来越少了，在房建、桥梁等工程中泌水的现象基本快绝迹了，在民航机场工程中泌水现象也只是偶然见到。而现在，泌水现象又多起来了，原因是什么呢？下面进行分析。

　　泌水一般在混凝土搅拌后开始，在终凝后就基本结束。所谓泌水，就是在一定的条件下混凝土内暂时有"多余的"水，在内部没有空间"藏其身"的时候，析出表面的现象。为什么会发生这个现象呢？因为在一定的时段内，混凝土内部对水有一个"总需求"。当混凝土内的总水量大于"总需求"的时候，就会有泌水现象发生。影响混凝土对水的"总需求"主要有三个原因：①在一段时间内水泥水化时对水的需求；②气候因素引起的混凝土内水分蒸发时对水的需求；③混凝土在振捣结束后，使结构更加密实、孔隙率降低时排出水量的多少。

　　影响泌水的原因经作者多年来收集整理，排序结果如下。

1. 水灰比

　　混凝土在振捣结束后，其内部大小颗粒就会形成一种最稳定的结构，也就是寻求到一种最小孔隙率。假如我们不考虑此时水泥水化等因素所需要消耗的水，那么我们加入到混凝土中的水，除其最小孔隙率内所能充盈的水外，其余就真正成为"暂时多余的水"，就有了析出的可能。这也是混凝土泌水最直接的原因。

　　所以，水灰比越大，就会造成混凝土内"暂时多余的水"越多，其产生泌水的可能性就越大。俄罗斯人 H.H.阿赫维尔多夫研究认为：当水灰比

$m_W/m_C=(0.876\sim1.65)P(P$ 为水泥的标准稠度用水量)时，混凝土将不产生泌水现象。我国水泥的标准稠度用水量一般为 25%～30%，折算过来，也就是当混凝土的水灰比不大于 0.49 时将不再产生泌水现象。作者认为这个公式是片面的。水灰比只是混凝土泌水最主要的原因之一，但绝不是唯一的原因。

2. 温度

温度升高时空气流动速度加快，使混凝土表面失水速度加快，可以加速减少混凝土内多余水的含量，泌水现象就会减少。相反，温度降低，空气流动速度变慢，混凝土内水的蒸发速度减小，泌水的可能就会增大。这就是夜间施工比白天施工、冬季施工比夏季施工更容易泌水的直接原因。

3. 施工现场风速

刮风是混凝土泌水的外因。刮风使空气流动速度加快，使混凝土表面失水速度加快，可以加速减少内部暂时多余水的含量，也就会使泌水的可能性减少。特别是公路、机场等工程，如果施工现场刮 4 级以上大风时，发生泌水的现象明显减少。

4. 水泥化学成分中的 C_3A 含量

作者将影响泌水的原因分为内因和外因。内因是指水泥水化、内部大小颗粒级配的好坏等；外因是施工时天气温度、空气的相对湿度、刮风等。当水灰比一定时，在终凝前，内因和外因使混凝土内消耗的水量就是混凝土此时的总需水量，即由于水泥品种的不同、施工的地域和气候不同等因素造成了在终凝前其需水量也不同。当水灰比一定时，需水量大就会使此时内部"暂时多余的水"含量减少，那么产生泌水的可能性就会减少。反之，则相反。

水泥中 C_3A 含量的多少是影响泌水的主要原因。众所周知：由于 C_3A 遇水水化极快，水化热极高，在强度增长的初期，需水量最大，尽管有石膏调凝。另外，C_3A 水化时放热最大，使内部温度大幅度升高，温度的升高也加速了 C_3S 和 C_4AF 的水化，这样就会使混凝土内部需水量上升，当然也就使内部暂时多余的水减少。因此，在其他条件不变的情况下，水泥

中 C_3A 的含量低时更容易泌水。

　　根据表 6-1 和作者的工程经验,在气温小于 15℃ 的情况下,泌水和 C_3A 含量的关系是:当水泥中的 C_3A 含量在 5% 以下时,混凝土就容易发生泌水;当水泥中的 C_3A 含量为 5%～10% 时,混凝土在其他因素的影响下,可能发生泌水,也可能不发生泌水;当水泥中的 C_3A 含量在 10% 以上时,混凝土就基本不发生泌水。作者将这个规律进行了总结,如图 6-3 所示。

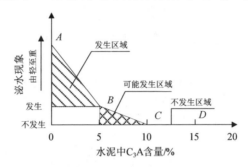

图 6-3　水泥中的 C_3A 含量与泌水关系图

5. 水泥比表面积

　　水泥的水化速度与其颗粒粗细有很大关系。颗粒越细水化速度越快,在混凝土终凝前其内部需水量就越大,在其他条件相同的情况下其泌水的可能性就越小。根据表 6-1 和作者的工程经验,在水灰比小于 0.45、气温小于 15℃、水泥中 C_3A 含量不大于 5% 的情况下,当比表面积小于 $350m^2/kg$ 时,混凝土就会发生泌水;当比表面积大于 $350m^2/kg$、小于 $380m^2/kg$ 时,混凝土在其他因素的共同作用下,有时发生泌水,有时不发生泌水;当比表面积大于 $380m^2/kg$ 时,混凝土基本上不再泌水。作者将这个规律总结为如图 6-4 所示。

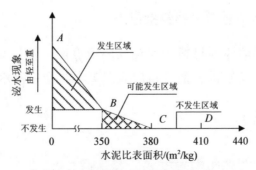

图 6-4　水泥比表面积与泌水关系图

6. 水泥终凝时间的影响

水泥终凝时间越长，在终凝前混凝土内部的暂时需水量就越低，在其他条件相同的情况下，产生泌水的可能性就越大。根据表 6-1 和工程经验，在水灰比小于 0.45、气温小于 15℃的情况下，当水泥的终凝时间在 4.5h 以上时，混凝土就会发生泌水；当水泥的终凝时间为 3～4.5h 时，混凝土在其他因素的共同作用下，有时发生泌水，有时不发生泌水；当水泥的终凝时间在 3h 以下时，混凝土基本上不再泌水。作者将这个规律总结为如图 6-5 所示。

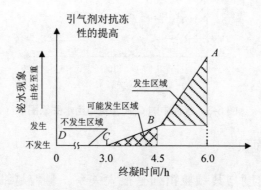

图 6-5　水泥的终凝时间与泌水关系图

7. 水泥化学成分中 C_3S 的含量

C_3S 水化速度虽然没有 C_3A 快，但由于在水泥中含量大，所以在前期需水量也很大。特别是其小于 $10\mu m$ 的 C_3S 颗粒含量对水泥和混凝土的初凝和终凝时间影响很大。因此，水泥中 C_3S 的含量，特别是其小于 $10\mu m$ 的 C_3S 颗粒含量越低的水泥越容易产生泌水。

8. 混凝土中的其他胶凝材料掺量

混凝土中的其他胶凝材料，前期反应速度慢，掺量大时使混凝土终凝时间大幅度延长，特别是大掺量粉煤灰混凝土，产生泌水的可能性变大[1]。

———————————

① 按林兴刚高工的意见修改。

9. 混凝土内颗粒级配的合理程度

在振捣过程中，由粗骨料、细骨料、水泥和其他外加剂所组成的大小颗粒，都在寻找自己最佳、最稳定的位置。我们可以把振捣过程理解为是所有颗粒在振动力的作用下重新排序，寻找最小孔隙率的过程。在这个过程中，骨料不断地下沉，水泥浆不断地上浮。在同等水灰比的条件下，混凝土内由大小颗粒组成的级配越合理，振捣越密实，密度就越大，强度也越高，其孔隙率也越低，内部能存"多余水"的地方就越小，泌水的可能性越大。

10. 空气相对湿度

空气相对湿度过低也同样会加速混凝土内部水的蒸发，使内部暂时多余水的含量减少，所以其他条件相同时在南方施工比在北方施工更容易泌水、在大雾天和阴天施工比在晴天施工更容易泌水。

以上是影响泌水的 10 个主要原因。还有一些因素影响较为轻微或间接造成混凝土泌水。比如：外加剂特别是缓凝剂过量，在水灰比和其他施工条件相同的情况下，使用吸水量较小的骨料更容易泌水，骨料的温度低也更容易泌水。同样条件下，素混凝土比钢筋混凝土更容易泌水。结构尺寸过高过厚也会使混凝土内部多余水增加，相应就增加了泌水的可能。

作者认为，绝大多数混凝土结构的泌水都是以上 10 种因素中的几种综合作用的结果。所以就必须对以上因素，特别是 10 种主要因素造成泌水的原理进行理论上的研究和探讨。以便能够针对任何一个具体的工程，找到在工地上能够实际操作的方法，彻底解决泌水这一难题。

6.2　假凝产生的原因

造成假凝的原因有很多，归结为一条，就是在一定的条件下，混凝土内部暂时缺水。在一定的时段内，混凝土内部对水有一个"总需求"，当混凝土内此时的总水量小于"总需求"时，就有可能发生假凝现象。影响混凝土对水的"总需求"量主要有三个因素：①在一段时间内水泥水化时对水的需求；②气候因素使混凝土内水分蒸发时对水的需求；③混凝土在振捣结束后，结构更加密实，孔隙率降低，排出水量的多少。

混凝土在振捣结束后若遇到大风、高温会造成蒸发量过大，而此时水泥水化已经开始。如果混凝土表面几厘米之内的自由水量小于以上综合因素引起的对水量的"总需求"，混凝土就会出现假凝和裂缝。混凝土内部，特别是在塑性阶段，必须有合适的自由水量，以满足此时的失水量(也叫需水量)，不能满足时，混凝土就出现假凝或裂缝或两者都有。

造成混凝土内部暂时缺水的原因有以下几个。

1. 水灰比

水灰比越小，造成混凝土内暂时缺水的可能性就越大，产生假凝的可能性就越大。所以我们在夏季高温和大风等环境下施工时，经常适当地加大水灰比，就是为了防止假凝的发生。

2. 施工现场风速

风速是混凝土假凝的外因。风使空气流动速度加快，混凝土表面失水速度就加快。特别是公路、机场等工程，如果施工现场有4级以上大风时，发生假凝的现象明显增多。

3. 温度

施工时温度升高会使混凝土表面失水速度加快，会加速减少混凝土内自由水的含量，假凝现象就会增多。这也是夜间施工比白天施工、冬季施工比夏季施工假凝现象减少的直接原因。

4. 水泥中的 C_3A 含量

假凝的原因可分为内因和外因。内因是指水泥水化、混凝土内大小颗粒级配的好坏等；外因是施工时天气温度、空气的相对湿度、风速等。当水灰比一定时，在终凝前内因和外因都会使混凝土内的水分产生一定量的消耗，也就是总需水量。总需水量越大失水量就越大，造成假凝的可能性就越大。

水泥中的 C_3A 含量是混凝土产生假凝的主要原因。C_3A 遇水水化极快，水化热极高，在混凝土强度增长的初期，需水量最大。另外，C_3A 水化时放热最大，使混凝土内部温度大幅度升高，温度的升高也加速了 C_3S 的水化及自由水的蒸发，这样就会使混凝土内部需水量上升。所以，在其他条件不变的情况下，采用 C_3A 含量高的水泥更容易假凝。

根据表 6-1 和作者的工程经验，在气温 15～25℃的情况下，假凝和 C_3A 含量的关系是：当水泥中的 C_3A 含量在 5%以下时，混凝土就不容易发生假凝；当水泥中的 C_3A 含量为 5%～10%时，混凝土在其他因素的影响下，假凝可能发生，也可能不发生；当 C_3A 含量在 10%以上时，混凝土就容易发生假凝。作者将这个规律总结为如图 6-6 所示。

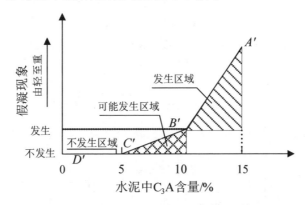

图 6-6　水泥中的 C_3A 含量与假凝现象关系图

5. 水泥比表面积

水泥的水化速度与其颗粒粗细有很大关系。颗粒越细水化速度越快，在混凝土终凝前其内部需水量就越大，在其他条件相同的情况下发生假凝的可能性就越大。根据表 6-1 和作者的工程经验，在水灰比小于 0.45、气温不大于 25℃、水泥 C_3A 含量不大于 5%的情况下，其比表面积小于 $350m^2/kg$ 时，混凝土不会发生假凝；当比表面积大于 $350m^2/kg$、小于 $380m^2/kg$ 时，混凝土在其他因素的共同作用下，假凝有时发生，有时不发生；当比表面积大于 $380m^2/kg$ 时，混凝土就可能发生假凝。作者将这个规律总结为如图 6-7 所示。

6. 水泥终凝时间的影响

水泥终凝时间越短，在终凝前混凝土内部的暂时需水量就越大。在其他条件相同的情况下，产生假凝的可能性就越大。根据表 6-1 和作者的工程经验，在水灰比小于 0.45、气温不大于 25℃的情况下，当水泥的终凝时间在 4.5h 以上时，混凝土不会发生假凝；当水泥的终凝时间为 3～4.5h 时，混凝土在其他因素的共同作用下，假凝有时发生，有时不发生；当终凝时间在 3h 以下时，就会发生假凝。作者将这个规律总结为如图 6-8 所示。

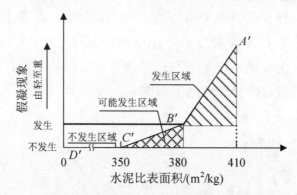

图 6-7　水泥的比表面积与假凝现象关系图

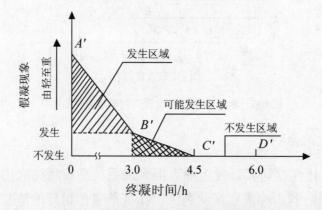

图 6-8　水泥的终凝时间与假凝现象关系图

7. 水泥矿物成分中 C_3S 的含量

C_3S 的水化速度虽然没有 C_3A 快，但由于它在水泥中含量大，所以在前期需水量也大。特别是小于 10μm 的 C_3S 颗粒含量对水泥和混凝土的初凝和终凝时间影响很大。所以，水泥中 C_3S 的含量，特别是其小于 10μm 的 C_3S 颗粒含量越高的水泥越容易产生假凝。这也是我国高标号水泥和 R 型水泥更容易假凝的直接原因。

8. 混凝土中的其他胶凝材料掺量

混凝土中的其他胶凝材料，前期反应速度慢，掺量大时使混凝土终凝时间大幅度延长，特别是大掺量粉煤灰混凝土，产生假凝的可能性变小。

9. 空气相对湿度

空气相对湿度过低会加速混凝土内部水的蒸发。这是在其他条件相同时在北方施工比在南方施工更容易假凝、在晴天施工比在大雾天和阴天施工更容易假凝的直接原因。

10. 外加剂

工地上经常发生外加剂和水泥的不适应性从而造成假凝，所以，在施工前一定要对外加剂和水泥的适应性进行试验，然后方可进行施工。

以上是影响假凝的 10 个主要因素。其他因素影响较为轻微或间接造成假凝。比如骨料的温度及吸水率、配合比、结构尺寸过薄、水泥生产过程中的助磨剂、使用了劣质的石膏、高效选粉机工艺等也会使假凝的可能性增加。

6.3　综　合　分　析

以上两节讲的就是假凝和泌水的主要因素。大家可以看到，它们产生的原因除个别因素外，其他基本相同但却方向相反。水灰比大了容易泌水，小了却容易假凝；水泥中的 C_3A 含量低了容易泌水，高了却容易假凝；水泥比表面积小了容易泌水，高了却容易假凝，等等。为什么？主要在于泌水的原因是混凝土内部暂时有多余的水，而假凝恰恰是混凝土内部暂时缺水。从本质上讲它们代表的就是南辕北辙的两个方向，所以它们发生的原因当然基本相同但方向相反。代表了混凝土的两个方面。这就是为什么作者要把这两个问题放在一起来讲的原因。我们也可以把图 6-3～图 6-8 总结为图 6-9～图 6-11。

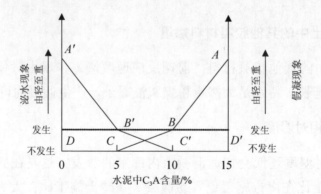

图 6-9　水泥中的 C_3A 含量与泌水、假凝现象综合关系图

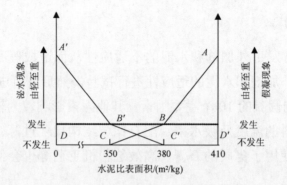

图 6-10　水泥的比表面积与泌水、假凝现象综合关系图

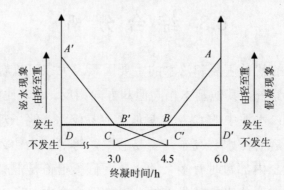

图 6-11　水泥的终凝时间与泌水、假凝现象综合关系图

6.4　假凝和泌水的危害

1. 泌水的危害

有学者从理论上分析说，泌水在混凝土内部形成了一个通道，对抗冻、

抗渗和耐久影响很大。作者不同意这种观点，这主要有两个方面的原因：一是二十年前，许多工程都有泌水现象(原因主要是水灰比大和水泥细度小)，但不论在南方还是北方耐久性都很好；二是我们十几年来做过的、发生过比较严重泌水的工程，如新疆的阿勒泰机场、喀什机场、西宁机场、黑龙江的黑河机场等，虽然环境严酷，但耐久性都很好。发生泌水的工程耐久性却非常好，原因是什么？①发生假凝裂缝的概率小；②自愈合能力强(参见本书第 12 章)。

但目前情况不同的一点是，我国的商品混凝土基本是以大掺量粉煤灰或其他胶凝材料为主。由于水泥用量相对较少，也产生了泌水。而在这种情况下的泌水对工程质量和耐久性的危害情况较为复杂[①]。(参见本书第 9 章)

2. 假凝的危害

假凝对工程的危害比较大，主要有以下三点。

(1) 加大了裂缝发生的可能性。假凝使混凝土突然间失水过快，收缩过大，一般工程的假凝就同时伴随着裂缝的发生。混凝土内部假凝形成的看不见的裂缝，还极大地降低了抗拉强度，增加了梁、板发生断裂性破坏的可能性。

(2) 由于假凝使混凝土的振捣变得困难，使密实性变变差，抗冻和抗渗能力变差。

(3) 混凝土耐久性变差。假凝使混凝土内部密实性变差、裂缝多，耐久性自然变差。

总之，假凝是施工现场最严重的质量问题之一，必须杜绝。我们民航机场工程在施工现场遇到假凝问题后，一般是立即停工查找原因，在确保不再发生假凝问题时方可重新开工，对已出现假凝的混凝土实体，一般进行返工清除处理。

6.5　对假凝和泌水问题的防治方法

前面讲了假凝和泌水产生的原因及危害，对照产生的原因就不难找出

---

① 按林欢教授级高工的意见修改。

防治的办法。作者一再提到，混凝土中任何一个问题的解决都涉及多个方面，必须考虑综合措施才能合理有效地解决问题。这些防治办法主要有以下几个方面。

1. 根据工程实际，选择合理的施工时间

假凝对工程的危害远大于泌水。因此，我们的原则是坚决杜绝假凝，宁可泌水。我国许多地区昼夜温差大，使工程出现假凝的同时也可能出现泌水，也就是白天假凝晚上泌水。施工时要避开高温，也要避开低温。这就需要我们选择合适的施工时间段，优先考虑避开高温。同时也要避开大风，在大风作用下容易假凝；也要适当地避开大雾，在大雾作用下容易泌水。

2. 合理地选择水泥

水泥中许多性能指标都对假凝和泌水至关重要的影响。选择合理的施工时间段后，还要根据"杜绝假凝，宁可泌水"的原则选择水泥，选择水泥的方法是和水泥生产厂家联系，对其细度、C_3A 和 C_3S 含量等指标进行合理调整。

3. 控制好水灰比

水灰比是影响泌水和假凝的重要因素。要针对不同的天气气候条件和施工环境，适当调整水灰比。最好能做到既杜绝了假凝，也防止了泌水。如果不能做到两全其美，那么就坚持宁可泌水，也不假凝的原则。

4. 做好配合比

粉煤灰掺量，外加剂的使用等都是影响泌水和假凝的重要因素，在做配合比的时候一定要合理选择其品种和掺量，以避免泌水和假凝[①]。

不同观点

1. 阎培渝教授的观点

杨先生混淆了"假凝"与"速凝"两个概念。从杨先生提供的案例所

---

① 按安文汉教授级高工的意见修改。

表现出的现象可知，所讨论的是速凝，而不是假凝。所谓"假凝"，是指水泥中石膏为半水石膏或无水石膏，加水后迅速变为二水石膏，形成骨料，导致拌合物失去流动性。此时水泥尚未水化，因此没有热量放出。假凝的拌合物经过重新搅拌，可以恢复流动性。"速凝"是指水泥迅速水化，放出大量热量，混凝土凝结成刚性固体，不能再次恢复流动性。

2. 王永逵教授的观点

泌水是混凝土施工中的一种必然现象，是不可避免的。只有可见"泌水"和不可见"泌水"之分。硅酸盐水泥全部水化，包括吸附水在内，m_W/m_C 只需 0.27，而为了满足施工的需要，实际 m_W/m_C 或 m_W/m_B 要大得多，不说在混凝土的初龄期，即使 28 天时最多也只有约 60％的水泥水化。密度最小的水，怎能不上浮？水泥、砂石下沉是必然现象。只是在蒸发量大于泌水量时，你看不到有表面泌水而已；相反，在蒸发量小于泌水量时，你才见到表面有一层泌水。对作者习惯用的干硬混凝土，在合理砂率下，应该很少遇到泌水现象的发生。用粗砂，砂率又偏低，保水性很差，蒸发量较小时，则有可能短时间内出现。

作者自辩

经作者查阅相关资料，阎培渝教授的意见是对的。但作者说的这种"假凝"，是和施工时的环境、气候密切相关的。即同一个水泥同一个配合比，在气温低时不"假凝"而在气温高时"假凝"，在大风情况下"假凝"而在无风情况下不"假凝"，这种现象叫什么？作者没有找到根据，而工地上把这种现象就俗称为"假凝"。

阎教授所说的那种假凝，在作者二十多年的现场施工中只是 1998 年在海南岛海口某工地遇到过一次，而作者本节所说的这种"假凝"却是在工地上经常发生的。所以也请学术界给作者所说的，这种不很正常的凝结现象起个名称，因为它是施工现场经常发生的现象。

参 考 文 献

[1] 刘加平，等. 外加剂改进混凝土泌水的试验研究[J]. 混凝土与水泥制品，2004(4).

[2] 尹科宇. 新拌混凝土的泌水[J]. 水利技术监督，2007(3).

[3] 覃维祖. 初龄期混凝土的泌水、沉降、塑性收缩与开裂[J]. 商品混凝土，2006(1).

第 7 章

纤维，什么时候有用？

7.1　与纤维混凝土的缘分和经历

大约在 1983 年，作者还是北京交大土木系的一名大学生，第一次听到老师讲钢纤维混凝土的概念、原理和使用方法，感到振奋。这应该是作者大学期间印象最深的专业课，因为觉得听懂了。

1986 年，作者在铁一局工作。铁一局三处在京秦铁路线秦皇岛段搞了一次喷射钢纤维混凝土边坡支护试验，作者没有参加这个试验，但参加了科研成果汇报会。参加试验的工程技术人员总结说，钢纤维喷射混凝土成本高、效果差，不能用于铁路边坡的支护工程。那是作者第一次听说钢纤维在实际工程中应用的问题，作者至今还保留着他们所做的那份科研总结报告。

1997 年后作者到民航工作。飞机跑道混凝土一直把抗折强度作为最重要的质量控制指标。而纤维混凝土最大的好处，据专家和学者的专著介绍，在于能大幅度提高抗折强度。而这正是飞机跑道混凝土工程结构所迫切需要的，所以，我国民航、空军和海军，都多次投入人力财力，进行试验和研究，2002 年以后，作者作为参与者或组织者，对纤维在机场道面混凝土中的应用共做过四次试验和研究。

本章就是通过这些试验和研究，对纤维的应用问题提出了目前为止的最后结论。当然，这里还必须要声明的是：这个结论不是给纤维混凝土下的最后结论。因为作者只是在不同的工地做过四次试验，而这四次试验，从次数、规模、数据和概括度上讲，对一个在全世界学术界得到公认的混凝土品种，下一个不同声音的结论，片面性可能是避免不了的。

但有一点是可以肯定的，通过这四次成功和不成功的工程实践，作者有必要提醒各位工程师：纤维混凝土在工程使用中的缺陷是显而易见的。如果有必要使用，就必须提前做好试验，确认了它所有的优缺点后，方可小心谨慎地进行。

回顾在这四次试验过程中的争论，结论，结论过后更严重的争论，以及最后的结论，作者的心绪很难做到平静。所以，本章的论述可能不符合科技文章的数据求证、谨慎的模式，请见谅。

7.2　试验过程及结论

第一次试验是在 2003 年初，地点为新疆某机场。我们准备把停飞机的地坪做成钢纤维混凝土，目的是在不增加工程成本，特别是在不增加水泥用量的前提下，能较大幅度地提高抗折强度。从西安、乌鲁木齐等地共抽调八名有经验的工程师组成试验小组，为期一个月。

我们把单方混凝土水泥用量提高到 350kg 时(这个用量已超出了民航同等条件下普通混凝土的习惯用量)，有 15 组试件的结果表明：加入钢纤维后抗折强度没有提高，个别强度甚至还低于同等条件下未加钢纤维的普通混凝土试件。

试验小组经过研究认为：由于没有看到抗折强度有大幅提高的迹象，而工程成本又明显被较大幅度地提高了，又考虑到还没有成熟的施工操作经验，这次计划就很快被放弃了。

第二次试验是在 2003 年底，地点在海南三亚一个海军机场。作者和林欢、韩民仓、王昭元等 15 位工程师主持参与了这次试验，和在新疆做的试验一样，准备把停飞机的机坪做成钢纤维混凝土。由于工程工期压力不大，时间充足，试验前后进行了近一年的时间，我们根据试验的结果和出现的问题，反复调整。最后仅做完试验废弃的试件就拉了两大汽车。

这次试验我们吸取了上次的经验，直接加大了水泥用量。为了防止出现由于水泥用量过大导致假凝裂缝等现象，在水泥用量大于 350kg 时使用了粉煤灰。

试验的结果是，当胶凝材料用量达到 430kg 时，加与不加钢纤维的混凝土试件，前者比后者抗折强度平均高出了 1MPa 左右。试验数据离散性大，规律性差(详见附录 E 的论文：关于我国当前纤维混凝土研究与使用中的问题和误区)，基本能满足施工要求，由于当时大家对于把钢纤维这个新技术用于机场工程有极大的热情，又立即进行了施工试验。在施工过程中，克服了许多困难(如搅拌、纤维结团和锥头部冒出表面等)，使这个试验性工程终于全部完成。

经过参加试验的所有技术人员对结果进行的充分讨论。基本上对试验持否定态度，主要结论有三条：①抗折强度提高不大；②施工困难；③工程成本的增加基本在100%以上。

这次试验的结果让作者回忆起了1986年铁一局三处在京秦铁路线秦皇岛段搞的喷射钢纤维混凝土边坡支护试验。这次试验也直接影响了钢纤维在我国军用和民用机场工程的引进和使用，当有人提出再做同样的工程试验时，就会遇到参加过本次试验的工程师们的反对，这当然也包括作者。

第三次试验也是在2003年底，地点在宁波某海军机场。由于使用钢纤维没有出现让人满意的效果，因此有人推荐进行聚丙烯类聚酯纤维的试验。出于对新材料新技术的敬意和热情，作者、韩民仓和徐怀忠等五位工程师承担了这项工作。试验前后用了一年时间。由于学术界公认聚酯纤维的主要作用是防止塑性收缩裂缝的发生，所以我们希望能得到这个结果。可试验的结果也让我们很失望，几乎没有实际效果。

作者和韩民仓工程师总结了这几次的试验结果。在试验现场写了《关于我国当前纤维混凝土研究与使用中的问题和误区》一文，发表在2004年《混凝土》杂志第8期上。

文章引起的反响是没有料到的。作者接到来自全国各地的十多个讨论和商榷的电话，有教授，有施工一线的工程技术人员，也有纤维生产企业的老板，《混凝土》杂志在同年也发表了几篇争论文章。

总之，对我们钢纤维的试验结果争议较少；对聚酯纤维的试验结果争议最大。内蒙古工业大学的一位教授(作者至今不知道他的名字)，情绪最为激动，他多次对聚酯纤维做的试验，结果和我们相反。2004年12月，清华大学覃维祖教授在《混凝土》杂志发表了给作者的一封信(详见附录F)，就纤维使用的问题发表了他的看法，争论渐渐得以平息。这里需要指出的是，在这个争论的过程中，大家熟知的、我国纤维混凝土领域几位著名的权威人物都保持了沉默，让人感到缺憾。

从此作者对纤维混凝土的使用持否定态度，尽管这期间不断和其他工程技术人员有过几次辩论，但学术观点一直没有改变。

2007—2008年，民航的郑鹤工程师在乌鲁木齐机场、金雄刚在哈密机场、王昭元在敦煌机场做了聚丙烯纤维的使用试验，对防止塑性开裂取得了不错的效果。作者到现场观摩考证了他们的试验成果。

这些试验结果和宁波的结果相反，打击了作者在学术问题上的自信。

2009 年在新疆吐鲁番，作者联合新疆吐鲁番机场指挥部郑鹤总工程师，西北民航监理公司王昭元总监，空军工程第九总队李建举总工程师，并请清华大学覃维祖教授到现场指导，对聚酯纤维的作用进行试验。

吐鲁番地区干燥少雨，年均降雨量仅 16mm，年蒸发量却达到 2000mm以上。夏季地面最高温度甚至可达 80℃以上，多风，经常有十级以上的特大风，我国著名的百里风区就在附近。太阳辐射强，空气相对湿度经常在 20%以下。以上都是混凝土塑性收缩裂缝发生的最严酷的外部条件。对纤维来讲，也是最佳的试验场地。作者参与了全部试验过程，最后起草了试验总结报告。试验采用聚丙烯的同类产品——聚酯纤维。

现摘录总结报告中部分结论记录如下(具体总结报告详见本书第14章)。

试验分别在 7 月 6 日和 7 日两个晚上进行。6 日在凌晨 1 点先加聚酯纤维，凌晨 3 点再进行无纤维的对比试验；7 日晚上又将顺序倒过来，凌晨 1 点先进行无纤维的试验，凌晨 3 点再进行加纤维试验。

结果为：将纤维试验放在凌晨 1 点，无纤维试验放在凌晨 3 点时，无纤维试验段收缩裂缝比有纤维严重。这说明加纤维对防止收缩裂缝是十分有效的。

将纤维试验放在凌晨 3 点，而无纤维试验放在凌晨 1 点时，两个试验段都基本无收缩裂缝发生。这反过来又说明加纤维对防止收缩裂缝没有效果。

在同一工程同一地点，我们却可以得出两个结论，这是为什么？

7.3　原　因　分　析

经过参加试验的工程师们的深入研究讨论，在同样条件下，出现两个不同结论的原因实际上并不复杂。可能是一个非常关键的前提条件被我们忽略了：不是所有的混凝土在所有的条件下都会发生塑性开裂。

使混凝土产生塑性裂缝的原因，作者总结有十多种(参见本书第 8 章)，主要有大风、高温、空气干燥、水泥水化速度过快、混凝土凝结突然加速等。我们知道，混凝土凝固的过程就是收缩的过程，也是抗拉强度增长的过程。此时水泥颗粒的水化大部分才刚刚开始，而水化要消耗混凝土中的自由水，如果此时混凝土中自由水消耗过快产生的拉应力超过了此时混凝土的抗拉强度,或者说超过了一个临界值,表面就由于抵挡不住过大的拉力而产生开裂;另外如果此时受外界环境高温、大风和空气相对湿度过低等因素影响,其表面的自由水也同样会大量蒸发,也同样会使表面抵挡不住过大的拉力而产生开裂,从而引起裂缝的产生。

这说明:塑性裂缝的产生是需要条件的,条件不具备就不可能产生塑性裂缝。

要得出纤维对防止塑性裂缝有效果的结论,首先有一个重要前提是:混凝土必须要有产生塑性裂缝的可能。如果混凝土根本就没有产生塑性裂缝的可能,就不可能得出结论。

根据以上的分析,我们在 7 月 6 日和 7 日两次试验得出了两个不同的结论,其原因就不难解释了。由于塑性开裂主要发生在混凝土终凝前这一段时间内(大约在混凝土搅拌完成的 6h 内),那么我们现在就分析一下这两天的混凝土在什么情况下,或什么时段,才有产生塑性开裂的可能。

7 月 6 日,我们是凌晨 1 点做的加纤维的混凝土,由于此时施工现场气温越来越低,风基本已停止,空气相对湿度开始在不断加大,水泥水化的速度不断减慢,混凝土中自由水的损失速度越来越小,此时混凝土自身的抗拉强度大于内外各种因素产生的内部拉应力。也就是说,此时的混凝土自身就有抵抗塑性裂缝的能力,就没有产生塑性开裂的可能,纤维实际上没有起到防止裂缝的作用。我们凌晨 3 点做的不加纤维的混凝土,到早晨 6 点天亮的时候,终凝还没有完成,气温开始升高,水泥水化就突然加速,这时候就产生了塑性裂缝。

7 月 6 日的试验纤维实际没有起到防止塑性开裂的作用,却给了人们起到防止开裂的假象。

7 月 7 日我们反过来,无纤维试验我们在凌晨 1 点开始,加纤维放在凌晨 3 点开始。这次试验充分说明了我们对 7 月 6 日试验所做的结论是正确的。凌晨 1 点做的混凝土,其自身完全可以抵抗塑性裂缝的发生,就没有发生塑性裂缝;而凌晨 3 点做的混凝土,在纤维的帮助下,也没有产生塑性裂缝。

可见,纤维只有在混凝土有发生塑性裂缝的可能时才能有效果,否则,它就没有效果!

这次试验，使过去的许多谜团得到了澄清。对为什么不同人试验却得到了完全相反的结论，有了合理圆满的解释。作者在宁波做试验时，由于当地空气湿度大，昼夜温差小和水泥终凝时间长等原因，使混凝土就没有产生塑性裂缝的可能，所以，得出的结论就是纤维没有作用；作者的同事在西北干旱地区试验，经常有大风、高温和空气湿度低的情况发生，混凝土此时产生塑性裂缝的可能性加大，所以得出的结论是纤维有很好的作用。

许多大学教授都得出过纤维对防止塑性裂缝有明显作用的结论，通过这次试验，都比较容易解释：①据我查看他们的论文不难发现，他们做试验时用的大部分都是普硅水泥甚至 R 型水泥，细度大，终凝时间短。②实验室一般都不太注意抹子对防止塑性开裂的作用。这两点，已经足以使混凝土有了产生塑性裂缝的可能。

根据以上分析和多次的试验结果及施工经验，在当前我国混凝土生产技术条件下，作者对纤维防止塑性开裂的作用划一个大致的使用范围。

(1) 在南方潮湿地区，当气温低于 30℃，无 4 级以上大风，使用的水泥是道路水泥或其终凝时间大于 3.5h，且水灰比不大于 0.45 时，混凝土没有产生塑性裂缝的可能，就没有必要加纤维；若气温高于 30℃，有 4 级以上大风，使用的水泥终凝时间小于 3.5h，此时混凝土有产生塑性裂缝的可能，就有必要加纤维。

(2) 在西北干旱地区，当气温低于 28℃，无 3 级以上大风，使用的水泥是道路水泥或其终凝时间大于 3.5h，且水灰比不大于 0.45 时，混凝土没有产生塑性裂缝的可能，就没有必要加纤维；若气温高于 28℃，有风，使用的水泥终凝时间小于 3.5h，此时混凝土有产生塑性裂缝的可能，就有必要加纤维。

(3) 在北方其他地区，当气温低于 30℃，无 3 级以上大风，用的水泥是道路水泥或其终凝时间大于 3.5h，且水灰比不大于 0.45 时，混凝土没有产生塑性裂缝的可能，就没有必要加纤维；若气温高于 30℃，有 3 级以上大风，使用的水泥终凝时间小于 3.5h，此时混凝土有产生塑性裂缝的可能，就有必要加纤维。

7.4 结 束 语

　　以上就是目前作者对纤维混凝土的全部看法和结论。首先要声明的是，由于作者有一段时间对纤维，特别是聚酯纤维的不全面的看法，阻止了纤维在适当的时候正确使用，也使许多有正确观点的专家和同仁，受到了作者不正确的指责，在这里做自我批评并向他们致歉。这就是混凝土科学的复杂性。还要说明的是，从目前的工程实践和试验结果看，纤维混凝土还是一个不成熟的技术，有问题、有缺点、更有使用范围的限制。在我国关于纤维混凝土的论文和专著有很多，大多都很少谈及其缺点和使用范围。这对纤维的泛滥使用，特别是在不应该使用的时候使用，起了推波助澜的作用。对于钢纤维，我们在喷射混凝土、在道路、在机场都做过试验，总感到优点微不足道，问题有很多，用现在的话来说，可能就是性价比差；对于聚丙烯类纤维，我们在南方，特别是在西北干旱地区，都做过试验，我们认为，只要施工时避开高温、大风等不好的天气，正确选择好水泥，也完全没有必要用它了。科学需要我们有实事求是的态度，也需要我们有吃苦耐劳的献身精神。这是在本章要结束时作者要说的多余的几句话。

相同观点

　　1. 杨文科，韩民仓，见本书附录 E。
　　2. 覃维祖，杨文科，见本书附录 F。

08

第8章
现代混凝土的癌症——裂缝

　　大约在 1995 年以前，裂缝被整个工程界认定为最严重的质量事故。一旦工程出现了裂缝，上级主管部门对单位、相关责任人的处罚都是最严重的。作者所在工地就出现过这样一次事故，1986 年，作者在秦皇岛一个铁路工地任技术员，在一个桥墩的墩帽上发现了一条长 32cm，宽不足 1mm(当时量的不准确，有人说 0.9mm，也有人说只有 0.6mm)的裂缝，从铁道部到单位，各级质量管理部门的专家领导都到了，开事故分析会，想解决办法，工地的主管工程师和队长写检查，扣奖金并影响到以后的个人升迁。最后各级专家给工程的结论是：由于裂缝处于桥墩墩帽的受压区，应该不影响使用，所以，这个桥墩只进行一般的修补，不作报废(炸掉)处理。

　　到 1997 年，作者参加工作已十三年，大小工程已经做了不少，就发生过这一次质量事故。但从 1997 年开始，裂缝已经成为工程中最普遍的现象。各种不同类型的裂缝，几乎伴随作者走完了从 1997 年到今天所有的工程经历。过去，谁敢说自己施工的工程有裂缝？今天，谁敢说自己施工的工程无裂缝？这就是当前裂缝问题的现状。裂缝问题愈演愈烈，但工程界对其似乎已麻木不仁，视而不见。甚至有的学者还提出了"裂缝必然产生"论和"裂缝无害"论。一道梁裂了好几道通缝，一块板裂成"豆腐"块(见图 8-1)，尽管设计强度是 C40、C60，甚至 C100，实验室试件检测也满足设计要求。但此时混凝土梁和板的实际强度是多少？作者认为，这种梁、板的实际强度可能就是零。裂成这样还有什么强度，我的天呀[①]！

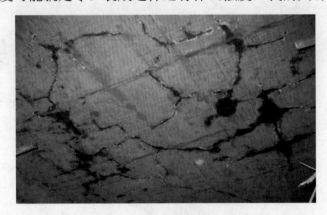

图 8-1　某高楼现浇板裂缝照片

---

① 照片由耿加会工程师提供。

所以，作者把裂缝尖锐地认为是混凝土的不可救药的"癌症"，但这个观点可能得不到广大专家学者的认可。

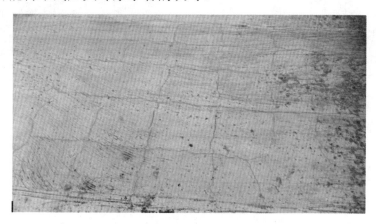

图 8-1　某高楼现浇板裂缝照片(续)

8.1　总　　论

本章是作者通过二十多年的现场工程经验，对裂缝产生的原因和对策进行的总结。下面先看几组裂缝情况的照片。

8.1.1　桥梁上的裂缝

图 8-2 是西安某立交桥桥墩裂缝的照片。左图为全景照，右图为同一桥墩局部清晰照片。可以看出，纵向和横向的裂缝布满桥墩。像这样的裂缝，西安的每座桥几乎都有。

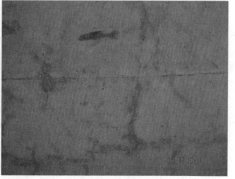

图 8-2　西安某立交桥桥墩裂缝的照片

图 8-3 所示为湖北某大桥在通车不到一年后出现的裂缝。

图 8-3　湖北某大桥上的裂缝

如图 8-4 所示，海口市国兴大道引桥桥体在通车六年后，就出现 200 多条裂缝。

图 8-4　海口某大桥上的裂缝

8.1.2　房屋上的裂缝

　　如图 8-5 所示的房屋建筑上有不同类型的裂缝。当前在我国，这样的裂缝较为普遍。

图 8-5　房屋上不同类型的裂缝

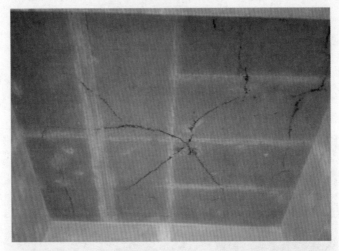

图 8-5　房屋上不同类型的裂缝(续)

8.1.3　机场跑道上的裂缝

图 8-6 所示是机场跑道三种不同类型的裂缝照片。第一张照片上的裂缝没有裂透,但已严重影响了道面板的使用寿命;第二张照片是表面浅裂缝,也使道面板的实际抗折强度大幅下降,经作者试验,有的下降幅度高达 20%以上;第三张照片是道面板全部裂通裂透,道面板已经无法使用。

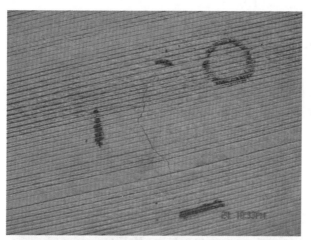

图 8-6　三种不同类型的裂缝照片

8.1.4　道路上的裂缝

如图 8-7 所示，道路上不同类型的裂缝，当前在我国一些较高等级的公路上较为普遍。

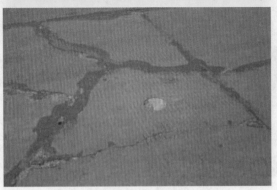

图 8-7　道路上不同类型的裂缝

8.1.5　预制构件上的裂缝

图 8-8 所示为我国地铁、高铁轨枕等预制构件上的裂缝，这些裂缝直接影响了这些预制件的使用安全和寿命。

图 8-8　各种预制构件上的裂缝

以上几组在道路、桥梁、房屋等工程上的裂缝照片，可以用触目惊心来形容。面对如此严重的情况，作为现场工程师的作者也是束手无策。

在现代混凝土中，对裂缝问题，没有人能找到可靠的、切实可行的解决办法。在我国现有的许多规定和规范中，只对裂缝的宽度进行了适当的限制，而不是要求不能有裂缝产生。

裂缝真的无害吗？大家看看上面几组照片中裂缝的严重程度，对混凝土的强度、使用寿命都造成了严重影响。现在，耐久性已成为混凝土科学一个最重要的理念，裂缝如此严重，谁还相信这样的构件是耐久的。更确切地说，裂缝才是耐久性真正的、最可怕的"第一杀手"。

所以，作者认为：为什么有人说裂缝无害还有人附和，主要是在现代混凝土环境下，找不到解决根治裂缝的方法。裂缝是现代混凝土遇到的严峻的挑战。

二十多年来，作者一直在施工一线对裂缝问题进行观察、分析、整理、总结，对产生的原因进行研究，希望能够找到解决问题的办法和出路。无奈此问题过于复杂，绝非一人之力所能及。本章中作者对裂缝产生的原因进行不成熟的分析总结，并对裂缝的类型进行了划分。对失水裂缝产生的原因、危害和处理方法进行分析总结。对干缩裂缝产生的原因及危害将另分章节专门阐述。对温度裂缝的防治措施和办法作者没有找到，在本章中也没有述及。

全为经验之谈，和大家共同探讨。

8.2　原　因　分　析

现代混凝土裂缝的产生原因牵涉到方方面面复杂的因素，如设计、施工工艺、混凝土的原材料及配比、气候环境等。解决裂缝问题是一个庞大、系统的工程。总之，混凝土内各种因素产生的内应力和其抗拉能力是一对矛盾体，当拉应力大于其抗拉能力的时候，就必然产生裂缝；相反，当其抗拉能力大于其拉应力时，就不产生裂缝。

那么产生裂缝的原因具体都有哪些呢？作者根据自己的施工经验总结共有23条。按严重程度，并从一个施工工程师的角度，分为无法解决、难以解决和可以解决三大类，分述如下。

8.2.1 现场工程师无法解决的原因有五个

1. 许多梁、板结构的长度越来越长，面积越来越大，超静定结构越来越多

目前，房建设计二十多米长的梁已是普遍现象。作者施工过的最长的梁已达 61 米，而且都是超静定结构。混凝土都要热胀冷缩，这么长的超静定结构，现场工程师有多少办法能保证它在温度应力的作用下不裂？有些现浇板的面积达几千平方米，设计上要求一次现浇成功，有时一块现浇板需要连续几天浇注才能完成，在这么长的时间里怎能保证它没有裂缝？

2. 设计上钢筋用量越来越大，排布越来越密

20 世纪 90 年代以后，混凝土的板梁柱，其钢筋用量几乎成倍增加。特别是一些承重大梁，直径 20mm 以上的螺纹钢都是紧密排布。间距为 1.5cm、2cm、3cm 的最为常见。使施工极为困难，甚至用常规的振捣棒无法插震。施工单位不得不采用大坍落度混凝土。众所周知，要使混凝土产生较大的坍落度，除使用减水剂外，还不得不减少混凝土中的粗骨料用量，增加细骨料、水泥和粉煤灰用量和水的用量。这些都会使混凝土的体积稳定性变差，抗拉能力变小，从而使裂缝产生的机会变大。

3. 高标号混凝土的普遍使用

从 C40 到 C80 及其以上标号混凝土现在被广泛应用于桥梁、房屋建筑等工程中。高标号和大收缩，几乎在任何工程结构中都能找到关联性。而收缩就是裂缝产生的一个非常主要的原因。

4. 水泥的细度越来越细，特别是三天强度越来越高

水泥实行新标准后，细度比过去有大幅度提高。特别是三天强度提高过大。再加上现场有时使用不当，R 型水泥到处滥用，甚至误认为高标号水泥一切都好。这一切都使混凝土水化热集中，产生裂缝的可能性增大。

5. 施工中泵送混凝土越来越普遍

泵送混凝土是混凝土施工新工艺，对减轻工人劳动强度，缩短工程工

期，增加城市摩天大楼的高度，都提供了非常有利的先决条件。但对工程质量和裂缝产生的可能性来说，就有其不利的一面。为了增加可泵性，施工单位在做混凝土配比时不得不减少粗骨料的用量，增加细骨料和水泥的用量，同时也增加了裂缝产生的机会。

8.2.2　现场工程师难以解决的问题有七个

1. 水泥细度

以 P.O42.5 为例，我国水泥大部分生产厂的比表面积在 $350m^2/kg$ 以上，也有一些厂甚至达到 $400m^2/kg$ 以上。特别是比表面积在 $400m^2/kg$ 以上的水泥，水化速度快，放热量集中，很容易产生比较严重的裂缝。

2. 水泥中 C_3A 的含量

水泥中 C_3A 的含量对混凝土的初凝终凝影响很大。过高的 C_3A 含量，其凝结时间很快并且和减水剂的适应性很差，经常出现假凝现象。在混凝土终凝前也容易出现较大的裂缝。

3. 水泥的颗粒级配

有些水泥厂的水泥颗粒分布过于集中，$60\mu m$ 以上的颗粒几乎没有，很难与混凝土中的粗细骨料组成的大系统形成连续而又合理的级配，使混凝土在微观上抗拉能力变差。特别是在三天之内，容易在混凝土表面产生一些不连续的微小裂缝。

4. 粗细骨料的用量

尽可能增加混凝土中的骨料用量，特别是粗骨料用量，给混凝土增加骨料也是防止裂缝产生的一个有效措施。骨料用量多了，水泥用量就会相对降低。水泥产生的水化热也会降低，混凝土产生裂缝的可能性也会降低。但这与构件的几何形状和钢筋密集程度有关。特别是在防止裂缝出现的板梁结构中，钢筋密集，为了增加坍落度，施工单位只好将骨料的用量降到最低。

5. 水泥用量

尽可能降低水泥用量也是防止裂缝产生的有效措施。但这个问题和上一个问题一样，处理起来都比较困难。

6. 水泥中 C_3S 的含量

水泥中 C_3S 的含量过高，水泥水化时放热量就会过大，就会使混凝土升温过快，就容易产生收缩裂缝。我国水泥的 C_3S 含量一般在 55%左右，但也有一些厂达到 60%以上。

7. 现代水泥生产的某些工艺

在现代水泥生产中，个别生产工艺对混凝土裂缝的产生有重要影响。比如高效选粉机和闭路磨，使水泥颗粒变得更细，级配也过于集中。这使混凝土水化热集中，收缩变大，产生裂缝的可能性增大；助磨剂的使用，使混凝土和外加剂的适应性变差。

8.2.3　现场工程师可以解决的问题有十一个

1. 水灰比

水灰比过大，混凝土表面的抗拉能力变差，就容易出现收缩裂缝；同时，水灰比过小，使混凝土的相对失水量过快，也容易出现假凝和裂缝。

2. 水泥品种

一般的矿渣水泥由于混合材掺量过高，为了提高其 28 天强度，厂家一般将其磨得更细。这就容易使混凝土产生收缩裂缝。

3. 水泥标号

过高的水泥标号可以更好地配制出更高强度的混凝土。但同时也可能使混凝土的水化热集中，终凝时间缩短，从而使裂缝产生的可能性增大。

4. 混凝土配合比

配合比选用不当也容易使混凝土产生裂缝。这些选用不当的内容可能包括：①细料(包括水泥)含量过大；②水灰比选用不合适；③混凝土中各种材料的颗粒组成级配不合理，等等[①]。

5. 配合比中的细粉掺合料

现在的高标号混凝土许多都采用"双掺"技术，但如果掺用不当也容易使混凝土产生裂缝。特别是硅粉，掺用不当最容易引起裂缝。

6. 外加剂

我国实行水泥新标准后，水泥和外加剂的适应性变差。掺有外加剂的混凝土，出现假凝、裂缝等现象的事时有发生。据我们多次调查总结，出现这类问题在很多情况下都是由于水泥的原因。与水泥的石膏品种、碱含量、C_3A 含量、助磨剂和高效选粉机的使用等因素有关。

7. 施工现场的空气相对湿度

在我国西北干旱地区，由于空气相对湿度较低，使混凝土表面蒸发速度过快，容易产生塑性收缩裂缝。一般采用木抹子和铁抹子多次抹面的工艺，可以解决这一问题。

8. 施工现场的风力

施工现场的风力超过 4 级时，混凝土表面由于失水过快很容易产生塑性开裂。特别是一些面积较大的现浇板结构，容易出现较严重的宽裂缝。

9. 施工现场环境相对温差

施工现场的环境温差过大，高温时施工的混凝土在低温时就容易因温度应力的作用产生裂缝。特别是夏季白天施工的混凝土在夜间就容易产生裂缝；夏天施工的混凝土到了冬季也容易产生裂缝。这些裂缝一般都较大较严重。

10. 振捣工艺

欠振和过振都是混凝土产生裂缝的原因。

---

① 按席青工程师的意见修改。

11. 养生

养生不及时不到位也容易产生干缩裂缝。一般及早养生和养生时间越长越好。

以上是作者总结的产生裂缝的 23 个原因。其中有现场工程师能够解决或可以解决的，也有无法解决的。作者认为这是现代混凝土最大的技术难题，需要大家共同研究攻关。下面是作者这些年来对这一问题的粗浅研究，对不同的裂缝进行了分类，对失水裂缝和干缩裂缝产生的原因、危害进行了总结，并提出了一些简单的解决办法供大家参考。

8.3　裂缝的分类

不同的裂缝产生的原因不尽相同，只有找到它们不同的原因才能有效治理。学术界对裂缝的分类也是说法不一。作者按照裂缝发生的不同时间进行划分，因为不同时间发生的裂缝原因各不相同，按照这个思路，作者将裂缝共分为四类，分述如下。

8.3.1　失水裂缝

混凝土在塑性阶段，包括在终凝前后的一段时间里，水泥颗粒的水化大部分才刚刚开始，此时混凝土中绝大部分水还是以自由水的形式存在其中。如果此时受到环境高温、大风和水泥水化速度过快等因素影响，自由水就会大量蒸发或消失，使表面产生空隙，从而引起裂缝的产生。失水裂缝小的只有几毫米、几厘米长，深度也差不多；大的可以贯穿整个构件，甚至形成断裂，这是作者要说的第一种裂缝。发生的时间主要集中在混凝土的塑性阶段，一般来说是在混凝土搅拌结束后的 48h 之内。所以，也有人称它为塑性裂缝或塑性开裂。

水泥的水化使混凝土由流塑型最终变为有强度的结构物，这个过程从外观看就是一个失水的过程，主要是混凝土中的自由水变为水泥水化颗粒中的结合水。失水会使混凝土产生收缩应力。如果失水速度过快，就会使由于强度增长产生的抗拉能力低于这种收缩应力，从而引发裂缝的产生。

所以，这种裂缝都是失水过快造成的。失水过快的原因有外因和内因两种。外因主要是环境的高温、大风等造成蒸发速度过快；内因主要是水泥水化速度过快造成的混凝土内部局部高温(下面将进一步详述)，因此作者将其命名为失水裂缝，以便和后面说的干缩裂缝进行区别。干缩裂缝也是失水造成的，但失去的是水泥水化物中的结合水；而失水裂缝失去的是混凝土中的自由水。进一步说，失水裂缝是物理失水，干缩裂缝是化学失水。

8.3.2　温度裂缝

和其他材料一样，热胀冷缩是混凝土的一个基本特性。在温度降低时，混凝土中会产生收缩应力。当这种应力超过了混凝土的抗拉能力时，就会产生温度裂缝。温度裂缝是人们最常见、也是数量最大的一种裂缝，更是对混凝土构件危害最大的一种裂缝。这种裂缝一般都是贯穿整个构件的通裂，或者是断裂，使构件失去工作的能力。产生的时间一般从混凝土终凝以后开始，到混凝土构件整个使用期、寿命期内，都有可能产生这种裂缝。

8.3.3　干缩裂缝

混凝土在高温和干燥等因素的影响下，水泥水化分子中的化学结合水就会散失，从而产生收缩，这是混凝土最大的特性之一。收缩对混凝土表面产生的拉应力超过了混凝土的抗拉能力时就有可能产生裂缝，这就是干缩裂缝产生的唯一原因。

由于混凝土不是热的良导体，所以干缩对混凝土表面的影响比内部大得多，因此干缩裂缝一般只产生在混凝土结构表面与阳光或空气直接接触的部分，道路、桥梁桥墩直接与空气接触的表面，房屋的散水及抹面等部位。由于这种裂缝一般比较浅，深度一般不大于 1mm，所以也有人叫它为浅裂缝。小的干缩裂缝的形状像渔网一样，也有人把它叫网状裂缝。在大多数情况下，这种裂缝肉眼是看不见的，只有在雨后，在混凝土结构处于潮湿状态的时候，或用水直接浇在结构表面，网状裂缝才能很明显地显现出来。

8.3.4　受力裂缝

混凝土梁、柱、道路等结构由于承受了超过其抗拉和抗压能力的外力作用时会产生裂缝；道路由于地基冻胀、盐胀或外界的化学腐蚀或地基承载能力不足等会引起裂缝。此等裂缝是危害最大的裂缝，作者称它为受力裂缝，受力裂缝可以使构件彻底破坏。此种裂缝不是本文研究的重点，所以在此不再详述。

失水裂缝、温度裂缝和干缩裂缝产生的原因、时间等对比如表 8-1 所示。

表 8-1　失水裂缝、温度裂缝和干缩裂缝产生的原因、时间等对比

对比内容	干缩裂缝	失水裂缝	温度裂缝
产生的原因	高温、大风等因素引起水泥水化产物失去结合水	大风、高温、水泥急速水化等因素引起混凝土中的自由水大量蒸发	环境温度降低产生的收缩应力
产生的时间	从混凝土养护结束，到混凝土整个寿命期内都有可能发生	从混凝土搅拌结束开始，到48h 之内	从混凝土终凝后，到混凝土整个寿命期内都有可能发生
裂缝的大小	外形如渔网一样，所以也叫网状裂缝，深度一般情况下不大于1mm，极端特殊地区也有达到 10mm 的	长度最大可达整个构件，由大风、高温等外因引起的裂缝深度一般不大于 30mm；由水泥急速水化引起的裂缝可使整个构件发生断裂	长度一般可达整个构件；深度一般可使构件断裂
危害	对于厚度大于 50mm 的构件一般不产生直接危害	当裂缝的深度不大于30mm时，对于厚度大于 100mm 的构件一般不产生直接危害。大于 30mm 的裂缝可使构件承受外力的能力大大下降，甚至失去工作能力	一般可使构件失去工作能力

8.4　失水裂缝产生的原因、危害及防治

上面是对不同裂缝的分类。现在主要讲述失水裂缝产生的原因、危害及防治的措施。干缩裂缝产生的原因、危害及防治措施将在另外的章节专

门讲述。混凝土从搅拌完毕进入模板的那一时刻起，水泥开始水化，其抗拉强度从零开始不断地增加。如果我们通俗地把裂缝比喻为人生病的话，那么人的婴儿期是最容易生病的。随着年龄的增长，抗病能力不断提高，生病的可能性就会越来越小。而这一段时间的裂缝，也就是这 48h 之内的裂缝，作者称之为混凝土的"婴儿期"，婴儿期产生的裂缝，称为失水裂缝。

8.4.1　失水裂缝产生的原因

失水裂缝产生的原因主要有以下 18 条。

(1) 水泥的细度越来越细，特别是三天强度越来越高。

(2) 水灰比。

(3) 水泥中 C_3A 的含量。

(4) 水泥的细度。

(5) 水泥的颗粒级配。

(6) 混凝土中粗、细骨料的用量。

(7) 水泥的用量。

(8) 施工现场的风速。

(9) 施工现场的环境温度。

(10) 水泥中 C_3S 的含量。

(11) 水泥品种、水泥中的混合材掺量及种类。

(12) 外加剂。

(13) 施工现场的空气相对湿度。

(14) 混凝土的振捣工艺。

(15) 混凝土的抹面工艺。

(16) 混凝土的养生。

(17) 混凝土表面水泥浆及砂浆的厚度。

(18) 现代化水泥的个别生产工艺[①]。

以上这 18 条产生裂缝的原因是通过现场施工总结的初步经验，在施工

---

① 按冯中涛工程师的意见修改。

现场看到的失水裂缝，基本上都是由这 18 条原因引起的。对任何一个具体的工程来说，一条裂缝的产生，是以上这些原因中的几条或十几条综合作用所致。

8.4.2　失水裂缝的危害

失水裂缝由于其长度、宽度和深度不同，对混凝土的危害也各不相同。根据作者多年的现场经验总结认为，它的危害主要可分为如下几种情况。

1. 使混凝土的抗冻和抗渗能力大大下降

由于这种裂缝产生于混凝土的表面，自然而然就形成了外界水渗入混凝土内部的一个下渗通道，使混凝土的抗冻和抗渗能力大幅度下降。

2. 形成了混凝土的薄弱面

由于它是产生于混凝土表面的裂缝，自然就成为一个薄弱环节，使混凝土的抗拉能力降低。

3. 影响了混凝土的耐久性

由于它直接降低了混凝土的抗冻和抗渗能力，又加剧了其他裂缝对混凝土的破坏程度，那么它自然就会使混凝土的使用寿命下降。

4. 部分短、浅、小的失水裂缝，也可能变为无害裂缝

收缩裂缝由于其长度、深度及宽度不同，其产生的危害程度自然不同。根据现场调查，长度不大于 20cm，深度不大于 2～3mm，宽度不大于 1mm 的收缩裂缝，由于对抗冻抗渗能力影响较小，对产生断裂的可能性影响较小，甚至可以忽略不计，也可以称为无害裂缝。另外，这种裂缝在混凝土自愈合能力的帮助下，经过一段时间也会自然消失。

8.4.3　失水裂缝的防治

如上所述，作者总结了 18 条失水裂缝产生的原因。对其防治就是针对这些原因提出相对应的措施。

1. 抹子遍数的影响

混凝土强度增长的过程，就是收缩的过程，收缩就有可能产生裂缝。在这个阶段我们当前的施工工艺主要由人工用抹子将表面的裂缝消除。当人工最后一道抹子抹完以后，混凝土再出现的收缩裂缝就会成为混凝土永远的损伤和薄弱点。所以，现场要尽可能增加抹子遍数。

这里值得一提的是，作者在吐鲁番机场，采用了抹光机继续抹面。由上海某公司生产的这种抹光机，是由一个功率为2kW的马达带动一个90cm直径的圆盘，圆盘底下安装了4个铁抹子，代替过去的人工进行抹面工作，如图8-9所示。

图 8-9　抹光机

这种机械在民航工地上使用不到五年时间，根据使用过的工人和技术人员反映，对防止收缩裂缝的发生非常有效。

当混凝土进一步凝固，人工已经抹不动的时候，抹光机靠机械的力量，再一次消除了混凝土表面产生的裂缝，从而进一步提高了混凝土抗收缩裂缝的能力，同时也提高了混凝土的抗渗能力。我们于2009年8月23日在吐鲁番机场进行的渗水试验也充分说明了这一点(参见本书第16章)。

2. 选择好施工时间

施工现场风速大、温度高、湿度小等都会使混凝土失水加快，产生裂缝的可能性增加。所以，施工应尽可能避开大风和高温等不利因素。

3. 选择好原材料

水泥的品种、细度、C_3S 和 C_3A 含量、混合材掺量及种类等，都对失水裂缝的产生有直接影响。所以，选择水泥是防治失水裂缝产生的重要措施。

4. 选择好配合比

配合比中的水灰比、外加剂、粗细骨料含量等都对失水裂缝的产生有直接影响。

5. 选择好施工工艺

加强振捣和尽可能地提前养生，都是防止失水裂缝发生的有效方法。

6. 在一些特殊环境下，聚丙烯和聚酯等同类纤维对失水裂缝的产生有抑制作用[①]

其原因在第 7 章中已有论述。

相同或相近观点

关国雄教授(中国香港)的观点

有裂缝混凝土的耐久性：几乎所有关于混凝土耐久性的论文都是关于无裂缝混凝土的，我经常和那些已经发表了过百篇关于无裂缝混凝土耐久性论文的同仁讨论，建议他们可以关注一下有裂缝混凝土的耐久性，因为大多数的混凝土结构其实是有裂缝的。但遗憾的是，他们认为有裂缝混凝土的耐久性应该是与无裂缝混凝土的耐久性差不多的(但却没有实验结果来证明)。就我而言，我是不认同这一观点的。我认为混凝土的耐久性主要由裂缝的间隔、宽度和深度控制。我们应当在混凝土裂缝控制方面给予更多的关注。

---

① 按陈梦成教授的意见修改。

不同观点

1. 王福川教授的观点

裂缝问题似不宜称为癌症，裂缝是常见病、多发病，是可以防止的，但较困难。

2. 王永逵教授的观点

本书作者在书中把裂缝说成现代混凝土的"癌症"，王教授表示绝不能赞同。

首先，我们指的"可见裂缝"，是指一般视力，在约 1m 距离能目视到的混凝土裂缝。这种裂缝在≥0.2mm 时，视为有害裂缝，在常压下对≤0.2mm 的，称之为无害裂缝。混凝土本来就是一个多组分、无机有机相结合、多种孔隙的不连续的复合固体材料，从宏观到微观完全消除孔隙是不可能的。世界上就不存在完全密实的东西，分子、甚至原子中就存在巨大的空间。混凝土界为此讨论了三十多年，特别是商品混凝土出现以后，裂缝成为混凝土科技界的议论焦点，而且经久不衰。对此问题的研究不少专家学者做了很多有价值的贡献，特别值得提出的是清华大学的廉慧珍和覃维祖两位资深教授，他们在裂缝问题上从试验到理论做了深入的探讨，王教授从他们的著作中学到不少有关这一问题的知识。新拌混凝土在初期产生的裂缝，是属于泌水、沉降体和收缩和早期因毛细管失水，引起的负压，导致塑性收缩，而产生的表面裂缝。如蒸发量＞1～1.5kg/(m^2·h)，不仅产生裂缝，还会导致表面起粉、露砂。所谓机理就这么简单。不从机理上弄清楚，就不可能有可行的、合理的对应措施。沿海地区的春、秋季节，和四川的大部分季节、大部分时间，只需在初凝前后到终凝前，适时抹压就可以了。在阴天或午后浇筑，能保持表面潮湿，不发白，甚至连覆盖都可省去，一般不会发生裂缝。但夏季，上午浇筑的路面，由于泌水、沉降后的初凝，蒸发量大，表面失水远大于泌水等原因，路面很可能发白，这种情况下，发生起粉、露砂，甚至发生裂缝的可能性很大，严重影响路面的耐磨性。

王教授认为针对具体工程结构出现的裂缝，要具体问题具体分析。首先弄清问题出现的机理，"对症下药"十分重要，否则会走到"邪路上"，不是事倍功半，而是功倍事半了。

因之，裂缝不是癌症，是可预见、可治和可预防的，对类似吐鲁番这样地区的机场混凝土道面施工，充其量是难治，是少见的"疑难杂症"，找"专科名医"可望解决。经作者和其团队共同努力，不是解决得很好吗？怎么能与癌症相比呢！

真正的难点在阿拉山口，温差很大，大风夹带着飞砂走石，到底怎样的混凝土才能保证其耐久性啊！解决这样的问题才是真的有挑战性！恐怕要用特殊手段了。还有从新疆到西藏阿里的战备公路，全程几千千米，大部分在海拔 4000～5000m，高山缺氧，并通过永冻层，其施工之困难，混凝土道面(包括机场)耐久性将是更大的难题，是更具有挑战性的难题。王教授表示他如果再年轻 20 年，真想去再搏一搏！能搏成了，也不愧此生。以他之所见，在那里类似优质预拌"方便面"混凝土可能是解决的方案之一。

关于作者在第 11 章提到的"高性能混凝土，真的高性能吗？"，王教授建议作者认真看看廉慧珍教授写的《对"高性能混凝土"的再反思》一文，主要强调的是高性能混凝土不是一个混凝土的品种，是针对国内外若干年来(或近代)出现很多因耐久性问题，导致许多混凝土工程破坏，失去使用功能而提出的以"耐久性为主"代替"以强度为主"的一个目标，是混凝土技术的"高性能化"问题。不能把"高强""高流动性"和不分条件掺用膨胀剂，盲目掺用纤维以及各种原因发生的裂缝，都一股脑儿归罪于"高性能混凝土"。"耐久性"也是有层次的，一般的民用建筑的耐久性能与杭州湾大桥相比吗？至于说有的得奖建筑不到 30 年就可能损坏，原因很多，也不是提倡"高性能混凝土"的罪过。君不见九江大桥桥墩，被大船撞击以后，安然无恙，发生在上海闵行区辛庄的"楼歪歪"，地基沉陷2m，高楼歪到 40°，大楼结构保持完好。"高性能混凝土"也并非都是预拌混凝土，而是在多年来许多专家学者提倡混凝土"高性能化"要点的影响下，对配合比优化认真实施罢了。

参 考 文 献

[1] 王铁梦. 工程结构裂缝控制[M]. 北京：中国建筑工业出版社，1997.
[2] 王永逮，耿加会. 浅谈对杨文科同志《现代混凝土科学的问题与研

究》一书的看法和理解[J]. 商品混凝土，2013(2).

    [3] 廉慧珍. 混凝土配合比计算的原则[J]. 商品混凝土，2010(12).

    [4] 吴中伟，廉慧珍. 高性能混凝土[M]. 北京：中国铁道出版社，1999.

第 9 章

粉煤灰，真的只有优点吗？

在当今世界混凝土工程技术领域[①]，粉煤灰的使用越来越受到热捧。其地位已经到了与水泥不相上下的地步，是现代混凝土不可缺少的组分之一。作者翻阅了国内外权威的许多著作，发现对粉煤灰的看法几乎都是只有优点没有缺点，甚至是比水泥还要优质的胶凝材料。真的是这样吗？作者在二十多年的工程经历中，在很多不同的结构中使用过粉煤灰，特别是大约从2005年开始，大掺量粉煤灰混凝土风靡了全中国。通过这些工程实践，作者认为，①粉煤灰的使用不论在理论上还是工程实践中，还有许多关键性的技术问题没有解决；②粉煤灰和混凝土中的任何其他材料一样，有优点也有缺点，使用得不合适，也会产生许多负面效应，甚至给工程带来灾难性后果，这必须引起我们的注意。

9.1 粉煤灰使用中还没有解决的问题[②]

1. 理论上没有解决的问题

在水泥的胶凝水化作用中，以下两个反应式大家再熟悉不过了：

$$3CaO \cdot SiO_2 + nH_2O = 2CaO \cdot SiO_2 \cdot (n-1)H_2O + Ca(OH)_2 \quad (9-1)$$

$$Ca(OH)_2 + SiO_2 + H_2O \rightarrow CaO \cdot SiO_2 \cdot H_2O \quad (9-2)$$

从(9-1)式中可以看到：硅酸钙在水化反应后生成了水化硅酸钙，同时也生成了$Ca(OH)_2$，研究证明，$Ca(OH)_2$为白色析出物，层状结构对强度不利。如果我们加入粉煤灰，可以继续反应，如式(9-2)，生成水化硅酸钙，起到了进一步增加混凝土强度的作用。

对于粉煤灰能进一步增加混凝土强度的作用，人们没有疑义。可有疑义的是，硅酸钙在水化后到底生成了多少 $Ca(OH)_2$？对于这一点，理论研究没有准确的说法。作者翻阅了大量的资料，有人说20%，有人说25%，也有人说28%，总之，好像是不应该大于30%。还有，如果不大于30%这个数据成立，如上式(9-2)中，粉煤灰的需要量是多少？理论上没有明确的研究成果。综上所述，大掺量粉煤灰没有理论依据。

传统的粉煤灰理论研究认为有三个效应：第一是火山灰效应。粉煤灰

---

①② 按蒋元海教授的意见修改。

是一种火山灰质材料，本身并无胶凝性能，在常温下，有水存在时，粉煤灰可以与混凝土中的水泥水化后生成的 $Ca(OH)_2$ 进行二次反应，生成难溶的水化硅酸钙凝胶，对混凝土强度和抗渗性都有提高作用。第二是形貌效应。粉煤灰的主要矿物组成是玻璃体，这些球形玻璃体表面光滑、粒度细、质地致密、内比表面积小、对水的吸附力小，因此，粉煤灰的加入使混凝土制备需水量减小，降低了混凝土早期干燥收缩，使混凝土密实性得到很大提高。第三是填充效应。粉煤灰中的微细颗粒均匀分布在水泥颗粒之中，不仅能填充水泥颗粒间的空隙，而且能改善胶凝材料的颗粒级配，并增加水泥胶体的密实度。

作者认为以上的三个效应都不能说明大掺量粉煤灰有理论依据。

但是，许多专家学者在实验室得出的大量的试验结果说明：大掺量粉煤灰混凝土在掺量达到 60%甚至 70%时，对混凝土的强度都没有负面影响，甚至还有正面影响。这正是粉煤灰混凝土在理论上无法解释的问题。

2. 工程实践中没有解决的技术问题

众所周知，水泥的比重在 $3.0g/cm^3$ 左右，粉煤灰的比重为 $2.0g/cm^3$ 左右。这个差异给施工带来了巨大的问题[①]，严重影响了粉煤灰的实际使用效果，至今无法克服。由于粉煤灰的比重轻于水泥，致使施工振捣时粉煤灰和水泥颗粒分离，粉煤灰大量上浮，从而使构件的顶部或表面粉煤灰含量过大而水泥含量过小，底部则反之。构件顶部由于粉煤灰集中强度过低，容易产生塑性开裂等质量病害。这就使有些结构(特别是对顶部或表面有使用要求的结构)的使用寿命大大降低甚至直接报废。

以下是作者遇到的一些工程实例。

图 9-1 是南方某机场混凝土站屏。2008 年，我国南方遭遇罕见冰冻，某省公路、铁路全部中断，机场成为唯一能与外界联系的交通方式。但此时，由于施工时站坪混凝土粉煤灰掺量过大，水泥中的混合材料含量也超过了 30%。振捣时大量上浮至表面，使表面混凝土强度低，起皮掉渣，严重影响飞行安全。机场曾考虑关闭，但由于当时承担重要的救灾使命，进

---

① 按蒋元海教授的意见修改。

退两难。从图 9-1 的照片可以看出，混凝土表面几乎成为"泥巴"。

图 9-1　南方某机场混凝土站坪冰冻后的起泥现象

图 9-1　南方某机场混凝土站坪冰冻后的起泥现象(续)

图 9-1　南方某机场混凝土站坪冰冻后的起泥现象(续)

　　该站坪在机场工作人员冒着极大风险完成了当时的救灾任务后立即报废。这块站坪的使用寿命不到一年。

　　如图 9-2 所示，某北方地区机场站坪，由于粉煤灰使用过量，以致混凝土表面强度过低，在工程还没有正式启用，表面就很快脱落了，车辆过后留下明显的印记。造成该工程直接报废。

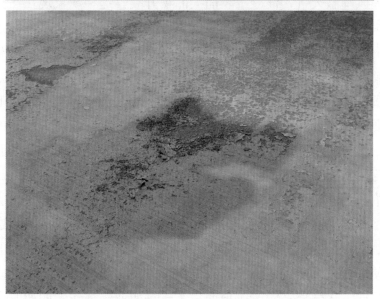

图 9-2　某机场站坪起粉现象，车辆过后留下明显的印记

图 9-2　某机场站坪起粉现象，车辆过后留下明显的印记(续)

图 9-3 所示为北方某机场候机楼楼板，由于采用了大掺量粉煤灰混凝土，粉煤灰的大量上浮使混凝土表面强度降低，在养护结束一个月后，突然遇到大风降温天气，混凝土表面大面积开裂。这种现象现在在全国极为普遍。由于这种现象一般是在施工结束后遇到天气较大幅度降温才发生，因此我们也把它叫"延迟开裂"。有时候施工已经到了第三层，第一层发生了开裂。施工毫无补救办法。

成都某工厂地面采用了大掺量粉煤灰混凝土，粉煤灰的大量上浮使混凝土表面强度降低，粉煤灰颗粒没有参加水化胶凝，使投入使用的地面经常起尘土，我们俗称这种现象为"扫不干净"。如图 9-4 所示的照片显示的是车轮印和脚印。

这样的地面必须两天清扫一次，每次尘土的厚度约 1mm 左右。图 9-4 中的第二张照片是作者用朋友工厂一个小塑料板划过后形成的痕迹。作者的朋友是从事精密机械加工行业的，地面起尘土会影响机械加工的精度和机器的使用寿命。所以，必须请人用化学方法对地面进行处理，以致在他们这个行业，化学修补混凝土地面成了一种职业。据作者的朋友讲，在全国他们这个行业里，这种现象现在很普遍。作者告诉他，只要是采用大掺量粉煤灰混凝土做地面，这种现象在全国各个行业也是普遍现象。

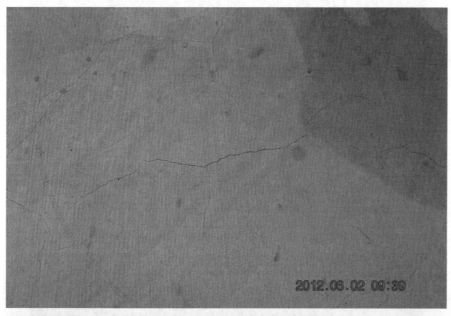

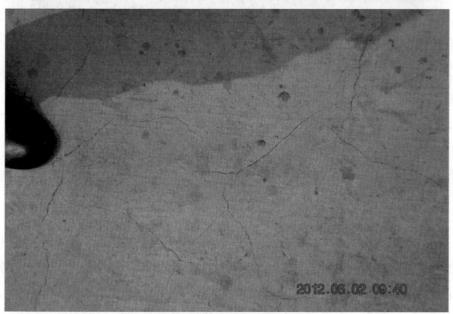

图9-3　北方某机场候机楼楼板裂缝现象

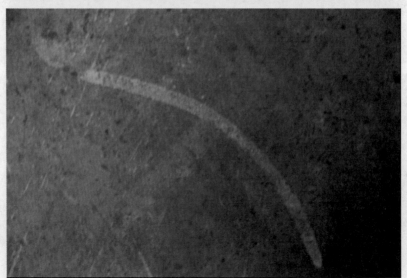

图 9-4　成都某工厂地面起粉现象

现在在我国，混凝土地面起"灰"已经是一个非常普遍的现象，可这样的地面影响使用，耐久性也差，尤其是一些对地面灰尘有要求的工厂。以致在全国各地，出现了对这样的地面用化学方法进行处理的公司。

在楼房柱子和桥墩施工时，如果采用了大掺量粉煤灰混凝土，大量的粉煤灰就会上浮至柱子和桥墩的顶部(见图 9-5 和图 9-6)。作者遇到的最严重的一次，发现顶部浮浆有 15cm 厚，其组成基本上全是粉煤灰，造成了裂缝多，强度低的质量问题，可惜的是当时的照片丢失了。我想一线的工程技术人员会有不少这样的照片。对结构来说，柱子和桥墩的顶部，都是受力的关键部位，如果这个部位的混凝土质量差，那么就会直接影响结构的使用安全性和寿命。

图 9-5　墩柱施工过程中和施工后出现的浮浆和裂缝现象

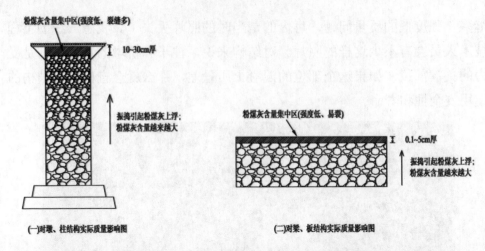

图 9-6　大掺量粉煤灰混凝土振捣后粉煤灰上浮对工程质量的实际影响图

　　在房屋的屋面施工时,大掺量粉煤灰混凝土也会使表面浆体脱落,俗称"起砂"现象。这也会影响房屋的防水和使用寿命。

9.2　总　　结

　　总结以上的工程实例可以看出:在机场跑道施工时,粉煤灰掺量不宜大于 20%,绝对不能大于 30%,否则就会出现严重质量问题,甚至导致工程报废。作者在写这篇文章时,也在网上阅读了二十多篇工程一线人员写的粉煤灰混凝土在公路上的使用情况,绝大多数工程技术人员认为,在公路混凝土施工时,粉煤灰掺量不应大于 30%,否则就容易出现裂缝和断板等质量问题。这和作者在民航机场取得的结论大致相同(由此可见,我国许多规范 2005 年以前要求粉煤灰掺量不大于 20%是有根据的)。所以,作者认为大掺量粉煤灰混凝土不适合道路等对混凝土表面有抗磨抗渗等使用要求的工程。另外,英国的 M.Dunstan 和 R.Joyce,写了一篇大掺量粉煤灰混凝土的论文,被我国许多专家学者多次引用:1982 年英国的 Garwick 机场的停机坪扩建工程,在两条相邻的道面上对掺与不掺粉煤灰混凝土进行了对比。所用混凝土中粉煤灰掺量达到 46%。该工程经运行 4 年后所拍的照片清楚地显示出,与纯硅酸盐水泥混凝土相对照,掺粉煤灰混凝土道面的表面构造仍基本完好,而前者的破坏程度已经很严重了。作者在我国多个机场进行基本相同的试验,得到的结果恰恰相反,所以作者一直怀疑这可能是个伪证。

在房屋施工中，从以上的工程实例可以看出：大掺量粉煤灰混凝土对地面、梁、楼板、柱工程的质量都有危害。所以在桥梁的墩部和房建的柱子施工中，其负面影响足以引起我们的重视。由于所有的负面影响都是由于振捣时粉煤灰上浮引发的，所以作者有理由认为大掺量粉煤灰可能最适合于免振捣混凝土。

总之，作者写这篇文章的目的，绝不是反对粉煤灰在混凝土中的使用。至于使用粉煤灰的好处，如工业废弃物利用，降低 CO_2 排放，提高混凝土强度等，有大量的论文描述过了，这里不再重复。作者要说的是我们必须正确的使用，否则就会适得其反。特别是大掺量，理论研究上没有结论，施工工艺上上浮问题一直没有解决，我们更应该谨慎使用。研究清楚在什么情况下可用，什么情况下不可用，什么情况下限量使用。作者反对学者只说优点不说缺点的做法，这是目前我们最需要纠正的。

不同观点

蒋元海教授的观点

关于粉煤灰的利用，国内外的研究及工程应用，已经比较成熟完善了。但是，我们工程技术人员不能完整掌握粉煤灰的应用特点，因此造成很多工程质量问题。

参 考 文 献

[1] 吴中伟，廉慧珍. 高性能混凝土[M]. 北京：中国铁道出版社，1999.

[2] (美国)理查德·W. 伯罗斯. 混凝土的可见与不可见裂缝[M]. 廉慧珍，覃维祖，李文伟译. 北京：清华大学出版社，2003.

[3] 陈肇元等. 混凝土结构耐久性设计与指南[M]. 北京：中国建筑工业出版社，2005.

[4] 王鹏. 杜应吉大掺量粉煤灰混凝土抗渗抗冻耐久性研究[J]，混凝土，2011(12).

[5] 刘娟红，宋少民. 绿色高性能混凝土技术与工程应用[M]. 北京：中

国电力出版社，2011.

  [6] 廉慧珍. 对"高性能混凝土"十年来推广应用的反思[J]. 混凝土，2003(7).

  [7] 黄燕美. 大掺量粉煤灰混凝土性能研究[J]. 山西建筑，2007(1).

  [8] M.Dunstan，R.Joyce(英). 高掺量粉煤灰混凝土——综述及一个典型例证，覃维祖译自 ACI SP 100-72 (第一届国际混凝土耐久性会议论文集).

第 10 章

外加剂——是药三分毒

在现代混凝土中，外加剂的使用几乎是到了每个角落。在各种施工现场，已经很难找到没有掺外加剂的混凝土了。外加剂的品种也是五花八门，有减水剂、泵送剂、早强剂、缓凝剂、膨胀剂、引气剂等。可以试想：没有高效减水剂，我们如何可以把水胶比只有 0.4 以下的混凝土灌入钢筋密集的结构中去；没有泵送剂，我们如何将混凝土泵送到几百米以上的楼顶；等等。可以设想，没有高效减水剂的开发使用，几乎就没有现代混凝土的使用。因此，它的重要性不容置疑，对它的研究自然是现代混凝土极为重要的课题。

外加剂就像治病的良药一样，帮我们解决了许多技术难题，那是不是就只有好处没有坏处呢？不是的。在作者几十年的工程实践中，发现绝大多数品种的外加剂，对混凝土来说，有正面作用，更有负面影响。有优点更有缺点。是药三分毒，实践中如果把握不好，就有可能走向反面。但目前许多关于外加剂的规范、规程和专著中，所有外加剂的负面作用几乎都被忽略了。这对混凝土的质量和耐久性，有巨大的潜在威胁；对混凝土科学事业的正确发展，也有极为不利的影响。

10.1 笔者对几种主要外加剂负面作用的认识

1. 减水剂

三十年前，工地最常用的混凝土水灰比为 0.5~0.6；现在，在高效减水剂的帮助下，工地上常用的混凝土水灰比降到 0.4 左右。因此，减水剂是使用最多、重要性最大的外加剂之一。在聚羧酸没有使用以前，主要以萘系为主。而萘系最大的负面影响就是大大增加了收缩，增加了裂缝产生的可能性。这一点，已经有不少专家论述过了。在本书第 16 章 "吐鲁番民用机场水泥混凝土道面失水裂缝试验研究总结报告" 中，作者通过系统的试验得出结论，在同等条件下，加萘系减水剂共产生了 7 条裂缝，总长为 58cm；不加减水剂共产生 2 条裂缝，总长 12cm。同等条件下裂缝产生的可能性增加了 300% 以上。

裂缝对结构的危害本书第 8 章已有论述，此处不再重复。我们加减水剂的目的是什么？当然是在达到同样工作度的条件下，使水胶比减小、强度增加等。但如果同时带来了负面作用——裂缝的增加，我们就应当综合权衡、工作度、水胶比、强度和裂缝，判断对结构使用的安全性和耐久性，哪个更重要。对有些工程结构，裂缝可以直接使工程报废。比如，机场跑道就是一种特殊结构的混凝土，要求不能产生裂缝。在这样的工程环境中使用萘系减水剂必须小心谨慎。许多技术人员就认为得不偿失，认为是"无病吃药(加萘系减水剂)，而且吃的是毒药(大大增加了裂缝产生的可能性)"。

近些年来，聚羧酸代替萘系成为最先进最重要的减水剂。与萘系相比，它的减水率大幅度提高，收缩的增加量大大降低了。但目前它的成本高，对环境温度、含水量、骨料的含泥量及石粉含量都极为敏感，使用不方便。作者多次在工地使用，上午随着环境温度的升高，坍落度很快损失，运到工地混凝土已经假凝，工人只好再次加水，给工程质量带来隐患；下午和晚上，随着环境温度的降低，保坍能力越来越好，使混凝土整夜不凝固，大大延长了工作时间，工人很有意见。总之，作者认为：聚羧酸在我国研究使用十几年了，至今还不能算是一个成熟的减水剂。

2. 引气剂

引气剂一直是提高抗冻能力的重要手段，是灵丹妙药。但对提高干硬性混凝土的抗冻能力并无作用，而需要提高抗冻能力的混凝土恰恰大部分都是干硬性混凝土(如机场跑道、道路和码头等)。本书第 5 章有专门的论述，这里不再重复。另外，少量的引气剂掺量(引气量在 2%以内)能适当地增加混凝土的坍落度、密实度和强度，掺量大(引气量在 4%以上)就会减少密实度和强度。这更是使用时必须要注意的。

3. 膨胀剂

不论是学术界还是工程界，对膨胀剂的作用和效果一直存在争议。我们使用膨胀剂的目的就是要减少收缩，减少裂缝产生的可能性。但有一点是大家公认的，膨胀剂并不能完全解决裂缝问题。也就是说加了膨胀剂并不能万事大吉，混凝土还在产生裂缝。因此，它对裂缝的防治到底起了多大作用至今没有人能说清楚。

首先，膨胀剂的化学反应机理是混凝土必须在充分湿润的情况下才能产生膨胀作用。可一个重要的问题是，混凝土自身在充分湿润的情况下并不产生收缩，本身就有膨胀性，也并不产生裂缝。混凝土只有在干燥的前提下产生收缩裂缝，而膨胀剂在这种条件下并不能发生化学反应产生膨胀性。

作者二十多年来在工地多次使用膨胀剂，但由于对防止收缩裂缝的发生没有明显效果而一直不大主张使用。

但有个问题没有人研究，却是应该引起我们重视的，就是如果膨胀剂发生了延迟怎么办？

膨胀剂的最佳反应时间应该在混凝土成型后的 48h 之内，如果在这段时间内因水量不充分等原因没有发生反应，而是在以后的时间里，因水量充足而发生了反应，就是说该反应的时候它不反应，不该反应的时候却反应了。可以想象，这对工程结构的安全性和耐久性，都是极其危险和有害的。

4. 早强剂

大部分盐类都有早强作用。和减水剂一样，它的负面作用就是增加了收缩，加大了裂缝产生的可能性。也会因前期强度过大而后期强度很少增长或不增长，使混凝土的整体强度不高。

10.2 外加剂掺量不当引起的严重质量事故

以上是外加剂在掺量适当的情况下同时给混凝土带来的负面影响，我们使用时必须要注意这些问题。要让外加剂尽可能地发挥正面作用，并让负面影响处于可控的范围内。因此，外加剂的最大使用原则是掺量必须合适，不合适，特别是过多就可能负面作用大于正面作用，从而带来质量问题，甚至造成工程报废。下面作者通过几个工程实例加以说明。

1. 减水剂

减水剂掺量过大就会使裂缝增加，造成严重的质量问题，甚至造成个别工程直接报废。

图 10-1 所示为某机场停机坪工程，由于减水剂掺量过多引起表面大量收缩裂缝，最后工程按报废处理。

除此之外，减水剂中含盐量过多也会引起表面 Na_2SO_4 白色物质析出，如图 10-2 所示。这样的工程实例作者每年都会遇到。

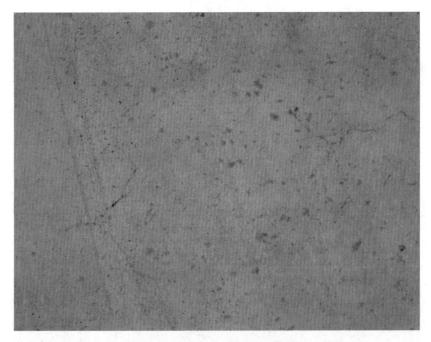

图 10-1　某机场停机坪裂缝现象

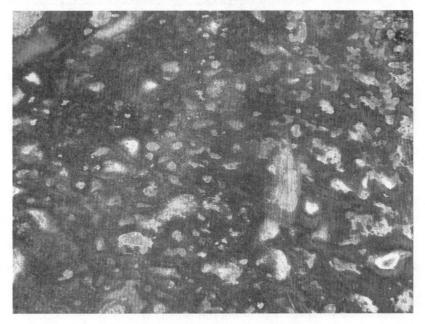

图 10-2　混凝土表面析出的 Na$_2$SO$_4$

如图 10-3 所示，由于减水剂中过量的 Na_2SO_4 和骨料中的盐反应，造成新疆某工程混凝土表面出现大量黑斑。这些黑斑内部疏松，用金属物可以轻松挖出，致使该工程报废。前几年这个实例在行业内十分有名。

图 10-3　新疆某工程混凝土表面起黑斑现象

图 10-3　新疆某工程混凝土表面起黑斑现象(续)

2. 缓凝剂

缓凝剂是当前工程界使用量最大的外加剂之一。由于现代水泥磨得过细，强度上升得过快，初凝和终凝时间过短，如果在高温大风等环境下施工，再加上施工操作工艺的需要，缓凝剂的使用就是必不可少的。但掺量必须合适，过少会因起不到一定的作用造成假凝和裂缝，过多也会造成裂缝的发生。近些年来，每隔一两年作者而都会遇到因缓凝剂过量导致混凝土一个星期，甚至一个月不凝固的现象，直接造成严重的质量事故。

如图 10-4 所示，由于使用缓凝剂过量，东北某机场上的混凝土一个星期还没有凝固。

3. 早强剂

特别是硫酸盐类的早强剂，掺量不足就成了缓凝剂(如 Na_2SO_4)。早强剂一般都是在低温或冬季时使用，如果掺量不足反而会起了缓凝作用，从而给工程质量带来的严重后果可想而知。掺量过多就会造成前期强度增长过快而后期强度很少增长或不增长的问题，使混凝土的整体强度不高，甚至形成真正的"豆腐渣"工程。这类事故作者几乎每年都要遇到一两起。

图 10-4　东北某机场混凝土缓凝现象

4. 其他

元明粉、硫酸锌等是早强剂，但掺量在 0.02%以下却是缓凝剂、保塌剂。酒精等醇类有机物是较好的缓凝剂，但掺量范围很小，稍多就会变成较好的早强防冻剂。所有的缓凝剂都会增加混凝土流变的功能，一旦超量都会出现不同程度的抓地、泌水，流变性差，漏石等现象。

10.3　工程施工过程中必须使用外加剂吗？

如上所述，外加剂在帮助我们改善某个时段混凝土的某个不招我们喜欢的特性方面，有很好的作用。但对混凝土的永久的质量却有或大或小的负面影响，使用不当，甚至会直接造成质量事故。这就使我们产生了一个疑问：工程施工过程中真的必须使用外加剂吗？作者认为不是的，我们在施工过程中，有许多方法和措施可以减少甚至避免使用外加剂，而这些方法和措施却被学术界和工程界极不应该地忽略了。

比如，掺膨胀剂的目的就是要减少收缩，减少裂缝产生的可能性，但我们在施工中有好多措施和方法都能达到这个目的。我们可以通过合理安排时间，改白天和高温时间为夜间低温浇注，天亮后充分洒水养护，这样混凝土就会在湿热的情况下很少发生收缩或不收缩，甚至产生膨胀。我们还可以使用细度比较粗、终凝时间长的水泥，也可以起到降低收缩的作用，措施和方法还有很多。我们还可以用和以上同样的方法来减少减水剂的使用。掺早强剂的目的就是提高混凝土的早期强度，我们可以用高温时段施工，提高所使用的水泥的细度或采用 R 型的高标号水泥，都可以减少或避免早强剂的使用。我们前面讲过，任何外加剂对混凝土而言都有负面作用，而以上措施却对质量只有正面作用而无负面作用。作者在几十年的工程经验中也经常使用这些措施，都给工程的质量带来良好的作用。

当然，我们必须承认这些措施和方法不是万能的，在工程中使用外加剂是不得已的。

21 世纪以来，由于水泥细度和强度的大大提高，缓凝剂的使用量大大提高了，而早强剂的使用量就大大减少了，即便在寒冷的东北和新疆等地，早强剂的使用量也大大降低了，这也说明了一个问题，我们之所以使用某种外加剂，主要的原因是水泥生产或施工工艺的片面改变，给混凝土带来了一些不招我们喜欢的特性，我们又不得不用外加剂来调节(比如，水泥细度和早期强度升高，我们不得不使用缓凝剂，不然混凝土就可能产生裂缝)，这与我们让人吃不新鲜的东西，让人拉肚子，又在大谈特谈"痢特灵"的作用，是一个道理。

10.4　外加剂的正确使用方法

以上是作者在实际工程中使用外加剂得到的一些肤浅的经验。写此文的目的，并不是要否定外加剂在改善混凝土方面的一些性能，满足工程一些特殊需要时的良好作用。但要强调的是，必须要有正确的使用方法。这个方法是什么呢？作者总结了以下几点：

(1) 对混凝土来说，要满足工程的某种需要，外加剂有正面影响，同时也有对其他性能带来的负面影响。使用得当，正面影响远大于负面影响，负面影响很少，有时可以忽略不计；使用不当，负面影响就会变得非常大，有时甚至大于正面作用，让人感到得不偿失。所以，我们在使用任何外加剂时，必须综合考虑它对工程的全部影响，要知道事物的两面性，是药三分毒。不能只顾正面，不管负面，或只知优点不知缺点。这就是我们当前使用外加剂时被许多人忽视了的问题。

(2) 我们使用外加剂是被动的，不是主动的，不是混凝土中必须要有外加剂，我们使用它属于不得已而为之。这就像一个健康的人不需要吃药一样。

(3) 许多论述外加剂机理和作用的专著、论文、规范规程，只讲正面作用，而不讲负面影响，作者一直反对学术界这种片面的风气，这是最有害于混凝土科学事业的发展和进步的。这一点，混凝土工作者必须要有清楚的认识。要知道，只有优点没有缺点，这样的"好药"天底下是没有的。

(4) 本书第 15 章"现代混凝土的科学基础"所提出的"三阶段"原理，能很好地指导外加剂的正确使用。这不是自卖自夸，读者试用一下自然就清楚了。

10.5 结 论

在现代混凝土中，有人把高效减水剂列为必需的六组分之一(砂、石、水泥、水、矿物掺合料和高效减水剂)，作者一直有不同的意见。如上所述，在任何情况下，我们不是必须要掺外加剂，掺是不得已的行为，把它放在必需的组分中，是定位不对。作者认为：外加剂的正确定位应该是帮助我们改善某个特定情况下混凝土的某个不招喜欢的特性。这就如同药一样，可以治混凝土的一些"病"。我们为了在较低的水胶比的前提下，让坍落度更大一些，工作性更好一些，使用了更加高效的减水剂；我们为了在同等条件下把混凝土送到更高的楼层，我们使用了泵送剂，这和运动员吃兴奋剂是一个道理。一定不能忽视了它的负面影响，是药三分毒，这才能使外加剂的使用和发展走上正确科学的道路。

参 考 文 献

[1] 钱晓倩，詹树林，方明晖，等. 减水剂对混凝土收缩和裂缝的负影响[J]. 铁道科学与工程学报，2004(2).

[2] 安明哲，覃维祖，朱金铨. 高强混凝土的自收缩试验研究[J]. 山东建材学院学报，1998, 12(S1)：139～143.

[3] 文梓芸，杨医博. 化学外加剂和矿物掺合料对水泥砂浆干缩与开裂影响的研究. 钢筋混凝土结构裂缝控制指南[M]. 北京：化学工业出版社，2004.

[4] 缪昌文，刘加平，田倩等. 化学外加剂对混凝土收缩性能的影响. 钢筋混凝土结构裂缝控制指南[M]. 北京：化学工业出版社，2004. 39～52.

第 11 章

耐久性的致命因素——干缩

本章主要讲干缩问题。我们许多人，特别是现场的工程师对干缩可能很陌生，不知道干缩是什么？干缩对工程质量和耐久性有什么影响？这是很危险的。事实上干缩对混凝土的质量有各种不同程度的危害[①]，特别是对耐久性，有致命的危害。

11.1　干缩裂缝产生的过程

干缩是混凝土的基本性质之一。在空气中或干燥受热环境中的混凝土结构，经过一定的时间，就会在表面出现程度不同的干缩裂缝。

混凝土是热的不良导体，所以干缩裂缝都发生在混凝土表面。在不同的环境下其形状和大小等有不同的情况。一般情况下，干缩裂缝表现为一种浅显的、界于肉眼可见与不可见之间的裂缝，甚至于需要用水浇湿混凝土表面才能看见，深度一般在 1mm 以内，形状无规律性，像渔网一样，所以也有人称它为网状裂缝。在南方，由于空气湿度大，风力较小等原因，混凝土自身产生干燥的程度也较小；在北方，混凝土所处的环境不同，其形状、大小和深度也不同，就环境和气候条件来说，干缩裂缝一般比南方严重，在个别严酷的地区，其宽度和深度都能达到 1cm 左右，此时对工程的危害就非常大。

图 11-1 所示的两幅照片拍的是出现在西安市某高架桥上的干缩裂缝。

图 11-1　西安市某高架桥上的干缩裂缝

_____

① 　按林欢教授级高工的意见修改。

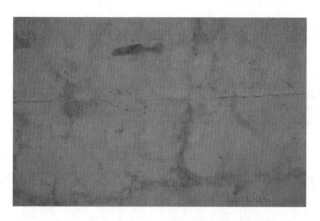

图 11-1　西安市某高架桥上的干缩裂缝(续)

图 11-2 所示的两幅照片是阿勒泰机场跑道照片。第一幅是 2005 年拍摄的，第二幅是 2001 年拍摄的，机场是 2000 年建成的。建成时并没有出现干缩裂缝，2001 年开始出现干缩裂缝，在照片的右上角可以模糊地看见，2005 年变得较为严重。

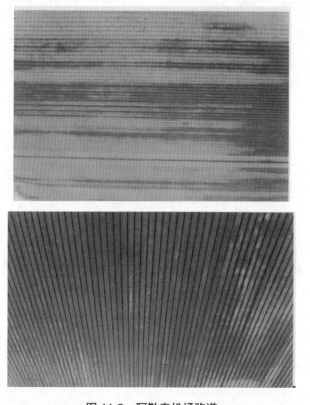

图 11-2　阿勒泰机场跑道

　　图 11-3 所示的四幅照片分别为内蒙古呼和浩特、海拉尔、云南迪庆等机场干缩裂缝的照片。

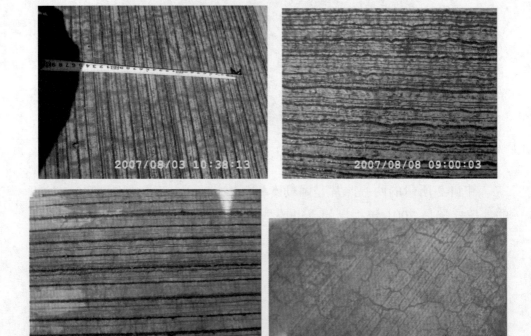

图 11-3　机场干缩裂缝的照片

　　一般来说，干缩裂缝的产生是一个缓慢的过程。在不同的地方，环境不同，产生的时间也不同。作者 2001 年参加建设的新疆乌鲁木齐机场，特别是 2003 年参加建设的新疆和田机场，地处塔克拉玛干沙漠边缘，属典型的高温、干燥和大风地区，都是在工程竣工后 2～3 年才出现肉眼可见的干缩裂缝。在南方，一般需要五年甚至数年才能产生肉眼可见的干缩裂缝，在北方，则需要 1～5 年的时间。近几年来，由于各种原因的作用，北方地区的许多工程，夏季时，最快的在混凝土刚刚养护结束，在太阳底下暴晒一个星期就会产生干缩裂缝。如图 11-3 和图 11-4 所示的照片，这些裂缝都是在混凝土施工养护结束后一个星期左右出现的，总之，近些年由于各种原因，干缩裂缝出现的时间越来越早了[①]。

━━━━━━━━━━━━━

① 按安文汉教授级高工的意见修改。

图 11-4　抗折试件断头从养护池捞出来一星期后出现的干缩裂缝

总之，作者认为：近几年混凝土结构发生干缩裂缝的速度和严重程度增加了。

11.2　干缩裂缝的危害

作者根据二十多年来的现场工程经验认为：干缩裂缝在南方海拔较低的潮湿地区，一般比较浅，对工程结构的使用安全和耐久性没有明显危害，作者也将其称为无害裂缝。在北方和南方一些海拔较高的地区(如云贵高原和西藏等)，干缩裂缝对工程的危害由于所处的环境不同，危害程度也大不相同，主要有以下几种。

1. 在北方有些地方干缩裂缝对混凝土的抗折强度影响很大，直接威胁混凝土结构的安全性

美国著名专家 Burrows 所著的一本专题文献《混凝土的可见与不可见裂缝》中谈道："调查发现，芯样(指混凝土试件)在运往实验室期间，稍许的干燥和表面裂缝造成抗拉强度的下降高达 50%。"过去，作者一直怀疑这种说法，经过近几年的工程实践，完全证实了这种说法的正确性。作者下面举几个工程实例来说明这个问题。

2006 年，作者在内蒙古呼和浩特机场施工，三个不同的施工单位向作者报告说，他们送到自治区实验室的试件，抗折强度都比他们在工地实验室所做的抗折强度低 10%以上。他们怀疑自治区的试验设备或技术人员的

技术操作水平。作者让他们把自治区实验室压过的试件断面拿回来，与工地的试验断面进行对比。如图11-5所示的照片是同一工地同时做的试件在不同地方做试验时断面的对比：中间一个是在自治区实验室做的，两边的是在工地做的。作者判定，从断面上看，中间试件的强度应该比两边低10%以上。也就是说，同一批次的试件，工地实验室做出来的强度比自治区实验室的高出10%以上。

根据实验室做完压力试验的试件残留的断面来判断试件的强度，是作者二十多年来在施工现场工作的经验。判断的根据主要是断面上的粗骨料的断裂情况和断裂面的整齐程度。一般粗骨料断得越多，断面越整齐，强度就相对越高。

图11-5的照片显示，中间一个试件粗骨料压断的数量比两边试件的要少。而且断裂面相对没有两边的整齐，所以判断中间的试件强度会低于两边的试件。

图11-5　不同地方做试验时断面的对比

而这些试件都是同一个时间，同一个配合比，同一个环境和同一养护条件下做出的。

作者详细询问了试验情况：原来由于自治区实验室工作较繁忙，所有送来的试件都必须排队，试件第一天下午送到实验室排队，第二天上午才能做抗折试验，这期间试件基本在空气中暴露12h以上。

作者要求施工单位，给自治区实验室送试件时将试件用湿布包好，送到后不能在空气中暴露，并立即进行抗折试验。结果这样做以后，双方试验结果的差距就立即消失了。

2007 年，在内蒙古某机场，工程验收由于种种原因拖后了，工地实验室的养护池早已拆除，试件堆放在一间房子的墙角。这样堆放使外面的试件比里边的干燥。结果工程验收试验时就发现，周边干燥的试件比放在里面潮湿的试件强度低了 20%左右。

2005 年发生在广东汕头某军用机场的事件最能说明这一问题的严重性。工程验收因种种原因推迟，实验室也早已拆除，由于南方的潮湿，多余不用的试件被有些战士拿去加高床铺。可验收时有人提出要再压几组试件验证一下强度，大家只好把战士加高床铺的试件收集回来进行试验，这时试件在空气中暴露的时间已超过半年。试验的结果让人大吃一惊，该机场的设计抗折强度是 5MPa，压了三组试件，最大的强度才 4.82MPa，不满足设计要求，可工程刚完工时做的所有试件的强度都在 6MPa 以上。由于找不出原因所在，使该机场的验收推迟了很长时间，相关技术人员甚至受到了处分。直到 2007 年，我们才搞清产生这一问题的原因，作者代表混凝土工作者，向当时受委屈的工程师们表示歉意。

2009 年我们在新疆吐鲁番机场专门做了对比试验。把一组试件在中午干热的空气中暴露了 4h，和没有暴露的试件进行对比，发现抗折强度惊人地下降了 40%之多。表 11-1 是由汪全德、郑鹤、王昭元等工程师所做的试验结果报告。

表 11-1　吐鲁番机场抗折试验结果表

编　号	制作日期	试件尺寸 /cm×cm×cm	试压日期	天数/d	强度/MPa	
1	2009-08-06	15×15×55	2009-09-03	28	5.92	6.18
					6.31	
					6.32	
2	2009-08-06	15×15×55	2009-09-03	28	3.83	3.92
					4.02	
					3.91	

近两年来作者常常思考一个问题：为什么这么重要的问题在近 5 年才被发现？作者回忆过去的工作经历，发现 2000 年在新疆阿勒泰机场，2002年在新疆和田机场，2003 年在广州白云机场，都有意无意地做过同类试验，却没能发现这个问题。这说明，近几年来由于各种因素的影响，干缩变得越来越严重了。

2. 在个别严酷地区，直接使结构破坏

环境中的大风、高温、干旱是产生干缩裂缝的三个最严重的因素。我国西北个别地区就完全满足这三个严重的条件。特别是著名的新疆吐鲁番地区属典型的温带大陆性气候，干燥少雨，年均降水仅 16mm，年蒸发量却达到 2000mm 以上。夏季高温多风，地面极端最高温度甚至可达 80℃以上，太阳辐射强。在该地区凡是暴露在空气中的混凝土构件，全部都发生了严重的干缩裂缝。许多裂缝深度达到惊人的 1cm 以上。大部分结构都是因干缩裂缝的产生而导致损坏和报废的。

如图 11-6 所示的照片是兰新铁路吐鲁番百里风区内的两座铁路桥。右侧的带箍圈的一座是 1965 年修的，1995 年因干缩裂缝严重而报废，同年修了照片左侧的这座桥来代替它。现在，左侧这座桥也因干缩裂缝严重而报废了，2003 年在旁边又修了一座桥来代替它。

图 11-7 所示的是图 11-6 中右侧已报废的桥墩和梁上严重的干缩裂缝的照片，为了防止干缩裂缝的进一步发展而影响列车运行安全，铁路部门在裂缝严重的桥墩上加了钢筋混凝土箍圈。

图 11-8 所示的两张照片是前两座桥报废以后新修的目前正在使用的桥的情况。从 2003 年至今使用 7 年，桥墩上的干缩裂缝已非常严重。由于该桥是东西方向的，桥墩分阴面(靠东一侧)和阳面(靠西一侧)，由照片可见，阳面的干缩比阴面严重。为了防止因干缩裂缝的发展给铁路运行安全带来危害，铁路管理部门每月都对干缩裂缝的发展情况进行检查。桥墩上红色的铭牌写的是检查责任人，粉笔写的是最后一次检查日期及检查人。上面一张照片上的不太清楚的粉笔线画的是该桥墩最严重的一条干缩裂缝至检查那天的发展长度。

在新疆阿拉山口，长年风速在 8～13 级以上，铁路桥墩和梁的干缩裂

缝也达到了惊人的 1cm 左右的宽度和深度，直接危及了铁路桥的使用安全。

图 11-6   兰新铁路吐鲁番百里风区内的铁路桥

图 11-7   已报废的桥墩和梁上严重的干缩裂缝

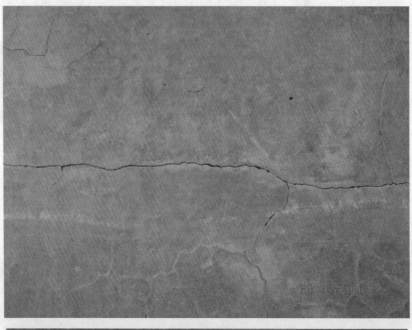

图 11-8　2003 年新修的目前正在使用的一座桥

　　图 11-9 所示的三张照片是新疆阿拉山口大风区一座铁路桥干缩裂缝的破坏情况。

图 11-9　新疆阿拉山口大风区一座铁路桥干缩裂缝的破坏情况

图 11-9　新疆阿拉山口大风区一座铁路桥干缩裂缝的破坏情况(续)

3. 在寒冷地区，使道面混凝土抗冻抗渗性能下降

如上所述，干缩裂缝在很多情况下对混凝土工程实体是无害的。但在北方寒冷的冬季，融化的雪水不断地从发生干缩裂缝的部位加速下渗使混凝土的抗冻能力大幅度降低，直接导致混凝土被冻坏。

图 11-10 所示的两幅照片是西宁某停车场在干缩裂缝和冻融条件共同作用下的破坏情况。强烈的阳光使混凝土表面产生了严重的干缩裂缝，在冬天和冻融破坏的双重作用下，路面已经完全破坏了。

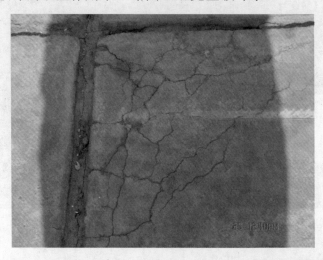

图 11-10　西宁某停车场在干缩裂缝和冻融条件共同作用下的破坏情况

图 11-10　西宁某停车场在干缩裂缝和冻融条件共同作用下的破坏情况(续)

4. 对薄壁结构和保护层较小的钢筋混凝土结构，干缩裂缝对其结构的耐久性和使用安全有直接影响

对厚度较薄的混凝土结构和保护层较小的钢筋混凝土结构，由于钢筋和混凝土的热胀系数存在一定差异，干缩裂缝导致钢筋保护层在阳光下爆裂，使钢筋产生锈蚀。

图 11-11 所示的两张照片是高温下西安某立交桥桥面护墩混凝土钢筋保护层崩裂的情况，钢筋已锈蚀严重。

5. 在南方和北方的部分地区，干缩裂缝也表现为一种浅显的，对工程使用安全和耐久性并无实际影响的无害裂缝

在北方一些冬季气温并不过于寒冷、每年刮大风的时间不多、空气的相对湿度不是很低的地区，如陕西、河南、山东、山西和河北等，由于其年降雨量基本都在 400mm 以上，每年 40℃以上高温和 8 级以上大风的时间并不多，因此，干缩裂缝在这些地区大多数情况下表现为一种对结构无害的裂缝。在南方一些潮湿地区，由于湿度比北方大，年降雨量较高，一般情况下干缩裂缝都表现为一种浅表的无害裂缝。

图 11-12 所示的是北方地区混凝土路面上比较常见的浅显而无害的干缩裂缝照片。这种裂缝一般在雨后或潮湿的情况下才能看到，通常不会给路面的使用寿命带来直接危害。

图 11-11　高温下西安某立交桥桥面护墩混凝土钢筋保护层崩裂情况

图 11-12　北方地区混凝土路面上比较常见的浅显而无害的干缩裂缝

11.3　干缩裂缝产生的原因

从理论上讲，混凝土发生干缩的原因主要是：①水泥水化物上的吸附水失去时的收缩。在混凝土内较小毛细孔($\phi 5\sim 50$nm)里的水受毛细张力作用，失水时会引起体积收缩。当水泥浆体干燥至 30%相对湿度时，大部分吸附水会失去。失去吸附水会使水化水泥浆体收缩。②层间水失去时的收缩。在强烈的干燥作用下(即相对湿度低于 11%)。层间水会失去，失去时C—S—H 结构发生明显的收缩。③结合水失去时的收缩。结合水是构成各种水泥水化物整体的一部分。干燥时这种水不会失去，只有受热使水化物分解时才会失去。

影响混凝土干缩裂缝产生的原因很多，主要分为内因和外因两方面：外因主要是使用环境中的风速、温度、相对湿度和阳光辐射等；内因包括水泥的矿物组成、细度和水泥用量、水灰比、外加剂、粉煤灰掺量、混凝土表面水泥浆的厚度等。下面举例对这些原因加以论述。

1. 风速的作用

在风的作用下，水泥水化物中的结合水就会失去。所以，风速越大，持续时间越长，结合水失去的就会越多，干缩裂缝就自然会越严重。作者在我国著名的风区新疆的阿拉山口拍摄到的图 11-9 所示的照片就充分说明了这一点。

2. 温度的影响

环境的温度越高，分子运动的速度就越快，水泥浆体中失去的水分就越多。所以温度越高的地区，干缩裂缝的问题就会越严重。

3. 湿度的影响

环境的湿度越低，分子运动的速度就越快。水泥水化物中的结合水失去的概率就越大。所以湿度较低的地区，干缩裂缝的问题就会越严重。这就是我国新疆南疆和沙漠地区、内蒙古的沙漠地区的干缩裂缝问题比其他地区严重的根本原因。

4. 水灰比的影响

水灰比越大，混凝土表面抗拉能力就会越低。在收缩的作用下，混凝土表面干缩裂缝就会越严重。

5. 减水剂的影响

减水剂加速了干缩裂缝产生的时间和严重性，这是近几年在内蒙古和陕西的几个机场试验后得出的结论。这可能是减水剂中的碱含量过大造成的，使混凝土收缩过大，干缩也过大。

学术界有人常把由于加了减水剂出现的过多的干缩裂缝当作是碱骨料反应，这也是比较严重的技术误判。

6. 水泥自身的影响

进入 21 世纪以来，干缩裂缝发展得较为明显和严重，这可能是水泥过高的比表面积、助磨剂和高效选粉机的使用、过高的铝酸盐含量、过大的混合材掺量引起的。

7. 粉煤灰掺量

混凝土中掺入较多的粉煤灰，会使混凝土表面抗拉能力下降，干缩裂缝就会变得更加严重[①]。

8. 混凝土表面砂浆厚度的影响

砂浆是水泥浆体较集中的地方。所以，砂浆越厚产生收缩的力量就越大，干缩裂缝的问题就越严重，新疆乌鲁木齐机场的一个停机坪就是一个典型例证，如图 11-13 所示。

乌鲁木齐机场停机坪是 2001 年作者参与修建完成的。从 2003 年开始，表面形成明显的斑马状黑白相间的条纹，其原因一直没有找出。直到 2007 年，我们才发现这是由于施工工艺的原因，是施工时混凝土表面砂浆的厚度不同造成的，较薄的地方容易磨损，使青黑色的细骨料露出表面，使表

---

① 按冯中涛工程师的意见修改。

面颜色发黑；较厚的地方却容易出现干缩裂缝，如图 11-14 所示。

图 11-13　新疆乌鲁木齐机场老站坪

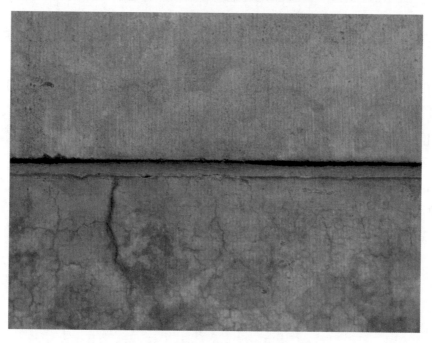

图 11-14　相邻混凝土板的对比效果

11.4 结 束 语

总之，近些年来，干缩裂缝对混凝土抗弯拉能力的危害越来越严重了，这对于暴露在空气中的构件的结构安全性和耐久性是一个极大的威胁。而混凝土科技界过去对干缩问题的研究太少，使这个问题没有引起足够的重视。

综上所述，干缩是混凝土的基本性质之一。不论是在中国还是全世界，只要是暴露在阳光下的结构，表面出现干缩的现象是不可避免的。只是由于环境不同，混凝土自身抗干缩的能力不同，严重程度不同而已。

干缩使结构的抗弯拉强度大幅度降低，直接威胁结构的受力安全和使用寿命。特别是在干旱沙漠地区，干缩的严重程度控制着结构的使用寿命和耐久性，是耐久性的第一天敌。而最可怕的问题在于我们在结构设计中并没有考虑到这一点对受力安全的影响。

参 考 文 献

[1] 肖瑞敏，张雄，张小伟，等. 混凝土配合比对其干缩性能的影响[J]. 混凝土，2003(7).

[2] 钱晓倩，詹树林，方明晖，等. 减水剂对混凝土收缩和裂缝的负影响[J]. 铁道科学与工程学报，2004，1(2)：19～25.

[3] 韩素芳. 钢筋混凝土结构裂缝控制指南[C]. 北京：化学工业出版社，2004. 19～38.

[4] 赵俊梅，杭美艳，刘建文，武俊清. 掺超细矿渣高性能混凝土的体积稳定性研究[J]. 混凝土. 2002(12).

第 12 章

混凝土的医生——自愈合

本章主要讲述混凝土的一个更加鲜为人知的性能——自愈合。可能许多现场工程师,甚至专家学者都很少听说过。什么是自愈合?作者的定义就是混凝土对自身缺陷的一种修复能力。就像一个人有病一样,不打针吃药,自己好了。什么缺陷能自我修复呢?根据作者的总结和研究,抗冻、抗渗,特别是裂缝,混凝土都有自我修复的能力。混凝土对结构的缺陷、耐久性和安全性等潜在危害有修复和消除的功能,这是一种让人振奋的神奇的性能。因为混凝土的各种性能都有正反两个方面。唯独自愈合,作者至今难以找到它对工程结构的负面影响。所以作者在本章里将其冠名为"医生"。

查阅大量的文献资料,自愈合一直被专家学者很少提及,下面就从如何发现开始,讲述对这一问题的研究和总结。这也是作者二十年来对工程经验值得骄傲的总结。当然要感谢一个工程师,她就是当年的内蒙古自治区质检站的高级工程师高雪梅。

12.1　自愈合现象的发现

2002 年,在新疆某沙漠边缘的机场工地,干旱大风少雨。一天下午,我们刚做完的一段路面,混凝土还没有达到终凝的程度,突然遇到大风袭击。表面出现了大量的失水裂缝。但由于当时风速太大,无法立即处理,于是我们在现场照相、录像,并记录了发生裂缝的位置坐标。暂时盖布洒水养护,准备第二天再研究处理方案。

第二天上午大家到施工现场掀开养护布发现,养护了一夜的混凝土板表面的裂缝没有了。反复比对了坐标位置,没有错,可昨天下午在现场看见的、录像上显示的、那么多严重的表面失水裂缝,却全部神秘地消失了,在场的工程技术人员都莫名其妙。

这是作者第一次发现裂缝消失的工程实例。由于找不出原因来,作者只是简单地记录下当时的施工情况:时间:2002 年 8 月 17 日下午 5 点左右,晴天,气候干燥,风速约十一级,夜间最低气温 28℃;混凝土采用盖布湿养护,所用水泥的主要性能指标如下。

比表面积:354m^2/kg;初凝:151min;终凝:221min;安定性:合格;水泥主要矿物成分:C_3S_2, 58.64%;C_2S, 22.58%;C_3A, 0.38%;C_4AF,

14.56%。

2005 年，在一本科技论文集里看到内蒙古自治区质检站高级工程师高雪梅的一篇论文。论文说，他们实验室门口，原来有一条土路，他们用做过试验的、报废的混凝土试块简单地铺了一下，以方便平时走路，如图 12-1所示。2004 年，他们想把这条小路重新翻修一下，就把这些原来压坏的试块挖了出来，却发现它们绝大部分又变成了好试块，变成了一个整体。这些试块在潮湿的地里埋了好些年。他们把这些试块重新上压力机进行试验，发现比当年的强度甚至还高出了近 1 倍。质检站是政府质量管理部门，多年前的技术资料还保存着，这些试块上多年前的名称编号还清晰可见。文章的结尾说，压坏的试件在地下埋了几年重新再压，强度比原来的还高，这是为什么？

作者之所以在这里不厌其烦地介绍这件事的全过程，是因为这个发现对我们研究自愈合的意义十分重大。由于当年作者就在呼和浩特机场施工，和高雪梅高工认识，打电话与她取得了联系，到他们实验室门口看了这条路，并现场挖了一个试块到压力机上试压。

图 12-2 所示是作者挖出的这块报废试件，当初的字迹清晰可见。该试件当年报废时的情况如图 12-3 所示。对该试件再次进行压力试验情况如图 12-4 所示。

图 12-1　内蒙古质检站门口用报废试件铺的小路

图 12-2　作者挖出的一块报废试件

图 12-3　当年试件断裂时的裂缝

图 12-4 试件第二次断裂的瞬间

图 12-5 所示的压力机上的数字显示：强度为 68.7MPa，是原来强度的 2 倍。

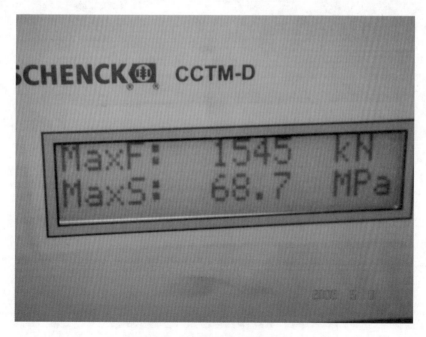

图 12-5 压力机上的数字显示

试验结束后大家进行讨论认为，这就是自愈合现象。

2006 年，高雪梅工程师和作者联系：呼和浩特市内一座高楼的一道大梁，由于施工机械故障的原因，该梁在施工到一半时停工了，两天后才完成。这在施工规范中是不允许的。施工完成后的第二天，就在接茬处出现了一条裂缝，可这条裂缝在养护了一个月后又消失了。但业主、监理和施工单位对此事有不同意见，他们质检站在该梁出现裂缝接茬的位置取了芯，准备试压。问作者能不能来看看，一起研究一下。

作者赶到他们实验室，看见第二次打的混凝土已完全和第一次打的连接在一起，由于两次打的混凝土所用骨料不同，按茬处很明显(见图 12-6)。经试压，强度满足设计的 C40 要求，但还是从接茬处断裂了，断面上有白色析出物，如图 12-7 所示。

作者让试验人员把压坏的试件重新用铁丝捆起来，放入养护池再进行养护，看是否能再次粘结到一起。28 天后我们发现这个试件又粘结到一起了，如图 12-8 所示。上压力机试压，强度为 32MPa，达到 C30 强度的要求。但还是从两次施工的混凝土接茬处断裂了，如图 12-8 和图 12-9 所示。

图 12-6　箭头所指为接茬处

图 12-7　试件压断后面上有白色析出物

图 12-8　重新粘结在一起的试件

图 12-9　再次从接茬处压断

2006 年，作者在呼和浩特机场冬季施工的楼板，第二年春天在经过几天春雨的浇淋后，漏水严重(见图 12-10)。当年 8 月，又经过几天大雨的浇淋后，该楼板却意外地不再漏水了(见图 12-11)。但第一次漏水的痕迹还在。

图 12-10　楼板春天漏水情况

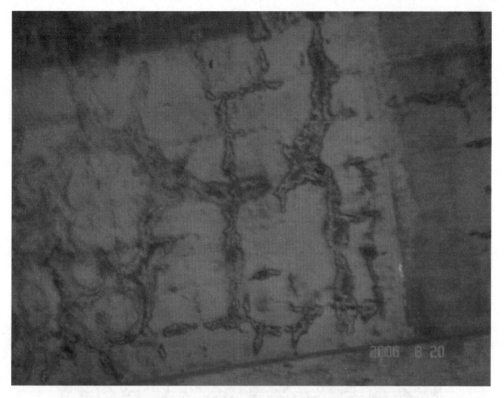

图 12-11　夏季下雨时不再漏水，春天下雨时漏水的痕迹还在

为了进一步验证自愈合在工程中的可行性，作者和席青、叶少富、袁晓娟等工程师，抓住在呼和浩特地区不断发现自愈合现象的这个条件，在机场工地实验室，对自愈合现象反复进行了多次试验。

我们把压坏的抗折试件分两种情况和新混凝土进行连接，一种是把断为两节的试件拉开 1cm 的距离，中间填入新搅拌的砂浆，凝结后放入养护池养护；另一种是用压剩一半的试件，用新搅拌的混凝土补上另一半，凝结后放入养护池养护(见图 12-12)。28 天后再试压，发现新试件的抗拉强度都达到了老试件强度的 70%以上。

经过以上的发现和试验，"自愈合"这个重要性能的客观存在被我们证实了。

图 12-12   对压坏的旧试件进行对接的情况

12.2   原 因 分 析

那么混凝土为什么会有这种自愈合现象呢？发生的条件和原因是什么？

1. 发生自愈合现象的第一个前提条件就是潮湿

因为混凝土有湿胀干缩的特性，在潮湿的环境中，混凝土发生膨胀，这样会使原来产生的裂缝变小，小裂缝就会更小甚至愈合。

2. 使混凝土重新粘结在一起的原因

那只有一个可能，就是水泥的水化。在潮湿的环境下，特别是 1mm 以下的小裂缝变得更小，此时如果混凝土中还有未水化的水泥颗粒，在潮湿的环境下会继续水化，把裂缝重新胶结①。

以上就是我们对自愈合现象发生的条件的定性。有了这些定性，我们就不难找出产生自愈合的原因，以下就是我们对这个问题的初步总结。

3. 原因分析

下面对影响混凝土结构自愈合能力大小的因素进行了初步总结。

1)　使用的水泥的颗粒不宜过细

水泥颗粒越细，水化速度就越快，混凝土中残存的未水化水泥颗粒就越少，混凝土的自愈合能力就越低。为什么二十年前的混凝土，水灰比大但裂缝却很少，现代混凝土水灰比已经很小了，但裂缝问题却越来越多，并成为治不好的"癌症"。现代水泥颗粒越来越细，自愈合能力越来越差可能是一个重要原因。

2)　要有较高的温度

大家知道，温度越高，水泥水化速度越快，发生自愈合的速度也会越快。

3)　较大的湿度

水泥水化需要水，较大的湿度有利于水化。

4)　水泥中的 C_3A 含量

C_3A 水化速度极快，所以 C_3A 含量高的水泥，剩余的未水化水泥颗粒就越少，自愈合能力可能就越差。

---

①　按冯中涛工程师的意见修改。

5) 水泥中 C_2S 的含量

C_2S 的水化速度较慢，所以 C_2S 含量高的水泥，剩余的未水化水泥颗粒就越多，自愈合能力可能就越大。

6) 混凝土施工时选择低温时段

环境温度越低，水泥水化速度越慢，剩余的未水化水泥颗粒就多，混凝土自愈合能力就大[①]。

12.3 实际工程中对自愈合原理的运用

利用自愈合原理，可以使有质量缺陷的工程变为无缺陷，甚至使报废的工程有起死回生的效果。

不论是新疆某机场混凝土表面出现大量的失水裂缝，还是内蒙古呼和浩特的大梁，都是因自愈合性能，由可能的报废工程，重新变成可以安全使用甚至无质量缺陷的结构。利用这个原理，2006 年，作者和席青、叶少富、侯俊刚、王硕、杜靖中、袁小娟等工程师，组成了一个试验小组，在呼和浩特机场飞机跑道，对发生断裂的一块混凝土板进行修补处理。按民航质量要求，这个已裂缝的混凝土板必须清除做报废处理，如图 12-13 所示。

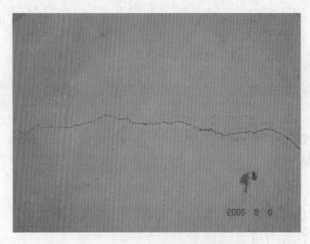

图 12-13 混凝土板上一条较严重的裂缝

---

① 按席青工程师的意见修改。

修补过程如下。

(1) 沿裂缝方向清除部分已断裂的混凝土。

(2) 将接茬处尘土用高压风枪吹干净。

(3) 对接茬处用自来水充分养护。

(4) 重新在接茬处浇灌新的混凝土。

(5) 充分湿养护 7～28 天。

从 2006 年到现在，该板一直安全正常使用。图 12-14 所示的照片是修补的过程及养护后的情况。

图 12-14　修补的过程及养护后的情况

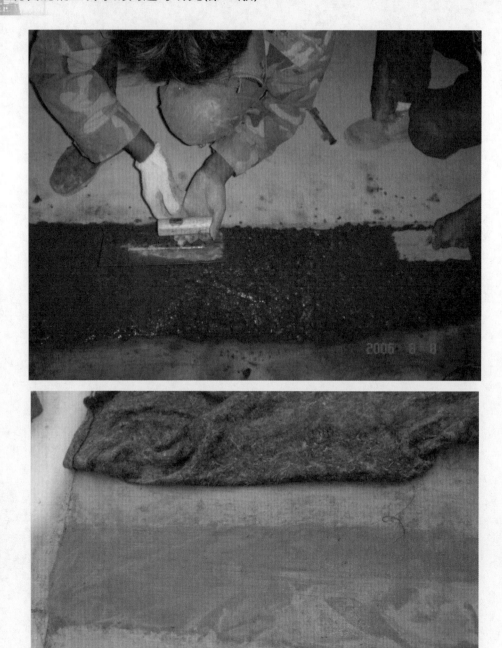

图 12-14 修补的过程及养护后的情况(续)

图 12-14　修补的过程及养护后的情况(续)

另外，我们在工地还对一道大梁的裂缝按自愈合的原理进行了处理，在不用任何化工材料的前提下，使裂缝重新愈合，使大梁得以安全放心地使用。由于这项专利技术是作者和以上工程师们共同发明的，这里不再透露更多细节。

根据以上的工程经验，要想提高混凝土自愈合的能力，提高结构使用的安全性和耐久性，作者总结了以下两点。

1)　正确选择水泥

综上所述，自愈合现象的发生主要靠前期尚未水化的水泥颗粒，所以，我们在选择水泥时，一定要考虑前期强度的增长，还要考虑后期自愈合能力的大小，顾前还要顾后。因此，高细度、高早强、高标号水泥，都不应是我们的首选。

2)　合理选择施工时间，提高工程质量和耐久性

延长水泥水化时间，降低水泥水化速度，特别是前期水化速度，对提高自愈合能力，意义十分重大[①]。

———————————————

① 按陈梦成教授的意见修改。

12.4 结 束 语

综上所述，自愈合是混凝土重要的、良好的性能之一。过去，由于我们的现场工作不够仔细，使这一性能很少被人发现，更没有被利用。近些年来的现代混凝土环境中，自愈合的能力越来越差了，就更难以被人发现，以至于许多人对自愈合还感到很陌生，甚至认为混凝土就不存在这种性能。通过上面的论述可以看到，自愈合能把我们因各种原因造成的缺陷修补起来。特别是它能把我们肉眼可见与不可见的、内部与外部的、有害及无害的裂缝修补起来，改善了结构的受力状态，提高了受力能力，使混凝土的抗冻、抗渗和耐久性都得到了很大的提高。它就像医生，治好了许多病。

干缩和自愈合，是混凝土的两个相反的性能。干缩是在高温、干燥和强烈阳光的作用下产生的；自愈合是在充分湿润的情况下，使已经产生的裂缝重新愈合起来，两者都是耐久性最重要的影响因素之一，也是作者为什么要把这两者放在相邻的两章来论述的原因。

相同观点

高雪梅等的观点

见本书附录 G。

第 13 章

高性能混凝土，真的高性能吗？

现在，高性能混凝土风靡全球，是当今最时髦的一种混凝土，人们都在吹捧它。绝大多数专家学者都认为它抗冻好、抗渗好、抗干缩好、抗裂缝性能好、抗各种化学腐蚀好，最重要的一点是，它的耐久性最好，等等。如果真是这样，我们混凝土科学就已经到达最理想的境界了。

过去我们在使用任何一个品种的混凝土时(干硬、半干硬、塑性和流动性混凝土)，都会发现不论对何种工程结构来说，有优点，也有缺点。现场工程师要做的事就是如何利用好它的优点，同时又尽可能地避免它的缺点。可今天，高性能混凝土好像用在任何一种工程结构中，只有优点没有缺点。

有这种可能性吗？作者不能同意这种说法。

13.1 普通混凝土和高性能混凝土的区别[①]

普通混凝土大致可分为干硬性、半干硬性、塑性和流动性等。

普通混凝土和高性能混凝土在原材料使用和配合比方面的主要区别如下。

1. 坍落度

干硬性混凝土的坍落度一般为 0~5mm，半干硬性混凝土一般为 10~20mm，塑性混凝土一般为 20~50mm，而高性能混凝土一般为 150mm以上。

可见，高性能混凝土的坍落度远大于普通混凝土。

2. 水灰比

干硬性混凝土的水灰比一般为 0.38~0.45，半干硬性混凝土一般为0.45~0.5，塑性混凝土一般为 0.5~0.6；而高性能混凝土的水灰比一般为0.4~0.55，水胶比为0.3~0.4。

高性能混凝土的水灰比与塑性混凝土相近，但水胶比远小于普通混凝土。

---

① 按王昱海高工的意见修改。

3. 水泥用量

以 C50 混凝土为例，干硬性混凝土的水泥用量一般为 280～330kg，半干硬性混凝土一般为 330～380kg，塑性混凝土一般为 380～450kg；而高性能混凝土水泥用量一般为 300～400kg，但必须掺入其他胶凝材料，其用量一般为 100～250kg。

可见，高性能混凝土的水泥用量虽然不大，但胶凝材料总量却远大于普通混凝土。

4. 砂率

以 C50 混凝土为例，干硬性混凝土的砂率一般为 0.28～0.32，半干硬性混凝土一般为 0.32～0.35，塑性混凝土一般为 0.35～0.4，而高性能混凝土的砂率一般为 0.4～0.5。

可见，高性能混凝土的砂率比普通混凝土大。

5. 粗骨料用量

以 C50 混凝土为例，干硬性混凝土的粗骨料用量一般为 1380～1450kg，半干硬性混凝土一般为 1320～1380kg，塑性混凝土一般为 1100～1300kg，而高性能混凝土一般为 800～1100kg。

可见，高性能混凝土的粗骨料用量小于普通混凝土。

6. 粗骨料最大粒径

普通混凝土的粗骨料最大粒径为 4cm，高性能混凝土现在一般降为 2cm。

7. 减水剂

高性能混凝土一般用高效减水剂，减水率比普通混凝土大。

上面讲了高性能混凝土和普通混凝土 8 个主要不同的方面，这些不同对混凝土性能的影响主要有以下几个方面。

(1) 坍落度：一般情况下，坍落度越大，混凝土的体积稳定性越差。所以，高性能混凝土的体积稳定性应比普通混凝土差。体积稳定性越差，收缩就越大，产生裂缝的可能性就越大，所以高性能混凝土产生裂缝的可能性比普通混凝土大。但坍落度越大，和易性就越好，就越容易振捣密实，所以，高性能混凝土比普通混凝土方便施工。

(2) 水灰比：高性能混凝土虽然水胶比小，但水灰比和普通的塑性混凝土相近。

(3) 水泥用量：高性能混凝土的水泥用量一般等于或略大于普通混凝土，胶凝材料总量就更大了。水泥用量越大，混凝土收缩就越大，产生裂缝的可能性就越大。

(4) 砂率：一般情况下，砂率越大，混凝土的体积稳定性越差。因此，高性能混凝土的体积稳定性比普通混凝土要差。体积稳定性差，收缩就越大，产生裂缝的可能性也越大。但砂率高，和易性就越好，就越容易振捣密实，所以高性能混凝土更方便施工。

(5) 粗骨料用量：一般情况下，粗骨料用量越小，混凝土的体积稳定性越差，所以高性能混凝土的体积稳定性比普通混凝土要差。体积稳定性越差，收缩就越大，产生裂缝的可能性就越大。但粗骨料用量越小，和易性就越好，就方便振捣密实，所以高性能混凝土更方便施工。

(6) 粗骨料的最大粒径：一般情况下，粗骨料的最大粒径越小，同等情况下胶凝材料用量就会增加。引起的效果和(3)相同。但粗骨料粒径越小，和易性就越好，就越容易振捣密实，所以高性能混凝土更方便施工。

(7) 单方容重：一般情况下，单方容重越小，混凝土的内部孔隙率就可能更高，体积稳定性就差，抗冻抗渗指标就可能降低。产生裂缝的可能性增加，耐久性就会降低。但单方容重越小，和易性就越好，就越容易振捣密实，所以高性能混凝土方便施工。

(8) 减水剂：高性能混凝土一般用高效减水剂，减水率比普通混凝土大。减水率越高，混凝土的收缩就可能越大。但这个观点可能得不到大多数学者的认可，也有学者通过试验证实了这一点，作者在新疆吐鲁番机场做的试验也验证了这一点(可参看本书第 16 章)。收缩越大，产生裂缝的可能性就越大，所以，高性能混凝土产生裂缝的可能性比普通混凝土大。

以上的论述除减水剂问题采用了增大体积收缩这一有争议的观点外，

对其他问题作者都采用了当前学术界比较公认的观点。

通过以上讨论可以得出结论：高性能混凝土最明显的优点应为方便施工，降低了工人的劳动强度；缺点应为体积稳定性差，裂缝的可能性增加等。

通过本书第 11 章的讨论也可以得出结论：高性能混凝土抗干缩的性能比普通混凝土差。通过本书第 5 章的讨论也可以得出结论为高性能混凝土抗冻性和抗渗性能比普通混凝土差。除此之外，由于高性能混凝土经常使用高标号和早强水泥，会使混凝土的自愈合能力变差；由于它有较高的 28 天强度，可能使混凝土的徐变降低(对非预应力混凝土，徐变是减少裂缝的重要因素之一)等。

以上结论可能和大多数学者的观点不同或者相反。

13.2　在实际工程中的应用效果对比

总之，根据以上分析，高性能混凝土体积稳定性差，发生裂缝的可能性增大。我国使用高性能混凝土近二十年了，裂缝越来越严重，成了"癌症"，这也充分证明了工程实际与理论分析是一致的。如图 13-1 所示的照片，是获得我国鲁班奖的、一个省会城市的标志性工程。用 C40 高性能混凝土打的楼板，在当时工地三天连阴雨的作用下，楼板从上到下就漏水如此严重。整个楼板成为"小豆腐块"。作者认为它已没有实际强度，耐久性又如何谈起呢？可以肯定地说，在高性能混凝土的施工环境下，这样的情况在全国应该是一个普遍的现象。

高性能混凝土收缩大、裂缝多、和易性好、方便施工，能大大降低工人的劳动强度，加快工程进度，但耐久性差。它是一种耐久性最差的混凝土，这是作者一个与众不同的观点。

高性能混凝土之所以成为全世界当前使用最多、最流行的一个混凝土品种，原因除众多专家学者对其优点过多的褒扬外，主要的原因可能有以下几点。

(1) 能降低劳动强度，满足进度和机械化及商品化的施工需要。过去，修建一座大楼，混凝土主要用塔吊运输，速度慢，人工的劳动强度较大。高性能混凝土一般用泵送，由导管直接注入模板。

图 13-1　楼板裂缝引起的漏水实例照片

(2) 能降低噪声，满足城市内文明施工的要求，这可能就是商品混凝土兴起的原因。

(3) 楼层越来越高，构件的钢筋越来越密集。只好用流动性大，粗骨料粒径小的高性能混凝土。

可严峻的现实是，在高性能混凝土的施工环境下，城市的许多建筑，成了垃圾建筑，寿命不足 50 年。

13.3　结　束　语

高性能混凝土就是过去的大流动性混凝土，至少是它的一个变种而已。过去，我们在工程中使用大流动性混凝土，一般只限于钢筋过于密集等较特殊的结构，是非常谨慎的，也是无奈的。因为知道它体积稳定性差，容易裂缝。现在，人们给它起了个容易引起错觉的名字"高性能"。造成了一种它什么都好的印象。作者认为：在劳动力成本不断增加的当今世界，它是用降低工程质量和耐久性为代价，向降低劳动强度和提高工程进度两个指标投降的一种混凝土。

现在，我们的混凝土界流行高性能混凝土。传说这种混凝土能提高抗冻抗渗能力，减少裂缝的发生，减轻干缩和徐变的危害，提高耐久性。总之，只有优点没有缺点，如同"常胜将军"。这种荒谬的，没有科学理论作为依据，也缺少工程实例作为佐证的观点，在科技界很流行。这让作者常常感到无奈和悲哀。

相同观点

1. 关国雄教授(中国香港)的观点

水泥浆体体积的影响：我们需要明确规定水泥浆体体积的上限。对于高性能混凝土，我们中的部分人(并不是全部人，因为很多混凝土技术人员和工程师对过量的水泥体体积的负面影响并不是太清楚)会控制水泥浆体体积不超过 35%。不过，控制水泥浆体体积不超过 35%会给自密实混凝土和泵送混凝土的生产带来一定困难。为解决这一问题，我们需要对骨料进行合适的配比来使骨料的填充密度达到最大。遗憾的是，我们中只有很少人会关注骨料的配比。但事实上，骨料的配比才是高性能混凝土生产的关键所在。关于这一重要问题的研究文章很少，这是因为大部分的学者并非真的很了解混凝土。

填料的使用：为了减少水泥浆体体积，加入填料来填充骨料间的空隙不失为一个简单的好方法。通过这个方法，我们可以显著地降低水泥浆体体积，从而提高混凝土的尺寸稳定性和减少碳足迹。如果填料的颗粒大小与水泥的颗粒相近，填料的添加可以增加总的粉末浆体体积(总的粉末浆体体积由水体积、胶凝材料体积以及颗粒小于 $75\mu m$ 的填料组成)，从而提高混凝土的通过性和泵送性。

2. 丁铸教授的观点

本人认为把精力集中在高性能混凝土(HPC)是指一类产品还是一个性能指标上面似乎必要性不是太大，关键是在推广 HPC 的过程中我们忽视了哪些问题，而这些问题又带来了哪些严重的工程后果，我们需要反思，并提出改进的方法。

3. 刘开平教授的观点

高性能混凝土是外国学者提出的一个概念，但这个概念定义并不是很明确，国内外学者及工程技术人员对这一名称理解也不同，导致这一名称内涵不统一。再加上科技不断进步，人民生活水平不断提高，混凝土的应用环境及领域不断扩展，使工程对混凝土的要求也会不断提高，混凝土的性能也会不断发展，一个时期的"高性能"过一段时间可能就不能算作"高性能"了。因此，不同时期的高性能含义也会不同。这样一来，就无法给"高性能"一个确切的定义，反而使高性能混凝土成为一种噱头，实际意义并不大，因此，取消高性能混凝土这个名称是必要的。

不同观点

1. 王永逵教授的观点

建议作者认真看看廉慧珍教授写的《对"高性能混凝土"的再反思》一文，文中主要强调的是高性能混凝土不是一个混凝土的品种，是针对国内外若干年来(或近代)出现很多因耐久性问题，导致许多混凝土工程破坏，失去使用功能而提出的以"耐久性为主"代替"以强度为主"的一个目标，是混凝土技术的"高性能化"问题。不能把"高强""高流动性"不分条件掺用膨胀剂、盲目掺用纤维以及各种原因发生的裂缝，都一股脑儿归罪于"高性能混凝土"。"耐久性"也是有层次的，一般的民用建筑的耐久性能与杭州湾大桥能比吗？至于说有的得奖建筑不到30年就可能损坏，可能有很多原因，也不是提倡"高性能混凝土"的罪过。君不见九江大桥桥墩，被大船撞击以后，安然无恙；发生在上海闵行区辛庄的"楼歪歪"，地基沉陷2m，高楼歪到40°，大楼结构保持完好。"高性能混凝土"也并非都是预拌混凝土，而是在多年来许多专家学者提倡混凝土"高性能化"要点的影响下，对配合比优化认真实施了罢了。

2. 阎培渝教授的观点

让我们重温一下美国混凝土学会(ACI)关于高性能混凝土的正式定义：

"高性能混凝土是符合特殊性能组合和匀质性要求的混凝土，采用传统的原材料和一般的拌和、浇筑与养护方法，往往不能大量地生产出这种混凝土。所指特性例如：易于浇筑，振捣不离析，早强，长期力学性能，抗渗性、密实性，低水化温升，韧性，体积稳定性，恶劣环境下的较长寿命。"所以高性能混凝土不是混凝土的一个品种而是强调混凝土的"性能"(performance)或者说是一种质量目标。对不同的工程，高性能混凝土有不同的强调重点，即"特殊性能组合"。高性能混凝土是整个工程建设全部环节协调配合得到的优质混凝土，不是只要有配合比就能生产，而是由包括原材料控制、拌合物生产与整个施工过程来实现的。由于要求混凝土结构的耐久性，混凝土在符合具体工程的各项具体性能要求的同时，必须是体积稳定的、匀质的。杨先生给出的工程案例中，到处是蜂窝狗洞，性能达不到设计要求的混凝土根本不是"高性能混凝土"，而是质量不达标的劣质混凝土，应该返工并追究混凝土供应商或施工企业的责任。

作者自辩

见本书附件 H。

第 14 章

正确的耐久性研究思路在哪里？

世界上对耐久性问题的提出是近二十多年的事情，为什么过去没有人提出？答案很简单，就是近二十多年来，全世界混凝土的耐久性越来越差了，问题越来越严重了。

二十多年前，工程结构上用的最高标号的混凝土相当于现在的 C30，桥梁、房建工程的关键受力部位的混凝土强度基本都是 C30 的，但没有裂缝。近年来，桥梁、房建工程的关键受力部位强度大部分是 C60 的，可工程还没有完工，裂缝已经出现了。耐久性问题就是在这样的工程环境下被提出来的。

科学技术的发展规律是产品的性能和质量都应该不断提高，二十年前的汽车，不论是性能还是使用寿命，都无法与现在相比。我们有了现代混凝土技术，有了高性能混凝土，可寿命却越来越短了，这是一个不能回避的事实。

耐久性是当今混凝土科学研究最前沿课题之一。但如何研究耐久性？用什么办法来证实结构就是耐久的？

由于混凝土科学的复杂性，这个问题存在广泛的争议。

14.1　耐久性变差的原因和研究误区

中国土木工程学会于 2005 年颁布了《混凝土结构耐久性设计与施工指南》，对耐久性的检测项目有抗渗抗冻、抗腐蚀(主要是抗硫酸盐腐蚀)、碱骨料反应、氯离子渗透检测等。换言之，凡是以上指标较好的混凝土，就可确认其耐久性是较好的。作者不同意这种观点，主要原因有以下两点。

(1) 以上指标一般是混凝土在特殊环境下必须要提高的性能指标。在一般环境下，以上这几个指标的高低与其耐久性可能关系不大。比如，非冰冻地区(如我国南方地区)的普通建筑在整个使用寿命期里，可能从未受到冰冻的危害，那么抗冻融破坏指标的高低，与寿命和耐久性关联就不大。

(2) 混凝土如果在其使用环境中不发生抗冻抗渗、碱骨料反应、硫酸盐腐蚀等问题，肯定就是耐久的吗？恰恰相反，正是因为在普通环境中的混凝土的耐久性变差了，全世界才开始研究耐久性问题。

我们现在最需要研究的应该是普通混凝土在普通环境下，而不是在抗渗抗冻、抗硫酸盐腐蚀、碱骨料反应等特殊环境下的耐久性问题。比如，城市中的高楼大厦，既未发生冻融破坏，又没有发生碱骨料反应和硫酸盐侵蚀等，可使用寿命却不到 50 年，甚至下降到 30 年，成了名副其实的垃圾建筑，极需要解决耐久性问题。

耐久性变差是二十多年以来的事，只要分析研究一下二十多年来的混凝土结构和以前从设计到施工有什么变化，就不难找出原因。作者对这些变化进行了思考，也做了初步的总结。总结出四个主要变化和三个次要变化。"主要"和"次要"是根据它们对耐久性的影响程度区分的。

(1) 水泥的细度和 28 天强度增长了 50%左右，混凝土的 28 天强度增长了近一倍。

以二十年前施工现场常用的水泥 P.O42.5 为例，细度一般是 300kg/m^2 左右，28 天强度与现在的 32.5$^#$水泥相近；常用的高标号混凝土是 300$^#$，和现在的 C30 相近，主要用在梁、板、拱等重要部位。现在施工现场常用的高标号混凝土是 C60，使用部位和过去相当。

(2) 商品混凝土搅拌站成立，泵送混凝土大量使用。

商品混凝土和泵送混凝土这两项新的技术工艺基本上统占了建筑市场，过去常用的塑性或半干硬性或干硬性混凝土基本退出了建筑市场。

(3) 高性能混凝土得到了广泛使用。

(4) 房屋、桥梁上的超静定结构越来越多，跨度也越来越大，房屋上的现浇楼板一次达几万平方米越来越普遍。

还有三个变化是由于以上四种变化引发而来的，总结如下。

(1) 由于受水泥细度和混凝土 28 天强度大幅度提高的影响，环境(主要指温度、湿度和风速)对混凝土质量及耐久性的影响程度加强了。

(2) 其他胶凝材料(粉煤灰等)和高效减水剂得到大量使用。

(3) 由于工程环境对混凝土的敏感度加强了，实验室的结论用在现场往往是片面的，甚至出现了相反的或者错误的情况。比如说粉煤灰、外加剂、纤维甚至引气剂等。

另外，我们有些学者在研究上不能坚持公正科学的工作态度，也使解决耐久性问题复杂化。比如，研究纤维的学者认为，纤维对混凝土的许多性能只有改善的作用，没有负面影响；研究减水剂和膨胀剂的学者都只谈正面作用，不讲负面影响的问题；高性能混凝土甚至被认为能提高抗冻、抗渗、抗老化、抗裂缝、抗干缩、耐久性等，在科教书和大量的文献资料里，几乎找不到它对工程结构负面作用的论述(如裂缝大量增加等)。综上所述，按照这样权威的学术观点，一个重要的混凝土结构，加入纤维，加入高效减水剂、膨胀剂，再使用高性能等，工程结构应是最耐久了。

也许这正是耐久性变差的又一个原因。

14.2　解决耐久性问题的正确方法

解决耐久性问题的正确方法是什么？目前学术界可能很难有统一的说法。以下是作者根据自己多年来的实践经验，提出的一些初步观点和看法。

(1) 对绝大多数工程来说，裂缝仍是影响耐久性的第一因素。因此，研究耐久性最重要的思路是如何减少和消除裂缝。

(2) 研究制定各种原材料、外加剂和工艺的正确使用范围，是我们当前必须要做的工作。高效减水剂(特别是近几年开始使用的聚羧酸)、引气剂、膨胀剂、纤维、粉煤灰、商品混凝土及泵送工艺、高性能混凝土，都应该有它们正确的应用范围。超出了它们合理的应用范围，就可能达不到我们想要的效果，甚至出现相反的结果。

(3) 混凝土的使用环境非常重要，相同的混凝土结构在不同的使用环境中耐久性是完全不同的。因此，针对每个工程的情况不同，使用的环境不同，提出只适应某个区域、单个工程甚至一个工程的单个部位的耐久性方案，这样才有很强的针对性。

尽管影响耐久性的因素很多，但往往在某个特定区域、某个特定工程，甚至特定部位，影响耐久性的主要因素可能就是一个。比如在我国新疆吐鲁番、阿拉山口等干旱、高温、大风地区，干缩裂缝可能就决定了使用寿命；在北方冰冻地区，抗冻能力可能就决定了道路、机场跑道的使用寿命；对于城市的高层建筑，板、梁的裂缝，决定了使用寿命；对非预应力结构，又长期在恒温恒湿条件下工作的，如城市地铁、高档写字楼和酒店、房屋和桥梁地下基础等，徐变对使用寿命影响很大。而目前我国对耐久性只进行抗冻、抗渗、氯离子渗透等试验，是解决不了耐久性问题的。

(4) 干缩是影响耐久性的重要因素之一，这在前面已论述过。所有暴露在空气中的混凝土构件，都存在干缩问题，但程度各有不同。干缩大幅度降低了混凝土的抗弯拉能力，特别是高标号混凝土，尤其严重和明显。混凝土结构的破坏主要是抗弯拉强度的破坏，而不是抗压强度的破坏。因此，从受力上讲，在绝大多数情况下，混凝土抗弯拉强度的大小决定了结构建筑物的寿命而绝不是抗压强度。

(5) 自愈合能力越强，耐久性就越好。自愈合是混凝土中的"医生"，它能把混凝土内部的裂缝、空隙等缺陷修补起来。水泥细度越细，混凝土强度越高，其自愈合能力就越差。

(6) 除预应力混凝土外，徐变对耐久性的影响也是非常重要的。它能把结构加在它身上的外力像魔术一样变小，甚至变为零受力，包括荷载引起的应力和温度变化引起的应力。我们一定要学会利用徐变改善混凝土的受力安全性。

(7) 混凝土的婴儿期是决定混凝土耐久性最重要的阶段。所谓婴儿期，是指混凝土在最初的阶段，大约 48h 之内，婴儿期是强度剧烈增长时期。必须坚决保证混凝土的即时抗拉能力大于因水化、温度、风速等原因收缩造成的收缩应力，以防止混凝土产生内伤和裂缝。而这些内伤和裂缝往往是终生的，是耐久性最大的危害。

这里需要说明的一点是，婴儿期这个概念，属作者自创。

以上 7 条是我们在解决耐久性问题上应坚持的思路和原则，是共性问题。

下面作者从混凝土性能、原材料使用和施工工艺等方面提出几条具体建议，为大家制定正确的施工工艺，解决耐久性问题提供依据。

(1) 任何重要工程施工前都必须和当地气象部门建立联系，取得工程所在地气象年报、月报、周报和三天内详细气象资料，以合理安排施工。

(2) 针对现代水泥高细度的特点，必须在尽可能的条件下坚持低温入模原则(大掺量粉煤灰混凝土除外)。对南方来说，冬天是最好的季节；对北方，春天是最好的施工季节。总之，夜晚、阴天等低温时间，在当前的施工工艺和原材料生产水平条件下，应是成就混凝土耐久性的最佳时间。

(3) 现代水泥的任何性能指标都对耐久性有重要影响，特别是当细度大于 $400m^2/kg$ 时，就应当认为对耐久性有严重影响。施工单位应主动和水泥生产厂家联系，熟知所用水泥的矿物成分含量、混合材料品种及掺量、细度及生产工艺，并能根据自己工程的实际情况向厂方提出调整意见。一般情况下，应尽可能选择细度小、C_3A 和 C_3S 含量低的水泥，以提高混凝土的抗裂缝和自愈合能力。另外，水泥生产工艺中的闭路粉磨工艺、助磨剂、高效选粉机、工业石膏等都会给耐久性带来负面影响，应和生产厂家协商，对其质量进行控制，对使用效果进行检验。

(4) 一般情况下，减水剂的减水率越高，造成混凝土的收缩越大，混凝土产生裂缝的可能性也越大，混凝土的干缩率也越大。因此，在使用减水剂，特别是高效减水剂时，应进行对比试验。对暴露在空气中的构件，应查清对干缩的影响程度。粉煤灰等其他胶凝材料，都有合理的使用范围，使用时应检查其对工程质量和耐久性有无危害。

(5) 一般来说，由干硬性、塑性到大流动性的高性能混凝土，体积稳定性越来越差，产生裂缝的可能性越来越大，其耐久性就会向不好的方向发展，所以，在满足施工要求的情况下，我们应坚持尽可能提高粗骨料用量，降低坍落度，减少胶凝材料用量等，以提高耐久性。

(6) 尽管大部分混凝土是以抗压强度作为评价指标的，但对绝大多数混凝土结构来说，抗折、抗拉强度才是真正的决定混凝土寿命的指标。如图 14-1 所示的照片是日本九州大地震后桥梁破坏的情况，桥墩主要发生了剪切破坏和弯拉破坏，所以建议增加抗折强度为质量控制指标。

(7) 一般情况下，早养护可以防止收缩裂缝的发生。

上述 7 点是工地上日常质量管理必须进行的内容，是带有共性的问题。在不同的行业，针对不同的工程，可能还有更多的、不同的其他因素。总之，凡是施工中对质量有影响的因素，也应该认为对耐久性会有同样的影响。

图 14-1 日本九州大地震后桥梁破坏的情况

图 14-1　日本九州大地震后桥梁破坏的情况(续)

14.3　结　束　语

以上是作者对什么是耐久性问题研究的正确方向所做的一些思考。总之，自混凝土诞生至今二百年来，纵观其发展，实质上就是一部耐久性越来越差的历史，工程结构的耐久性由过去的上百年演变成现在的几十年。用高性能混凝土浇灌的城市高楼大厦，有人说其寿命不足 30 年。国际学术界之所以在近二十年的时间里不断强调耐久性问题，其实质就是因为耐久性越来越差了，差到要把这个行业打垮的地步。如果结构的耐久性再下降的话，今后房屋和桥梁等主要工程结构，恐怕就不敢用混凝土了，而是用钢或其他新材料了。

相同观点

钱晓倩教授的观点

我们并不需要"全能耐久性"，那是不经济的、不合理的、不可行的，也不应提倡。认为混凝土应具有"良好的耐久性"，包含耐久性的所有指标，这是目前的一个误区。其实我们所需要的耐久性只是针对不同工程结构部位、不同使用环境等来说的。

参 考 文 献

[1] 中国土木工程学会. 混凝土结构耐久性设计与施工指南[S]. 北京：中国建筑工业出版社，2005.

[2] 覃维祖. 混凝土耐久性综述. 见：第五届全国混凝土耐久性学术交流会论文集[C]，2000.

[3] 黄士元. 混凝土耐久性设计要点[J]. 混凝土，1995(3).

第 15 章

现代混凝土的科学基础

在本书的前 14 章里，作者对当前学术界权威的，被公认的许多观点，提出了质疑甚至否定。

为了确保质疑甚至否定的准确性，作者经历过漫长而艰苦的求证过程。验证，否定；再验证，再否定。有些观点是经历了我国东西南北数十个不同的工程现场，用了十多年的时间，才得出的结论。2006 年为了准确得出环境温度和湿度对干缩裂缝的影响程度，作者组织了一只庞大的试验团队，同时在新疆乌鲁木齐、内蒙古呼和浩特、广州、北京、西安五个机场的施工现场，对同一问题进行观察总结。特别是混凝土表面砂浆厚度对干缩的影响，前后经历了 9 年的时间(从 2000 年到 2008 年)，使用了北京、昆明和乌鲁木齐停机坪三个机场准确的资料，才最终得出的结论。

作者要特别感谢自己的工程师团队：席青、冯中涛、韩民仓、侯俊刚、郑鹤、王昭元、林兴刚、周颖、唐雅琦、黄育国、杜靖中、袁小娟、李建举等，是因为他们长期不辞劳苦，战斗在施工一线，对作者的每个结论进行反复验证，才得以成就本书。

水泥问世近二百年来，任何混凝土原理的描述和公式的确立，都带有经验性质，都有其适应范围。更应该说，都具有时效性。近二十多年来，混凝土的发展已进入了一个新的时期，原材料生产和施工工艺等，都发生了巨大的变化。

理论的研究和进步却明显滞后。我们现在的混凝土理论，特别是一些基础理论，基本上还是二十多年前的旧理论，这当然包括著名的配合比理论，水灰比理论，强度理论，以及减水剂、纤维、引气剂的使用等，套用到现代混凝土的实践中，出现了偏差和错误。本书中作者提出的诸多质疑，其实质就在于此！使工程现场的许多重要的技术决策，只能依靠工程师的经验。

理论是科学工作的灵魂。理论出了问题，科学工作没有依据就变得混乱。所以，我们这一代科技工作者，有责任对混凝土科学基础理论中不适合现代环境条件的部分，进行适当的补充和改正。

本章就是作者用了近二十年的时间，结合工程经验，查阅科技资料，对旧混凝土理论进行修正和补充，提出的观点、看法和做出的总结。1998 年在兰州机场开始收集资料，2000 年在乌鲁木齐机场开始对本章中提出的一些问题进行现场试验，直到 2005 年在呼和浩特机场写出本章的第一稿，前后经历了七年的时间。写成后，发给作者所熟知的我国许多权威人士和专家进行审阅，听取他们的意见。可以说，当年在行业里引起了较为激烈的争论。

从 2006 年开始，作者对本章中专家反对意见比较集中的部分，又深入现场，寻找证据，进行试验和总结。前后用了五年的时间，到 2010 年在昆明新机场，对本章完成了最后一次的补充和修改。

必须对现代混凝土的科学原理进行新的研究和总结，但要靠个人之力，是天方夜谭。我们用了五十年甚至上百年的经典公式和理论，在指导实践时，不断地发生偏差和错误，这就是本文要论述的根本。作者承认写作本章节，是不自量力，更不能妄言正确。对过去的、旧的，但也是经典的理论进行改进，谈何容易！所以，本章也就是提出了一个思路或者线索而已，主要目的是抛砖引玉，引发思考。期望在当代，甚至后来几代人的共同努力下，能完成这项带有革命性质的工作。

15.1　问题的发现

1. 旧混凝土理论的不适应性

混凝土最基本的元素：粗骨料、砂子、水泥、水灰比、配合比，以及它们对混凝土性能的影响是这个学科的基础。如果我们把混凝土科学比做一个大树，它们就是这个大树的根。随着现代混凝土科学技术的发展和进步，对这些"根"的认识出现了变化，列举如下。

1) 骨料问题

粗骨料在混凝土中的主要作用是什么？在旧的混凝土理论中，强度取决于三个因素：水泥石的强度，骨料自身的强度，骨料与水泥石粘结面的强度。也就是说，骨料的强度对混凝土的强度有决定性的影响。1930 年，瑞士学者鲍罗米就根据以上的观点总结出了经典的混凝土强度公式：$f_{28} = Af_{28-1}(C/W-B)$(式中，$f_{28}$ 为混凝土的 28 天强度，f_{28-1} 为水泥的 28 天强度，C/W 为灰水比，A 和 B 为与骨料强度有关的经验常数)。以后，全世界各国的混凝土教材和规范都根据鲍罗米公式，结合本国的实际情况，提出了大同小异的、符合本国实际情况的强度公式。总之，那时人们在这一问题上的看法基本上是一致的，现在，许多专家学者对这一问题的看法出现了非常大的改变，举例如下。

(1) 一般天然骨料的强度，对于目前常用的混凝土等级(C70 以下)来说其实是足够的。

(陈肇元院士主编《混凝土结构耐久性设计与指南》)

(2) 对于普通混凝土，集料的强度对混凝土的强度影响较小。

(文梓芸教授主编《混凝土工程与技术》，大学教材)

(3) 当骨料具有足够的抗压强度时，混凝土的强度不受骨料强度的影响；对高强混凝土，骨料的差别对强度影响很大。

(冯乃谦教授主编《实用混凝土大全》)

(4) 集料对混凝土强度所起的作用，到目前为止，还没有很好的定量的方法加以描述。

(洪雷教授主编《混凝土性能及新型混凝土技术》，大学教材)

但同时，还有学者坚持原来的观点，即骨料的强度对混凝土的强度起决定性的作用，由吴科如等译，[加]西德尼·明德斯、[美] J. 弗郎西斯·杨、[美]戴维·达尔文著的《混凝土》(北京：化学工业出版社，2005)一书就认为：混凝土的强度取决于水灰比、龄期、水泥和集料。

2) 砂率问题

在过去的普通混凝土配合比设计规范中，对砂率给出了范围和建议值。这个建议值的中心思想认为在混凝土中，随着砂率的提高，同等条件下强度就会降低，这也是旧混凝土理论中的一个核心观点。近年来，许多专家学者对这个问题的看法出现了新的变化，列举如下。

(1) 何锦云教授认为砂率对普通混凝土的抗压强度影响不大，尤其是在较大水灰比时。

(2) 作者通过近年来的实践认为在高性能混凝土中，砂率和强度之间基本上找不到关系。也就是说，砂率的大小对强度没有影响。

3) 水灰比问题

水灰比原理自 1918 年被发现以后，一直是混凝土领域中最重要的原理之一。现在，许多专家学者对这一原理也提出了不同的看法。汪澜教授认为：水灰比规则仅在一定范围内有效；徐福纯先生认为：水灰比过小，胶体和晶体的材料不能充分形成，混凝土的强度亦达不到标准；邓旭华先生研究了水灰比对再生混凝土强度的影响后认为：当水灰比小于 0.175 时，强度就会随着水灰比的降低而降低；作者通过近年来的实践认为：当 C40 以上混凝土的单方用水量小于 140kg，水灰比小于 0.36 时，强度与水灰比的关系密切程度降低[①]。

4）配合比问题

我国过去的《普通混凝土配合比设计规程》对砂率和水灰比的指导原则还是：砂率越高混凝土强度就越低；水灰比越低混凝土强度就越高。这显然还是来自旧混凝土的比表面积理论，正如上文所说，在做现代高性能混凝土配合比时，错误非常明显。

以上四个问题是我们混凝土这门经验学科基础的基础，按现代的流行说法，叫"核心价值"。许多专家学者对这些问题的看法，和旧的混凝土理论中的说法出现了较大的不同或者完全相反，由此可见对基础理论进行修正的迫切性。

2. 由于采用旧的混凝土理论，我们在许多现代混凝土重大前沿科技问题上看法不一，争议很大

一个专家通过工程实践或实验数据取得了一个科研成果，给出了一个问题的结论。而另一个专家也通过工程实践或实验数据，认为前一个人得出的科研成果是错误的。这类现象在混凝土学术界绝不是个例。作者对这些问题按重要性的不同列举部分如下。

1）膨胀剂问题

膨胀剂从问世以来，已广泛应用于工程中。多数人认为，膨胀剂对防止混凝土裂缝的产生效果显著。对增加混凝土的密实性，防渗防漏，增加抗冻能力，都有至关重要的作用。所以，目前在房屋建筑中的板、梁结构，后浇带和地下室、水工建筑等，膨胀剂是必备的混凝土组分之一。但也有专家持反对意见，认为用了膨胀剂混凝土工程照样产生裂缝的实例很多。

---

① 按王福川教授的意见修改。

甚至激进地说用了膨胀剂裂缝更严重了。

2) 碱骨料反应问题

现行几乎所有的科技书籍和工程规范中，都会把碱骨料反应问题作为重中之重或用专门的章节提出，要求大家在工作中严加防范，为此花费了大量的人力物力。但现在很多专家表示疑惑：做了一辈子混凝土工程，却没有见过碱骨料反应。

3) 纤维

在混凝土中加入纤维，特别是钢纤维，可以大大提高混凝土的抗弯拉能力，改变混凝土的高强低脆的特点，同时对混凝土的抗冻抗渗有很大的改善作用，这一技术已被部分应用于机场、码头、公路和桥梁等工程中。但作者对此看法不同，可参看本书第 7 章的内容。

4) 高性能混凝土

当前，许多人认为高性能混凝土的耐久性是最好的，但作者认为高性能混凝土作为混凝土中的一个品种，它的耐久性可能是最差的。

以上问题可参见本书中的相关章节，如粉煤灰问题、高效减水剂问题等。许多专家学者也都有不同的见解，作者在此不一一列举。

15.2　第二阶段混凝土的概念

产生以上不同观点、不同说法的根源在哪里？

以上问题曾给作者带来了无数难眠的夜晚。经过近十多年的不懈追求，得出了这样的结论：近二十年来，混凝土技术发生了翻天覆地的变化，而二十年前的许多经验公式已经过时和不适应。用旧的理论及经验公式解决现代混凝土的问题，必然就会出现错误！所以，我们迫切的任务不是对旧的东西进行争吵，而是建立适应现代混凝土新技术的新理论基础和经验公式。

在本节里，作者斗胆提出第二阶段混凝土的新概念。

我们先从现代混凝土技术和过去有多少不同进行分析。

1. 粗骨料

(1) 在 20 世纪 90 年代以前，加工粗骨料的机械采用的是挤压式的工作原理(即锷破式)。这种方式生产出的碎石，针片状含量远大于规范要求，对混凝土的强度影响较大。而现在我们采用的破碎机械，其工作原理是锤击式(即锤破或反击破)。采用这种方式破碎的粗骨料，针片状含量完全满足规范要求，对混凝土强度的负面影响大大降低或者说基本消失。

(2) 过去粗骨料粒径一般用 2～4cm，大于当前高性能混凝土中广泛采用的 1～2cm 粒径。粒径的减小使原来粗骨料颗粒内部的软弱面和节理对混凝土强度的负面影响降低，另外如水灰比的普通降低，水泥强度的升高[①]，也都使水泥石与骨料粘结面，这个薄弱环节对强度的负面影响降低。

(3) 过去的混凝土粗骨料用量较大，一般在 1200kg/m³ 左右，而现在的高性能混凝土其粗骨料用量一般在 1000kg/m³ 左右。粗骨料用量的降低这一因素也使其对混凝土强度的影响程度大大降低。

正是由于以上三个原因的前半部分，过去粗骨料的自身因素对混凝土强度的影响很大。同样正是由于以上三个原因的后半部分，在现代混凝土中，符合规范要求的粗骨料，其自身因素对混凝土强度的影响程度降低，甚至找不到影响。在这种情况下，旧混凝土理论中认为骨料的自身强度对混凝土强度有决定性影响的这一说法，显然和现代混凝土的实际情况不相符。

2. 水灰比

在 20 世纪 90 年代以前，由于施工工艺的落后、高效减水剂未投入使用等原因，我们在工程中实际使用的混凝土，其水灰比极少有小于 0.4 的。当水灰比大于 0.4 时，水灰比越大强度越低的规律是准确的。但现在，当高效减水剂投入使用、各种新的矿物掺合料被大量使用，水灰(胶)比小于 0.4 的混凝土被广泛用于工程中，降低水灰比并不能使强度明显提高。所以，水灰比这一上百年来的理论，就明显不适用于现代混凝土了。

3. 水泥用量

20 世纪 90 年代以前，工程中使用的基本上是 C30 以下的混凝土。那时候 C30 被人们认为就是高标号混凝土，要提高混凝土强度，用增加水泥用

---

① 按冯中涛教授的意见修改。

量的办法是有效的，而且这一方法也被认为是我们混凝土科学里的一个重要规律。而现在，C40 以上的混凝土在工程中的用量已远大于 C30 以下的混凝土。在建筑物中的重要结构，如板、梁、柱等，已基本上不使用 C30 以下的混凝土了。如前文所说，用增加水泥用量的办法来提高强度，对 C40 以上的混凝土就不适用，也就是说，这一用了上百年的方法，显然和现代混凝土的实际情况不相符。

4. 水泥细度

20 世纪 90 年代以前，由于受水泥生产技术落后的局限，水泥的细度很难被磨至 300m^2/kg 以上。而现在，随着机械工业技术的不断发展，我国现在 42.5$^\#$水泥的细度一般为 350～380m^2/kg，52.5$^\#$水泥的细度一般在 380m^2/kg 以上，有的甚至超过了 400m^2/kg。用提高水泥细度的方法来提高水泥标号，是过去水泥学科的一个基本规律。而现在，当水泥的细度达到 420m^2/kg 以上时，再提高水泥细度，水泥的强度不但不会进一步提高，反而有下降的趋势。所以，这一方法也不适合现代混凝土的实际情况。

总之，现代混凝土和过去相比，强度越来越高了，裂缝越来越严重得无法治愈了，徐变越来越小了，自愈合能力越来越差了，等等，和三十年前的混凝土产生了极大的差别。

5. 其他

在混凝土方面，高性能混凝土的大量应用，泵送的大量应用，大掺量粉煤灰的应用，高效减水剂的应用；水泥工业方面，闭路磨的使用，细度的大幅度提高，高效选粉机和助磨剂的使用等，都使混凝土技术有了彻底的改变。

大家可以看出，当前混凝土理论之所以出现以上的混乱，出现不同的说法，主要原因是我们没有把 20 世纪 90 年代以前的混凝土和现在的混凝土分开，而这两者在性能和规律等方面的区别非常大。我们目前混凝土科学界的现状是，有时候我们把 20 世纪 90 年代以前的理论套用到现代混凝土上；有时候又把对现代混凝土的研究成果套用到旧混凝土的理论体系中。比如，我们现在的规范还在沿用老的说法，即提高砂率会使混凝土强度降低。可事实上现在的高性能混凝土，适当提高砂率时强度并不明显降低；

其他问题也是类似。一个大学材料专业的毕业生，走上工作岗位后发现在课堂上学到的混凝土理论与实际完全不同；一个研究者用老的理论指导自己的研究工作，发现结论偏差很大，这就使许多混凝土工作者无所适从。

正是由于以上原因，作者提出了"第二阶段混凝土"的概念。

从水泥发明和混凝土使用到今天近二百年来，混凝土科学的发展可以分成两个阶段。20 世纪 90 年代以前为第一阶段，这以后就是作者现在提出的"第二阶段"；从强度概念上讲，第一阶段混凝土是指 C40 以下的混凝土，第二阶段则为 C40 以上；从水灰比概念上讲，第一阶段是指水灰比大于 0.4 的混凝土，第二阶段则小于 0.4；从外观上讲，第一阶段主要是干硬性、半干硬性和塑性混凝土，第二阶段主要是大流动性的高性能混凝土；另外还有泵送，大掺量粉煤灰，高效减水剂等。第一阶段和第二阶段，在规律和性能上，差距是十分巨大的。过去的旧理论和旧公式，是在混凝土发展的第一阶段总结的，所以它只适应第一阶段，也只能指导第一阶段的混凝土，也就是强度小于 C40、水灰比大于 0.4、大部分为 20 世纪 90 年代以前的混凝土。而对于第二阶段混凝土，我们需要重新研究总结其不同的规律，用不同的理论来指导它的发展。还有一点要说的是：第二阶段混凝土的概念有别于我们当前混凝土学科中所提出的"耐久性混凝土"和"高性能混凝土"。后两者虽然都是针对第二阶段混凝土提出的，但它们之间有本质的区别。第二阶段混凝土是针对混凝土的基础理论研究提出的。高性能混凝土是针对第二阶段混凝土自身性质和特点提出的；耐久性混凝土是专门针对现代混凝土寿命变差提出的。

15.3　三阶段假说[①]的提出

那么第二阶段混凝土的规律是什么？作者近十年来查阅了大量的科技文献资料，对近些年来的大量科研成果重新进行归类研究，发现尽管第一阶段混凝土的理论不适用于第二阶段混凝土，尽管学术界出现了许多尖锐对立的学术观点，但混凝土内在的、根本的规律没有改变。这个原理，就是作者在本章中要提出的"混凝土的三阶段假说"。它的根据何在？下面

---

① 　按宋少民教授的意见修改。

举例进行说明。

1. 水灰比

如前文所说，当水灰比大于 0.4 时，随着水灰比的降低，强度成比例地提高。当水灰比为 0.3～0.4 时，降低水灰比并不能使强度明显提高。此时水灰比与强度的关系变得复杂，虽然还保持水灰比越大强度越低的基本关系不变，但此时强度不仅仅是与水灰比有关，而且与混凝土中的其他因素有更加密切的关系。

当水灰比进一步降到 0.3 以下时是什么情况呢？我们知道，水泥水化时需要的水灰比大约是 0.22，所以，如果水灰比降为 0.1，混凝土必然会因为水泥水化缺水而强度下降，我们可以进一步设想，如果我们不加水，水灰比是 0，此时混凝土的强度也必然是 0，所以，我们认为，从理论上讲，水灰比从 0 上升到 0.22，随着水灰比的升高，强度必然也是不断升高，我们综合其他因素就可以认为，水灰比从 0 上升到 0.3，强度也从 0 上升到最大。我们总结以上说法，水灰比从 0 上升到 0.3，强度和水灰比成正比，即水灰比越大，混凝土的强度就相应越高；当水灰比为 0.3～0.4 时，此时水灰比与强度的关系变得复杂，但保持水灰比越大强度下降的基本关系；当水灰比进一增加到 0.4、0.5 或更大时，由于在满足完水泥水化所需要的水分后，混凝土中存在许多多余的水，此时水灰比就符合鲍罗米公式，和强度变成反比关系，即水灰比越大，混凝土的强度就越低。我们把这个规律总结为如图 15-1 所示的形式。

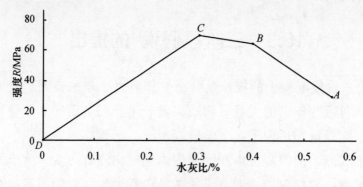

图 15-1　水灰比与强度关系图

2. 水泥用量与强度的关系

如前文所说，对 C40 以下的混凝土，增加水泥用量，强度就成比例提高；当强度为 C40～C60 时，增加水泥用量强度就不会明显提高，水泥用量与强度的关系变得复杂，虽然还保持水泥用量越大强度越高的基本关系不变，但此时强度不仅仅是与水泥用量有关，而且与混凝土中的其他因素也有更加密切的关系；当强度在 C60 以上时，混凝土强度已经与混凝土中的其他因素建立了密切关系，与水泥用量的关系已经很弱了，增加水泥用量，强度就有下降趋势。我们把这个规律总结为如图 15-2 所示的形式。

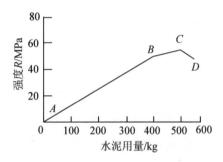

图 15-2　水泥用量与强度关系图

3. 水泥细度与水泥强度的关系

如前文所说，当水泥的细度在 380m²/kg 以下时，提高水泥细度就会使水泥强度成比例提高。当水泥的细度为 380～420m²/kg 时，提高水泥细度，水泥强度不会有明显的提高。当水泥的细度在 420m²/kg 以上时，水泥的强度不但不会进一步提高，反而有下降的趋势。我们把这个规律总结为如图 15-3 所示的形式。

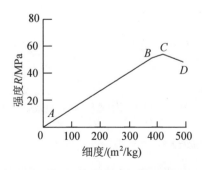

图 15-3　水泥细度与强度关系图

4. 引气量与坍落度的关系

当引气剂掺量和其他条件一定时，坍落度越小，混凝土的含气量就越小。当坍落度在 5mm 以下时(干硬性混凝土)，引气十分困难，含气量一般在 2%以内；当坍落度在 5～20mm 时(塑性混凝土)，引气由难变为相对容易，含气量一般为 2%～8%；当坍落度在 20mm 以上时 (流动性混凝土)，引气变得非常容易，这时含气量的大小已经与坍落度找不到关系了，我们把这个规律总结为如图 15-4 所示的形式。

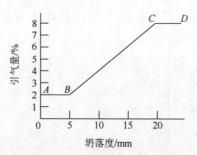

图 15-4　引气量与坍落度关系图

5. 粉煤灰掺量对抗折强度的影响

有人研究，当粉煤灰掺量达到 20%时，抗折强度达到最高。之后随掺量的增加抗折强度虽然还在增加，但增加的幅度开始降低，超过 35%后明显地降低。我们把这个规律总结为如图 15-5 所示的形式。

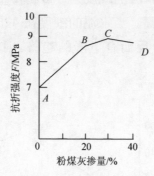

图 15-5　粉煤灰掺量与抗折强度关系图

6. 砂率与坍落度的关系

当砂率在 38%以下时，提高砂率就会使坍落度大幅度提高。当砂率为

38%～44%时，提高砂率而坍落度的提高不明显。当砂率进一步提高到44%以上时，坍落度不再提高。我们把这个规律总结为如图 15-6 所示的形式。

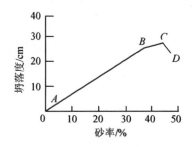

图 15-6　砂率与坍落度关系图

7. 水灰比与混凝土泌水的关系

当水灰比大于 0.5 时，混凝土泌水量在施工现场表现为只与水灰比有密切关系，泌水量完全可以与水灰比建立较准确的数学线性关系式，而此时水泥、温度、环境风速、空气相对湿度等因素对泌水量的影响力较小。当水灰比继续降低，从 0.5 降到 0.4 时，泌水量虽然也随着水灰比的降低而降低，但此时水泥、温度、环境风速、空气相对湿度等因素对泌水量的影响力，已经到了和水灰比同等的地步了。当我们进一步将水灰比从 0.4 降到 0.3 时，混凝土泌水量已经和水灰比找不到关系了，也就是说，此时水灰比对混凝土泌水的影响，已经小到可以忽略不计的地步了。我们把这个规律总结为如图 15-7 所示的形式。

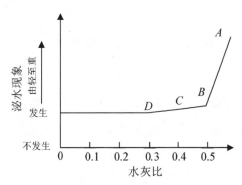

图 15-7　水灰比与泌水关系图

8. 水灰比与裂缝的关系

当混凝土的水灰比大于 0.5 时，随着水灰比从 0.5 上升到 0.6、0.7 时，裂缝产生的可能性越来越大，裂缝产生的严重程度也越来越大。相反，当水灰比从 0.7、0.6 降至 0.5 时，混凝土产生裂缝的可能性及裂缝的数量就会大大降低。尽管我们认为，在混凝土中，影响裂缝产生的因素有很多(如水泥、温度、配合比、钢筋密集程度等)。但我们发现，在此阶段，裂缝与混凝土中其他因素的关系小到了完全可以忽略不计的程度，只与水灰比有密切的相关性，可以建立一个较为准确的线性数学关系式，对它们进行相互表达。水灰比为 0.5～0.4 时，裂缝与水灰比的关系比较复杂，特别是混凝土中其他因素对裂缝的影响已经变得十分重要了，当水灰比降至 0.4 以下时，裂缝已不再与水灰比有明显的关系，而变为与混凝土中的其他因素有明显关系。随着水灰比的降低，裂缝产生的可能性不再是减少，反而有增加的趋势。我们把这个规律总结为如图 15-8 所示的形式。

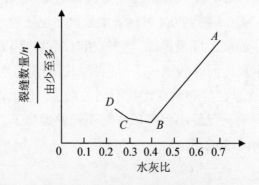

图 15-8　水灰比与裂缝数量关系图

另外，本书第 5 章砂率与含气量的关系(见图 5-4)，维勃稠度与含气量的关系(见图 5-5)，混凝土性质与引气剂作用的关系(见图 5-6)，第 6 章图 6-3～图 6-11 等都和以上所列的这 8 个关系的原理类似，在此不再列举。我们总结以上的规律发现，不论是水灰比与强度的关系、水泥用量与强度的关系、水泥细度与水泥标号的关系、抗压与抗折强度的关系等，都分为三个阶段。第一阶段为相关性很好的线性关系，第二阶段较复杂，但保持第一阶段关系的性质不变。第三阶段和第一阶段就可能相反，这就是本文要重点提出的混凝土的"三阶段"理论。我们进一步抽象这一规律，把引起混凝土性能的某种变化的原因称为元素 x，把性能变化称为结果 y，如水灰比就是元素 x，它的变化引起强度的变化就是结果 y。那么元素 x 引起结果 y 的变化，在混凝土中就分为三个阶段：在第一阶段它们呈准确的正比或反比关系；第二阶段关系由于 y 值不仅仅是与 x 有关，而是与混凝土中的许多因素有关而变得复杂，但基本保持第一阶段关系的性质不变；在第三阶段它们就变成与第一阶段完全相反的关系，或找不到关系。总结这个规律如图 15-9 所示。也就是说，在混凝土中的两个性能因素(元素 x 和结果 y) 中，开始时随着 x 的变化 y 也在发生线性变化，此时双方的相关性很好，完全可以用一个数学公式进行表达，其他因素对 y 值的影响很小可以忽略不计，相当于图 15-9 中的 AB 段。当 x 变化到 B 点以后，此时的 y 值不仅仅与 x 有关，而是和混凝土中的许多因素有关，虽然还维持其线性关系不变，但和 AB 段相比，相关性变差了。当 x 继续向前变化超过 C 点时，此时混凝土中的 y 值与其他因素关系密切，与 x 值已找不到关系或已经完全相反了，这就是作者斗胆提出的混凝土的"三阶段"原理。这个规律在现代混凝土中普遍存在。

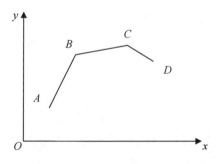

图 15-9　元素 x 与结果 y 的关系图

15.4　原 因 分 析

为什么在混凝土的任意两个相关因素中，我们总能找到一个关系密切区、关系紊乱区和关系相反区，那么混凝土为什么会有这个三阶段原理呢？大家知道，混凝土中有四种主要材料：粗骨料、细骨料、水泥和水，我们暂时称它为四大元素。现在我们做个有趣的设想，人为地去掉这四大元素中的任何一个元素，都会给混凝土的性能带来致命的不良影响。混凝土就会因为缺少这种元素而变得古怪。这时我们把这种元素从零开始又一点点加入到混凝土中，那么随着掺量的增加，混凝土的各项性能就会得到明显的改善，这种因素与混凝土中其他相关因素就表现出密切的线性相关关系，就像图 15-9 中的 AB 段。当这种元素的掺量达到一定的数量后(也就相当于图 15-9 中的 B 点)就达到了某种平衡。此时混凝土的各项性能就不仅仅是只与这一种因素有关，而是与其他元素也有关。因为混凝土是由多种元素组成的。如前所述的水灰比与强度的关系就是这样：我们不加水，水灰比为 0 的时候，混凝土必然是一个松散体，强度必然也为 0。水灰比从 0 上升到 0.3，强度和水灰比成正比，即水灰比越大，混凝土的强度就相应越高，当水灰比为 0.3~0.4 时，此时水灰比与强度的关系变得复杂，但保持水灰比越大强度下降的基本关系，当水灰比进一增加到 0.4、0.5 或更大时，由于在满足完水泥水化所需要的水分后，混凝土中存在许多多余的水，此时水灰比就符合鲍罗米公式，和强度变成反比关系，即水灰比越大，混凝土的强度就越低。这就是作者所提出的"三阶段"的基本原理[①]。

我们进一步比喻说明这个原理：这就如同一个人饿了吃饺子一样，一个人一次能吃 30 个饺子，前 20 个饺子是身体各方面机能最急需阶段，能多吃一个，身体的饥饿状态就会减少一些。这也相当于图 15-9 中的 AB 段。第 20 至 30 个是感觉麻木阶段，也可以说是比较复杂的阶段，身体的各器官有些地方感觉好，有些地方感觉不好，多吃一个不多，少吃一个不少，也相当于图 15-9 中的 BC 段。30 个以后的感觉就恰恰相反，每多吃一个，身体的感觉就会进一步变差，相当于图 15-9 中的 CD 段。混凝土中的原理就和吃饺子一样，分为感觉良好阶段、感觉麻木阶段和感觉相反阶段。比如水灰比与裂缝的关系，当水灰比在 0.5 以上时，随着水灰比的不断降低，混凝土的裂缝就会明显减少，此时水灰比是裂缝产生的唯一主要因素，其他因素也有影响，但都非常小，可以忽略不计。由于在此阶段水灰比和裂缝的关系相关性很好，完全可以总结出一个数学公式来指导混凝土的设计与施工，相当于图 15-9 中的 AB 段。当水灰比从 0.5 继续下降到 0.4 时，裂缝与混凝土中的许多因素都有关系，正如本书第 8 章所说，有 23 种因素对

---

① 按杜靖中高工的意见修改。

裂缝产生影响，与水灰比的关系就变得复杂化，此时在水灰比为 0.5 以上总结出来的数学公式已无法使用，或者说和混凝土裂缝的实际情况对不上，此时相当于图中的 BC 段。当水灰比从 0.4 进一步下降时，此时的混凝土裂缝已与水灰比没有多少关系了，有时甚至出现相反的情况，即随着水灰比的进一步减少，裂缝产生的可能性反而增大了，此时相当于图中的 CD 段。

20 世纪 80 年代以前，由于用于施工的混凝土基本上是大水灰比的，水泥的 28 天强度和现在相比比较低，影响混凝土强度的主要因素最明显的是水灰比。其他因素对强度也有影响但较小，有的甚至可以忽略不计，相当于图 15-9 中的 AB 段，所以，1930 年，瑞士学者鲍罗米总结出了强度与它主要的影响因素水灰比的关系式 $f_{28}=Af_{28-1}(C/W-B)$（式中 f_{28} 为混凝土的 28 天强度，f_{28-1} 为水泥的 28 天强度，C/W 为灰水比，A 和 B 为与骨料强度有关的经验常数）。二十年前，我们用这个公式在施工现场推算 28 天强度，和实际相比，相关性还很好。现在，影响 C40 以上的现代混凝土 28 天强度的因素，根据作者在现场总结，大约有十几条。很难断定，哪一条是主要因素，哪一条是影响较小的次要因素，哪一条可以忽略不计，也很难找出一个能用数学公式表达的规律，用来指导我们的施工和设计，因为我们的混凝土技术的发展已经到了 BC 段，每个工地的规律都有所不同，没有共性可找。

比如水泥用量与强度的关系，混凝土中的水泥用量从 0 加到 200kg，混凝土中的抗压强度、抗折强度、抗渗透性、抗冻性、抗开裂能力等任何性能，都会随着水泥用量的提高而大幅度提高，此阶段也可以认为是混凝土对水泥这个元素需求的"饥饿"阶段，每增加 1kg 水泥用量，混凝土各方面性能的"饥饿"感就会得到大大改善。此时建立一个线性数学关系式，相关性就非常好。但当水泥用量进一步增加，从 300kg 增加到 400kg 以上时，情况就变得复杂起来，有时候抗压强度增加了，但抗折强度并不增加，反而下降了，抗渗透能力或抗开裂能力也下降了。水泥用量从 400kg 进一步加到 500kg，当混凝土中的其他因素不变的情况下，强度已经不再增长了，甚至出现了短暂下降趋势。这就是作者本文所提出的三阶段原理的根本所在。

在混凝土中，任何元素 x 和结果 y 的关系，绝不是固定的，而是不断发展变化的，其关系式的存在是有一定条件的。当条件发生了从量变到质变的变化，这种关系式也就发生了质的变化，这就是我们混凝土学科最根本的一条规律。我们前面说过，混凝土中的粗骨料、细骨料、水泥和水四大主要因素，现在加上外加剂和矿物掺合料共有六大主要元素。这六个元素在混凝土中存在着互相需要又互相矛盾的依存关系。任何一个元素的过多或过少都会使混凝土的性能产生与这种元素强烈的相关关系，只有达到某种平衡(相当于图 15-9 中的 B 点和 C 点)以后，这种关系才会产生新的变化。尽管这种平衡不一定就是我们想要的或者说理想中的平衡，但这种平衡决定了此时混凝土的全部性能。当混凝土中的一种材料或多种材料在这种平衡下缓慢变化，这种平衡并不被立即破坏，就相当于图 15-9 中从 A 点到 B 点的变化、从 B 点到 C 点的变化。当这种变化达到一定程度，就会因量变引起质变，旧的平衡被打破，产生了新的平衡。一般在混凝土中，新的平衡相对旧的平衡，可能把旧平衡中的一些缺点(也就是人们不喜欢的一些混凝土性能)给改善了，但同时也会自然而然地产生新的缺点。混凝土中，六个元素中的任何一个元素从开始的无到有的变化和从有到多的变化，对混凝土相关性能的影响是完全不同的。

从量变到质变是唯物主义哲学的一个基本原理，显然它用在混凝土的科学研究中也是非常适宜的。在 20 世纪 90 年代以前，混凝土的强度一般在 C40 以下，水灰比在 0.4 以上，水泥细度一般在 $350m^2/kg$ 以下，水灰比、强度、水泥细度等主要因素对混凝土性能的影响都处在 AB 段，也可以称为第一阶段，所以作者把那时的混凝土称为第一阶段混凝土。而现在以上三种元素对混凝土性能的影响都处在 BC 段，也可以称为第二阶段，这就是作者把现代混凝土划分为第二阶段混凝土的原因。

总之，相对第一阶段混凝土，第二阶段混凝土更复杂，其规律更难寻找，主要原因在于第二阶段混凝土中的各种因素对其性能的影响都处于相对饱和阶段。在第一阶段，许多混凝土的因素与结果的关系都是简单的线性关系。而在第二阶段，许多混凝土的因素与结果的关系已经完全复杂化了。比如泌水，在第一阶段，泌水量的大小几乎只与水灰比有明显关系；而在第二阶段，作者发现有 11 种主要因素在影响泌水。水灰比、水泥的标号及化学成分、矿物成分含量、空气的相对湿度、大风、高温等，几乎涵盖了影响混凝土的全部内在和外在因素。在第一阶段，影响混凝土裂缝的主要因素只有水灰比，而在第二阶段，影响裂缝的因素王铁梦教授说主要有 18 种。作者找到了 23 种。由于其影响因素过多，以致裂缝成为第二阶段混凝土的"癌症"。

15.5　三阶段理论对现代混凝土研究的科学意义

三阶段理论对现代混凝土研究的指导意义是显而易见的，作者认为主要有以下几个方面。

1. 鲍罗米公式问题

在混凝土科学的发展历史上，鲍罗米公式一直是学科里最重要、最权威的一个公式。$f_{28} = Af_{28-1}(C/W - B)$ (式中，f_{28} 为混凝土的 28 天强度，f_{28-1} 为水泥的 28 天强度，C/W 为灰水比，A 和 B 为与骨料强度有关的经验常数)，也一直被许多人认为是"不可改变的"，但近些年来，关于它在现代混凝土环境下还有没有使用价值？是不是已经过时？学术界争论不休。用三阶段原理来分析，这个问题实际就能很容易得出结论。在 20 世纪 80 年代以前，高效减水剂没有出现，工程中实际使用的水灰比基本上都大于 0.4，对于水灰比大于 0.4 的混凝土，鲍罗米公式是适应的，水灰比和强度成反比是成立的，公式本身也是在那个技术环境下总结出来的；而对于现代混凝土，水灰比和强度的关系处于第二阶段，在工程中使用鲍罗米公式，必然会出现很大的偏差或错误。所以，我们便会很快得出结论，鲍罗米公式已经不适应现代混凝土了。我们总结这个规律如图 15-10 所示。

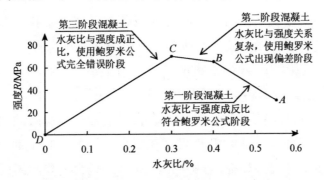

图 15-10　水灰比与强度不同阶段关系图

过去，由于缺乏正确的理论指导，致使我们对同一问题的研究常常得出不同的、甚至是相反的结论，主要原因是双方试验的条件和区段不同。比如对元素 x 引起的结果 y 的变化，有的是在 AB 段进行实验，有的在 BC 段，有的甚至在 CD 段，结果自然而然就会得出不同或者相反的结论，大家都有试验数据谁也说服不了谁，以致形成了不同的"学术观点"和"流派"。还有许多科研成果和结论，它们仅仅是在 AB 段或 BC 段得出的，而完全忽略了同一问题在其他阶段的情况，其片面性是显而易见的。以上这一切都必须用三阶段的原理重新整理和认识。

2. 对解决学术界的许多争议有理论指导意义

混凝土是否应向高强方向发展？标号越高的混凝土是否耐久性也越高？在这些重大前沿科技问题上，学术界目前存在很大争议。根据三阶段理论作者认为：C40 以下的混凝土，随着强度的提高，耐久性也会越好；C40～C60 的混凝土，耐久性的提高不明显；C60 以上的混凝土，随着强度的提高，耐久性就有可能下降。其他类似问题不再列举。

3. 对正确推广新技术、新材料有理论指导意义

正如上文所说，从量变到质变是混凝土的基本原理，任何元素对混凝土性能的影响都分为三个完全不同的区段。所以，任何新材料、新技术，对混凝土性能的影响都有其适应的条件和范围，都不会是一成不变的，都不会永远只有好处没有坏处，这应是我们在发明和使用新材料和新技术时的理论原则。对混凝土性能的影响在 AB 段是正影响，在 BC 段情况不明，在 CD 段又可能出现了负影响。如果我们发明了一个新材料、新技术，只讲其优点不讲缺点或不指出其正确的使用范围，就会给我们改善混凝土的性能带来很大的盲目性，甚至致命的不良影响。如本书第 5 章所讲的引气剂对抗冻性能的影响；第 7 章讲的纤维对防止塑性裂缝的作用等，都有其适用范围。正因为没有讲清其适用的范围，就引发了专家学者极大的争议。所以，任何新材料新技术都必须有正确的使用方法，都必须明确告诉使用者，它的 B 点在哪里，C 点和 D 点又在哪里。比如，膨胀剂作为防止裂缝的技术，在使用时就必须提出条件和范围。如是否需要潮湿的环境，所用水泥的 C_3A 含量是否要高、比表面积是否要大等，而水库大坝等大体积混

凝土，使用的水泥大部分为中热或低热水泥，其 C_3A 含量和比表面积都较低，在这样的环境下使用膨胀剂是否能帮助解决裂缝问题？甚至说会不会走向反面？同样，碱骨料反应的问题也存在类似情况，既然水是碱骨料反应发生的必要条件，那么是否可以对不具反应条件的构筑物，如房屋和桥梁的地面以上部分，或我国西部的干旱地区构筑物放宽条件，以增加我们工作的科学性并节省国家的财力和物力。

4. 对混凝土科学技术的快速发展有指导意义

当前，混凝土的发展已处于第二阶段，也就是说，现代混凝土是第二阶段的混凝土，混凝土中任何元素 x 和结果 y 的关系都变得更复杂，规律更难寻找。所以，寻找适合第二阶段混凝土的新公式、新规律是当前的迫切任务。

从三阶段原理我们知道，AB 段的 B 点是最有特点、最关键的一点。当我们企图通过改变元素 x 来改变结果 y 时，在 B 点以前，相关性很好，效果显著；过了 B 点就变得困难或者说敏感性差了，得不偿失了。比如我们用增加水泥用量的办法提高强度，在 C40 以前，效果非常显著，在 C40 以后，用这种办法就变得很困难了，不经济了。而此时，采用其他办法(加入粉煤灰等)就变得又经济、又省力，达到了事半功倍的目的。所以，B 点表示的值实质上就是混凝土的最佳值，寻找和确定它，是今后我们混凝土科研的一项最重要的工作。

总之，只要我们掌握了混凝土的三阶段原理，将三阶段中的 AB 段、BC 段和 CD 段分开来讨论分析，分别得出适应于各阶段的结论和公式，我们的理论和实际的差距就会大大缩小。我们的混凝土科学事业才能沿着正确的道路快速地前进！

15.6　结　束　语

本章的核心思想是，混凝土中只有相对真理没有绝对真理，任何公式和结论都有适用范围。在现代混凝土学科中，甚至有些谬误都有可能在实验室找到根据，任何真理都可能在工程实践中找到反证。真理和谬论也不是永恒的，这就是混凝土最大的辩证法。一种思想和理论，一个公式，在一定的时间和条件下，在混凝土科学发展到一定的阶段中，是正确的，在另一个阶段，另一个时间和条件下，就有可能变成错误的！尤其是在现代混凝土中，这个现象已经成为混凝土学科的一个普遍规律。我们近二百年来对混凝土的研究，用一个中国成语来形容再恰当不过了，那就是"盲人摸象"。而混凝土这个象太大了，你要把它全部摸清，靠一个人一生之力，可能性太小了。如果你运气好，摸到的是象的主要部位，那你的科研成果适应性更好一些，使用的范围更大一些；如果你运气差，摸到的是象的脚后跟，那你的成果可能就变成特殊又特殊的"个案"了(作者怀疑，碱骨料反应和钢纤维混凝土可能就是象的脚后跟)。别人说你不对，你能找出根据说对；别人说你对，到许多工地上用，却分明不对，我们混凝土科技界就经常上演这戏剧性的一幕。所以对任何一个公式，任何一种说法，提出正确的适用范围，是这个经验学科的特点和根本规律。

作者企图用如此小的篇幅，来描述对混凝土科学革命性的改变，是幼稚和可笑的。作者一再声明，自己属于抛砖引玉。要完成新的混凝土理论革命，不是个人力量所能为之事。在这里只是提出个人思路和想法而已，错对掺半难免。但我们现在是到了对基础理论进行整理和改变的时候了。

相同及相似观点

关国雄教授(中国香港)的观点

水胶比的影响：对于给定的胶凝材料(或水泥和其他胶凝材料的混合物)，混凝土的强度会随着水胶比的降低而提高，直至在某一个最优水胶比时达到其最高强度；当超过最优水胶比后，随着水胶比的进一步降低，混凝土的强度反而会下降。最优水胶比与胶凝材料的填充密度关系密切，因为最优水胶比发生在水刚好足够填满胶凝材料间空隙的时候。如果我们能够提高胶凝材料的填充密度，那么需要用来填满空隙的水量将会减少，从而可以降低最优水胶比。而最优水胶比的下降是可以使混凝土的强度提高，孔隙率降低的。

砂率的影响：现在有一种趋势，是将砂率提高到 0.45 或 0.50。有时，对于自密实混凝土或泵送混凝土，我们甚至将砂率提高到 0.55。较高的砂率是可以提高混凝土的通过性(passing ability)和泵送性(pump ability)的。其实，将砂率提高到 0.50 或 0.55 并没有特别的坏处。但有一个不好的地方，就是当砂率超过可以令骨料填充密度达到最大的最优砂率值时(一般来说，最优砂率值为 0.40)，骨料的填充密度会有所下降，从而需要更多的水泥浆体来填满骨料间的空隙。而水泥浆体的增加，会对混凝土的尺寸稳定性(亦称为体积稳定性)产生负面的影响，由此产生的早期温度裂缝以及长期干缩裂缝的风险都将增大，这将影响混凝土结构的适用性和耐久性。我个人的建议是，通过优化细骨料的粒形和粒径分布来使整体骨料的填充密度达到最大(当细骨料的量多于需要用来填充粗骨料间的空隙，即细骨料的影响占主导地位时，整体骨料的填充密度是由细骨料的填充密度所支配的)。一些在深圳的骨料生产商已经采用巴马克立式冲击破碎机来生产粒形更好的碎石细骨料以及利用风力筛选机来控制细骨料的颗粒粒径分布。上述所说的碎石骨料可称之为机制砂。而使用机制砂可以减少浆体体积，从而提高混凝土的尺寸稳定性以及减少混凝土生产的碳足迹。

不同观点

蒋元海教授的观点

我做 C80 管桩 20 多年，水灰比为 0.25～0.3 时，混凝土强度仍在提高。

作者自辩

作者所说的水灰比为 0.4 时的变化，只能理解为叙述上的方便，使读者能简单明了这种规律。不是指所有不同类的工程一定会在水灰比为 0.4 时，其与强度的关系就发生变化，不同类型的工程甚至同一类型的工程，不同的时间、不同的工地都会有变化，都会不一样。如蒋教授所说，管桩工程，水灰比为 0.25～0.3 时，混凝土强度还在提高，我认为是很正常的。但我相信，就以管桩工程为例，水灰比进一步从 0.25 下降到 0.1，混凝土强度肯定是下降的，这就是说不同的工程变化的点是不一样的。

参 考 文 献

[1] 吴中伟，廉慧珍. 高性能混凝土[M]. 北京：中国铁道出版社，1999.

[2] 陈肇元. 混凝土结构耐久性设计与施工指南[M]. 北京：中国建筑工业出版社，2005.

[3] 乔龄山. 硅酸盐水泥的现代水平和发展趋势[J]. 水泥，2002(10).

[4] 覃维祖，杨文科. 关于纤维混凝土应用的讨论[J]. 混凝土，2004(12).

[5] 覃维祖. 混凝土性能对结构耐久性与安全性的影响[J]. 混凝土，2002(6).

[6] 覃维祖，混凝土的收缩开裂及其评价与防治[J]. 混凝土，2001(7).

[7] 王铁梦，工程结构裂缝控制[M]. 北京：中国建筑工业出版社，1997.

[8] 冯乃谦. 实用混凝土大全[M]. 北京：科学出版社，2005.

[9] 文梓芸. 混凝土工程与技术[M]. 武汉：武汉理工大学出版社，2004.

[10] 洪雷. 混凝土性能及新型混凝土技术[M]. 大连理工大学，2005.

[11] 黄士元. 21 世纪初我国混凝土技术发展中的几个重要因素[J]. 混凝土，2002(3).

[12] 吴初航等. 水泥混凝土路面施工及新技术[M]. 北京：人民交通出版社，2000.

[13] 黄云海. 水泥混凝土强度应注意的几个影响因素[M]. 大众科技.2004(10).

[14] 何锦云等. 砂率对砼和易性及强度影响的试验研究. 河北建筑科技学院学报.2002(4).

[15] 汪澜. 水泥混凝土组成性能应用[M]. 北京：中国建筑工业出版社，2005.

[16] [英]A.M.内维尔著.李国祥等译.混凝土的性能[M]. 北京：中国建筑工业出版社，2010.

[17] [美]Steven H.Kosmatka 等著. 钱觉时等译[M]. 混凝土设计与控制.重庆：重庆大学出版社，2005.

[18] 严家及. 高等学校教材[M]. 道路建筑材料. 北京：人民交通出版社，2001.

[19] 徐福纯等. 浅谈混凝土强度与水灰比的关系[J]. 水利天地.2002(6).

[20] 钱晓倩等. 减缩剂、膨胀剂、减水剂与混凝土抗裂性[J]. 混凝土与水泥制品. 2005(1).

[21] 尹辉. 混凝土膨胀剂及其应用[M]. 山西建筑. 2004(12).

[22] 游宝坤. 膨胀剂对高性能混凝土的裂缝控制作用[M]. 建筑技术.2001(1).

[23] 傅智. 水泥混凝土路面施工技术[M]. 上海：同济大学出版社，2004.

[24] 杨文科，韩民仓. 关于我国当前纤维混凝土研究与使用中的问题和误区[J]. 混凝土，2004(6).

[25] 杨文科，冀鹏. 混凝土泌水问题研究探讨[J]. 机场建设，2005(4).

[26]肖佳等. 粉煤灰、硅灰对水泥胶砂性能影响的试验研究[J]. 混凝土，2003(8).

[27] 杨文科，水泥混凝土裂缝产生的原因分析[J]. 混凝土，2004(5).

第 16 章

吐鲁番民用机场水泥混凝土道面
失水裂缝试验研究总结报告

作者把一个完整的，对失水裂缝的试验研究总结报告作为本书的最后一章，目的是让读者了解作者在取得任何一个科研成果时所采用的基本的工作思路和方法，以便读者对成果进行检查和质疑。因为在前 15 章的论述中，多次采用了本次试验研究的成果。

一般情况下，只有当自己的工程师团队对同一技术问题出现较为严重的意见分歧时，才进行这种规模较大的试验。把意见不同的工程师们招集在一起，对同一问题进行试验，可以更准确地得出正确的结论。

本次对吐鲁番民用机场水泥混凝土道面失水裂缝的试验研究，其原因就是作者同自己团队的工程师郑鹤、王昭、李建举等，在聚丙烯和聚酯类纤维对防止塑性裂缝的作用上，观点出现了严重的不同甚至对立。通过这次试验，大家取得了对这一技术问题的共识。

16.1　试验的意义与目的

在当前，混凝土裂缝问题的研究已成为世界混凝土科技界最前沿、最热门的问题。在房建、桥梁、道路等行业，科研人员都在寻找可靠的、行之有效的解决办法。

对于民航机场飞机跑道，混凝土道面的裂缝和断板是影响机场跑道寿命和飞行安全的最大因素之一。每年，我们都有些的机场，因为混凝土道面发生裂缝、断板、错台及掉边掉角等原因而不得不花费大量人力、物力进行大修，甚至停航。因此，应该引起我们每个机场工程建设者的高度关注。

在学术界，科学工作者根据裂缝产生的不同原因分为多个种类，有干缩裂缝、失水裂缝、温度裂缝、受力裂缝等，这些裂缝在不同的混凝土工程中有不同的体现，也就是说，对不同的工程类型其危害程度各不相同。经过我们多年来的研究发现，对机场跑道而言，失水裂缝的危害是最大的。

裂缝产生的原因牵涉到设计、施工工艺、混凝土的原材料及配比、气候环境这个混凝土大系统中的诸多因素，十分复杂，想根治十分困难。所以说，我们必须针对每个具体的工程条件，进行具体的研究，才能找到解决工程中的问题的具体方法。

本次吐鲁番机场建设工程对失水裂缝的防治研究就是根据吐鲁番机场

建设工程实际情况提出的。由于吐鲁番有着和全国完全不同的、特殊的自然环境，所以，从建设一开始，民航界领导和工程技术人员就对吐鲁番机场失水裂缝的防治工作十分重视，也十分担心，认为这是本次机场建设成败最关键的技术核心问题。本试验就是在这种前提和背景下进行的。

16.1.1　试验的意义

在吐鲁番机场进行干缩裂缝的研究有着十分重要的意义。这些重要意义主要表现在以下几个方面。

1. 全国甚至全世界少有的自然环境

吐鲁番地区属典型的温带大陆性气候，该地区干燥少雨，年均降雨量仅 16mm，年蒸发量却达到 2000mm 以上；夏季高温多风，经常有十级以上的特大风，我国著名的百里风区就在附近；地面最高温度可达 80℃以上，太阳光辐射强；夏季空气相对湿度经常在 20%以下。以上这四个环境条件都是混凝土失水裂缝发生的最重要的外部条件，这样严峻的外部条件，在全国甚至全世界都是绝无仅有的。北京和西安的年均降雨量均在 500mm 以上，年蒸发量在 300mm 左右；夏季空气相对湿度晴天经常在 60%以上，阴雨天一般在 70%以上，这样对比就可以看出，吐鲁番机场的条件是多么严酷。任何混凝土工程在这样的环境下，其裂缝产生后的结构耐久性和使用安全性，都会受到严峻考验和挑战。而这样的干旱和高温条件，又使水泥的水化大幅度加速，又从内因上加大了失水裂缝发生的可能性和严重性。给混凝土的弯拉强度及耐久性带来严重的不利影响，因此本次试验对整个机场下一步的道面施工具有重大的指导意义。

2. 可促进混凝土科学技术的进步

该地区环境对混凝土的抗渗、抗冻甚至弯拉强度及耐久性的损坏是最严重的。可以这样说：如果我们的混凝土结构在这样的环境下，在失水裂缝的作用下是安全的，那么在其他任何地方应该都是绝对安全的。所以，在这样的环境中取得的任何裂缝研究方面的科研成果，都应具有权威性。因为对混凝土裂缝研究来说，这样严峻不利的外部条件是十分难找的。所以，在这里进行失水裂缝的科研试验当然有里程碑式的意义。通过本次吐鲁番机场的工程实践和研究，我们会对失水裂缝发生的机理、对工程的最严重的危害程度等有一个明确的认识。对混凝土的技术进步有一个很好的补充。

3. 能指导我们建设一个质量最好、耐久性最高的工程

由于以上的原因，在吐鲁番机场的建设过程中，发生失水裂缝的可能性要比全国其他机场大几倍甚至几十倍；其严重性也同样比全国其他机场大几倍甚至几十倍。我们一直认为，建设吐鲁番机场最大的技术难题就是混凝土失水裂缝问题，是本次机场能否成功建成的关键问题。所以做好这次试验研究工作，对指导我们施工和验收工作有十分重要的意义。

16.1.2　试验的目的

(1) 找出炎热地区混凝土道面施工对混凝土的质量会产生哪些不良影响。

(2) 研究解决热天混凝土浇筑带来的不良后果和寻求最佳的施工方法以及各种材料的掺配方案。

(3) 收集在热天混凝土施工的相关技术数据和参数，为下一步大面积混凝土施工提供可靠的技术依据。

(4) 对混凝土配合比的合理性进行检验。

(5) 检测混凝土强度能否满足设计要求。

16.2　试　验　方　案

16.2.1　失水裂缝产生的时间、大小、形状和性质

如上所述，混凝土的裂缝分为好几种。其中失水裂缝是指混凝土在进入模板，由塑性阶段，到包括在终凝前后的一段时间里所产生的裂缝，叫失水裂缝。此时由于混凝土由塑性阶段向固体阶段转化，所以有人也把这一阶段混凝土产生的收缩叫塑性收缩，把由此产生的裂缝叫作塑性裂缝。大家知道，混凝土凝固的过程就是收缩的过程，此时水泥颗粒的水化大部

分才刚刚开始，而水化要消耗混凝土中的自由水，如果此时混凝土中自由水消耗的过快或者说超过了一个临界值，混凝土表面就由于抵挡不住过大的拉力而产生开裂，这就是失水裂缝产生的内因；另外如果此时混凝土受外界环境高温、大风和空气相对湿度过低等因素影响，其表面的自由水也同样会大量蒸发，也同样会使混凝土表面抵挡不住过大的拉力而产生开裂，从而引起裂缝的产生，这就是失水裂缝产生的外因。图 16-1～图 16-3 所示的照片，是作者在全国各工地拍摄的典型的失水裂缝。小的只有几厘米长，最深一般不超过混凝土板厚的三分之一；大的可以有一两米长，甚至可以贯穿整个构件，形成断裂。发生的时间主要集中在混凝土塑性阶段。

图 16-1　河北某机场混凝土失水裂缝

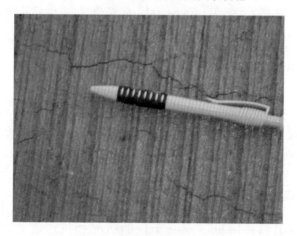

图 16-2　新疆某机场失水裂缝

图 16-3　内蒙古某机场失水裂缝

16.2.2　失水裂缝的危害

失水裂缝由于其长度、宽度和深度不同，对道面混凝土板的危害也各不相同。根据我们多年的现场经验总结认为，它对道面板的危害主要可分为如下几种情况。

1. 使混凝土板的抗冻和抗渗能力大大下降

由于失水裂缝是在混凝土面板的表面产生的，自然而然就成了外界水渗入混凝土内部的一个下渗通道，使混凝土板的抗冻和抗渗能力大大下降。

2. 为其他混凝土裂缝破坏面板提供了帮助

由于失水裂缝是产生于混凝土表面的裂缝，自然就成为面板的一个薄弱环节，使混凝土面板的抗拉能力下降。在混凝土的其他裂缝，如温度裂缝、受力裂缝产生时，就会使混凝土板在有失水裂缝的地方首先发生断裂。

3. 影响了混凝土板的耐久性

由于失水裂缝直接降低了混凝土板的抗冻和抗渗能力，又加剧了其他裂缝对混凝土板的破坏程度，那么它自然就会使混凝土的使用寿命下降。

4. 部分短、浅、小的失水裂缝，也可能变为无害裂缝

失水裂缝由于其长度、深度及宽度不同，其对面板产生的危害程度自然不同。根据现场调查，对机场道面来说，长度不大于 20cm、深度不大于 2～3mm、宽度不大于 1mm 的失水裂缝，由于对道面板的抗冻抗渗能力影响较小，对面板产生断裂的可能性影响较小，甚至可以忽略不计，也可以称为无害裂缝。另外，这种裂缝在混凝土自愈合能力的帮助下，经过一段时间也会自然消失。

由于失水裂缝的长期危害不得不进行修补，而这种修补也只能维持短期内使用。如图 16-4 所示，新建机场道面的失水裂缝不能满足验收要求，施工单位只能破除，照片盖布部分为破除后新做的混凝土道面。

图 16-4　新疆某机场道面

16.2.3 失水裂缝产生的原因

如前文所述，失水裂缝是混凝土在凝固阶段，特别是塑性阶段，内部自由水消耗得过快，或者说失水过快超过了一个临界值，混凝土表面由于抵挡不住过大的拉力而产生的。而混凝土过快的水化反应，施工现场的大风、高温等原因都会使混凝土失水过快，也就是都有可能使混凝土产生失水裂缝。所以，产生失水裂缝的原因就是多方面的，它几乎涵盖了影响混凝土性能的各个方面的因素。经现场总结主要有以下 18 条。

1. 水泥的细度越来越细，特别是三天强度越来越高

水泥实行新标准后，细度比过去大大提高，特别是三天强度提高过大。再加上现场有时使用不当，R 型水泥到处滥用，甚至误认为高标号水泥一切都好。这一切都使混凝土在塑性阶段水化越来越剧烈，产生失水裂缝的可能性越来越大。

2. 水灰比

水灰比过大使混凝土表面抗拉能力降低，特别是在混凝土的塑性阶段，它是失水裂缝产生的一个主要原因。尽管机场道面混凝土是干硬性的，水灰比一般比较小，但由于机场道面一般是在夜间施工，施工单位对砂石料中的含水量检测不准，也容易致使水灰比过大。

3. 水泥中 C_3A 的含量

水泥中 C_3A 含量的多少对混凝土的初凝和终凝会产生很大影响。我国机场跑道使用的水泥 C_3A 含量为 5%～8%。个别厂家也有达到 10%以上的，其凝结时间很快并和减水剂的适应性很差，经常出现假凝现象，容易产生失水裂缝。

4. 水泥细度

我国水泥厂 42.5# 水泥的比表面积大致在 350m²/kg 左右，但有一些水泥厂甚至达到 400m²/kg 以上。比表面积在 350m²/kg 以下的水泥容易泌水，在 380m²/kg 以上由于水泥颗粒过细水化速度过快，容易产生失水裂缝。特别

是比表面积在 $400m^2/kg$ 以上的水泥，水化速度快，放热量集中，很容易产生比较大的较为严重的失水裂缝。

5. 水泥的颗粒级配

有些水泥厂的水泥颗粒分布过于集中，$50\mu m$ 以上的颗粒几乎没有，很难与混凝土中粗细骨料组成混凝土大系统内连续而又合理的级配，使混凝土在微观上抗拉能力变差。特别是在两天之内，容易在混凝土表面产生一些不连续的失水裂缝。这主要与水泥厂的原料及粉磨工艺有关。施工现场很难处理这类问题。

6. 混凝土中粗、细骨料的用量

尽可能增加混凝土中的骨料用量，特别是粗骨料用量，给混凝土增加骨架也是防止裂缝产生的一个有效措施。骨料用量多了，水泥用量就会相对降低。水泥产生的水化热也会降低，混凝土产生裂缝的可能性也会降低。

7. 水泥用量

尽可能降低水泥用量也是防止失水裂缝产生的有效措施。过大的水泥用量同样可以使水泥的水化速度加快。

8. 施工现场的风速

施工现场的风力超过 4 级时，混凝土表面由于失水过快很容易产生塑性开裂。

9. 施工现场环境相对温差

施工现场的环境温差过大，高温时施工的混凝土在低温时就容易因温度应力的作用产生裂缝。特别是白天施工的混凝土在夜间就容易产生裂缝。同样，夜间施工的混凝土在天亮后，由于水泥水化速度突然加速，也容易产生失水裂缝。

10. 水泥中 C_3S 的含量

水泥中 C_3S 含量过高，水泥水化时放热量就会过大，就会使混凝土升温过快，就容易产生失水裂缝。我国水泥的 C_3S 含量一般在 55%左右，但也有一些厂家达到 60%以上。

11. 水泥品种、水泥中的混合材掺量及种类

一般的矿渣水泥由于混合材掺量过高，为了提高其 28 天强度，厂家一般将其磨得更细，这就容易使混凝土产生失水裂缝。另外，水泥中掺用了收缩过大的混合材，如煤矸石、窑灰等，也容易使混凝土产生表面裂缝。

12. 混凝土配合比

单从强度而言，适合一个给定强度的配合比有成千上万个，但如果选用不当也容易引起混凝土产生裂缝。这些选用不当的内容可能包括：①细料(包括水泥)含量过大；②水灰比选用不合适；③混凝土中各种材料的颗粒组成级配不合理等。

13. 配合比中的细粉掺合料

现在的高标号混凝土有些采用"双掺"技术，但如果掺用不当也容易使混凝土产生裂缝，特别是硅粉，掺用不当最容易引起裂缝。

14. 外加剂

我国实行水泥新标准后，水泥和外加剂的适应性变差。掺有外加剂的混凝土，出现假凝、裂缝等现象时有发生，特别是磺酸类外加剂，问题出现得较多。据我们多次调查总结，出现这类问题一般都是由于水泥和外加剂的原因共同造成的。其中水泥的原因有煅烧温度、冷却速度、磨制温度、石膏品种、碱含量、C_3A 含量等。外加剂由于品类不同，其原因也不相同。

15. 施工现场的空气相对湿度

在我国西北干旱地区，由于空气相对湿度较低，使混凝土表面蒸发速度过快，容易产生失水裂缝。

16. 混凝土振捣工艺

欠振和过振都是混凝土产生裂缝的一个原因。

17. 混凝土养生

混凝土养生不及时、不到位也容易产生失水裂缝。

18. 混凝土表面水泥浆及砂浆的厚度

混凝土表面水泥浆或砂浆过厚，在施工过程中，其干燥的速度比薄的地方慢，遇到大风和高温比其他地方更容易产生失水裂缝。另外在养护结束后，水泥浆厚的地方也比薄的地方更容易产生裂缝。

以上 18 条产生裂缝的因素是我们在施工一线总结的，但不一定全面。在施工现场看到的失水裂缝，基本上都是由以上这 18 条因素引起的。对施工现场来说，一条裂缝的产生，是以上这些原因中的几条或十几条综合作用所致。

16.2.4　试验方案

1. 试验方案的指导思想

我们在前面已经分析了失水裂缝产生的时间、原因和危害等，我们的试验方案就是对照这些原因，提出有针对性的方法，对症下药，有的放矢，达到我们想要的效果，解决我们想解决的问题。

失水裂缝的发生有外因和内因两方面，针对这两方面，我们要提出针对性的施工措施。外因方面，由于大风和高温对失水裂缝的产生有直接影响，我们在方案里首先要考虑避开大风高温天气施工；干燥的空气和很小的相对湿度对失水裂缝的产生也有直接影响，但由于本工程工期等诸多因素的考虑，我们不可能全改在阴天和空气相对湿度较大的时间施工，所以我们在方案里不考虑对这一因素提出针对性的措施。

将原材料、外加剂和施工工艺等对失水裂缝的不同影响都作为施工方案的考虑重点，提出针对性的措施。对最近几年来出现的新科技、新施工方法，只要是对解决失水裂缝问题有利，我们都要重点考虑。

2. 对外界环境的要求

经过全体试验人员的讨论，查对本地往年气象资料，7 月份，本地白天的气温一般在 40℃以上，夜间的气温基本为 30～40℃，所以，试验避开白天，全部改为夜间施工。为了给今后大面积施工提供方便，我们决定把试验时的气温定在35℃以下，全国机场道面施工时的温度要求是在30℃以下，30℃以上时为了防止失水裂缝的发生而要求停止施工。这个温度比其他机场的经验值高5℃，但由于本机场的特殊性，我们在试验时必须这样做。试验后根据试验结果可进行适当调整。

根据我们在其他机场的经验，结合本机场实际情况，我们认为在 4 级风以上试验成功的可能性不大，试验后根据试验结果可进行适当调整。对空气相对湿度不做要求。

3. 对原材料和配合比的要求

1) 对水泥的要求

如前所述，水泥的细度、标号、初凝和终凝时间、混合材品种及掺量、C_3S 和 C_3A 含量等，都对失水裂缝的产生有重要影响，必须进行认真选择和控制。但由于本地在 500 千米合理运距内只有天山水泥厂一家能够生产我们机场道面所用的低碱 42.5# 普通硅酸盐水泥，所以我们无从选择。而且当时全国由于基建规模过大，水泥厂都供不应求，无法选择到理想的水泥，这是本次试验最大的遗憾。但为了使试验数据更具科学性、更有说服力，我们根据自己在新疆其他机场的施工经验，从阿克苏多浪水泥厂专门购买了一定数量的水泥，进行对比试验。

2) 对其他原材料的要求

对本地的砂石料和水按民航规范要求进行检测，全部符合要求。

3) 对外加剂的要求

混凝土减水剂对失水裂缝的产生是有利还是有弊，这是目前混凝土学术界最大的一个有争论的问题，本次必须通过试验获得科学的数据和结论。所以，本次对掺与不掺外加剂进行对比试验。

4) 对配合比的要求

配合比中的骨料含量、维勃稠度大小、砂率的高低和水灰比都对失水裂缝的发生有影响，本次根据我们以往的施工经验，委托新疆公路科研所进行配合比试验和设计，又根据现场实际情况进行了适当调整。

4. 对施工工艺的要求

对失水裂缝的发生有影响的施工工艺和方法，我们都提出改进和专门的要求。我们根据以往的经验发现，抹子遍数的多少对失水裂缝的发生有重要的影响，道面拉毛和刻槽工艺的不同又对抹子遍数有直接影响，所以，本次试验对道面拉毛和刻槽工艺进行对比试验。另外，由上海生产的抹光机，经施工单位和监理在其他工地使用，对防止失水裂缝的发生，效果非常好，所以，本次试验对这种抹光机的实际效果进行试验。

5. 对新的科技成果的使用

近年来，聚丙烯和聚酯类纤维作为防止混凝土塑性开裂的新材料经常被添加到混凝土中，许多科技资料都显示效果明显。这些新材料均匀地分布在混凝土中，提高了混凝土的抗拉能力，限制了混凝土中裂缝的出现和发展，尤其是混凝土早期的失水裂缝。由于裂缝数量的减少，也显著地提高了混凝土的抗冻性和抗渗性。此材料在空军和海军机场应用较多，民航在个别机场也使用过，普遍认为有效果。新疆在哈密机场也使用过，本次试验组的技术人员专程到哈密机场对使用效果进行了考察，考察结论认为效果很好。所以本次试验方案优先考虑了对聚酯纤维的使用进行对比试验。

6. 具体方案

根据以上原则，最后确定的具体试验方案如下。

1) 方案确定

对混凝土不加纤维和加纤维进行对比；对道面拉毛和刻槽进行对比；对采用多浪水泥和天山水泥在同等条件下进行对比；对掺外加剂和不掺外加剂进行对比。每个对比段的长度为 50m 左右。同时对温度和风速进行监测，以防条件上的差别对试验效果的影响。

混凝土浇筑的具体实施方案如下。

此次试验在吐鲁番机场一条场区道路上进行。道路宽度 3.5m，混凝土浇筑厚度为 22cm，基础为天然砂砾石。此次试验共分为三组 7 段进行，第一组和第二组各分两段，形成 A、B、C、D 共 4 段。每段各浇筑 49m，总长 196m。按照我国道路工程规范，为了防止产生温度裂缝，每隔 4m 或 4.5m

横向切一条深度为 6cm 的缝，行业里叫假缝，形成板块，每段各形成 12 个板块。为了防止水泥浆下渗对试验结果产生影响，底部铺一层油毡；第三组共三段总长 104m，每段各长 34.5m，切假缝后各形成 9 块板。没有铺设油毡，以便和铺油毡板块进行对比。混凝土半成品运输距离为 700～1000m，以上混凝土浇筑均在夜间施工，具体方案如图 16-15 所示。

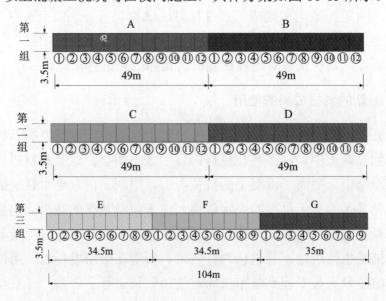

图 16-5　混凝土浇筑平面示意图

2) 试验日期

选在 7 月 5～7 日晚。

3) 材料部分

各种材料的规格、生产厂家和品牌如表 16-1 所示。

表 16-1　混凝土拌合物材料统计表

材料名称	材料规格	生产厂家	备　注
水泥	42.5 普通硅酸盐水泥	阿克苏多浪水泥厂	
水泥	42.5P Ⅱ 硅酸盐低碱水泥	乌市天山水泥厂	
碎石	5～20mm	吐鲁番机场碎石厂	
碎石	20～40mm	吐鲁番机场碎石厂	
水洗砂	粗砂(细度模数 3.0～3.2)	吐鲁番机场碎石厂	
水	饮用水	塔尔朗暗渠水	

续表

材料名称	材料规格	生产厂家	备注
外加剂	AFJ-6 高效缓凝减水剂(引气型)	北京安建世纪	
改性聚酯纤维	改性聚酯纤维	北京安建世纪	

4) 试验配合比

第一组材料用量如表 16-2 所示。

表 16-2　第一组材料用量

	段落	水泥/kg	大石/kg	小石/kg	砂/kg	引气剂/‰	减水剂	缓凝剂	改性聚酯纤维
第一组7月5日进行浇筑	A段	天山42.5低碱325kg	755	618	676	0.2	2.2%		
							下降20%	上调70%	
	B段	多浪42.5低碱普硅325kg	755	618	676	0.2	2.2%		
							下降20%	上调70%	

说明：每段作业面采用人工抹面再拉粗毛、人工抹面再拉中毛、抹面机配合人工抹面拉细毛三种工艺。

第二组材料用量如表 16-3 所示。

表 16-3　第二组材料用量

	段落	水泥/kg	大石/kg	小石/kg	砂/kg	引气剂/‰	减水剂	缓凝剂	改性聚酯纤维
第二组7月6日进行浇筑	C段	天山42.5低碱325kg	755	618	676	0.2	2.2%		1.4kg/m³
							下降40%	上调50%	
	D段	天山42.5低碱325kg	755	618	676				

说明：每段作业面采用人工抹面再拉粗毛、人工抹面再拉中毛、抹光机配合人工抹面拉细毛三种工艺。

第三组材料用量如表 16-4 所示。

表 16-4　第三组材料用量

段落	水泥/kg	大石/kg	小石/kg	砂/kg	引气剂/‰	减水剂	缓凝剂	改性聚酯纤维
第三组7月7日进行浇筑　E段	天山42.5低碱325kg	755	628	676				
F段	天山42.5低碱325kg	755	618	676	0.2	2.2%		
						下降40%	上调50%	
G段	天山42.5低碱325kg	755	618	676	0.2	2.2%		1.4kg/m³
						下降40%	上调50%	

说明：每段作业面均采用拉粗毛一种工艺。

设计配合比材料用量如表 16-5 所示。

表 16-5　设计配合比材料用量

水泥/kg	大石/kg	小石/kg	砂/kg	引气剂/%	减水剂/%	缓凝剂/%	改性聚酯纤维/kg
325	722	601	676	0.02	2.2		

5)　试验地点

经指挥部和试验技术人员协商讨论，试验地点选在巡场路上。

6)　实验时的环境温度及风力

试验时环境温度要求在 35℃以下，风力在 3 级以下。

7)　养护

采用双层土工布养护，在不能洒水之前在土工布上采用喷雾方法。

8)　记录

施工时对温度(天气温度和混凝土温度)、湿度、风速进行记录，养护结束后对失水裂缝的发生情况进行记录，每天分早、中、晚三次进行记录。

9)　试验工具

除实验室必备的常规设备外，还需准备温度仪、湿度仪及风速测定仪。

10) 试验

实验室必须对各种配合比和采用不同方法施工的混凝土强度进行试验(包括抗压和抗折)，还需对试件干湿情况下的强度进行试验。

16.2.5　组织机构的形成及分工

1. 组织机构

参加试验的单位和人员及组织如下。

试验组组长：中国民航机场建设集团公司　　　　杨文科
副组长：吐鲁番机场迁建工程指挥部　　　　　郑　鹤
　　　　西北民航监理公司　　　　　　　　　王昭元
　　　　中国航空港九总队　　　　　　　　　李建举
成　员：刘光庆　肖　茹　巴全芳　王旭鹏　黄　威

2. 分工

参加试验的单位分工如下。

中国民航机场建设集团公司西北分公司为试验的总负责单位，具体负责试验方案的制订、试验资料的收集、试验总结报告的撰写工作；吐鲁番机场指挥部负责组织现场施工单位和监理单位对试验方案的实施和试验数据的收集。具体试验施工由空军九总队实施，试验检测工作由九总队实验室负责。西北民航监理公司吐鲁番机场监理部负责现场监督检查和科研数据的收集工作。

16.3　试　验　过　程

16.3.1　材料、人员、机械准备

根据试验方案的要求，空军九总队对材料、人员、机械进行准备。碎石用河卵石采用反击破进行破碎。砂为河产粗砂，其级配、含泥量等指标

经提前检测合格后运入现场。所用天山和多浪水泥厂的水泥也于 7 月 4 日前全部到达现场。人员、机械、车辆安排如表 16-6 和表 16-7 所示。

表 16-6　人员配置表

人

试验	水电	测量	抹面	拉毛	切缝	拉锹	粗平	精平	机械振捣	人工振捣	平板振动
3	2	2	6	2	3	6	4	4	2	2	2

表 16-7　机械、车辆配置表

台

搅拌站	装载机	8 吨运输车	联合振动器	平板振动器	手提振捣棒	抹光机
1	2	4	1	2	2	2

16.3.2　混凝土配合比

配合比一直是机场道面混凝土最重要的技术问题。配合比的好坏，更是对混凝土表面的失水裂缝的产生有直接影响，特别是如果配合比粗骨料用量不够，就会造成道面提浆过厚，过厚的提浆就会造成混凝土初期表面抗拉能力不足而更容易产生失水裂缝。我们拿到由新疆公路科研所所做的配合比后，根据以往的经验，对其进行了适当的调整，调整的理由如下。

(1) 从理论上讲，我们在做混凝土配合比时，必须考虑的问题有：密实度、渗透性以及合理的水泥用量和强度，还有更重要的一点，就是混凝土的体积稳定性。体积稳定性对混凝土防止过大的收缩和裂缝的产生有重要的意义。有许多人做过试验，认为体积稳定性与混凝土中的粗骨料用量和未水化的水泥颗粒含量有密切的关系。在绝大多数情况下，尽可能地增加混凝土中的粗骨料含量，对减少水泥用量，增加其体积稳定性，减少失水裂缝的产生都有很大的好处。但对任何一个具体的工程而言，大幅度提高粗骨料含量是不可能的，因为粗骨料的增加会使混凝土的坍落度直线下降。所以，我们必须建立这样一个概念：在任何情况下，降低粗骨料用量都是不得已而为之。

(2) 从经验上讲，近年来民航机场道面混凝土配合比设计原则大致如下。

① 水泥用量、品种及标号：近几年我国民航道面单方混凝土水泥用量

基本控制在 320kg 以内，以 310kg 居多。再增加水泥用量混凝土抗折强度还会提高一些，但对质量的实际意义不大，却大大增加了断板、裂缝的可能性，给耐久性也带来了危害。水泥品种一般以硅酸盐(P1、P2)、普通硅酸盐(P0)为主，水泥强度等级为 42.5#[①]，万不可贸然采用更高标号的水泥，也不应采用 R 型水泥。

②　粗骨料的品种、用量及级配：一般无风化的新鲜岩石都可采用。就抗折强度而言，砂岩最差，花岗岩次之，石灰岩优，玄武岩最优，但这需要理论上的进一步论证。单方混凝土粗骨料用量一般为 1400～1450kg，这主要与粗骨料的湿比重有关系。玄武岩密度最大，一般可用到 1450kg。道面混凝土现在一般采用大小石两种级配，大小石的应用比例通过试验求最大堆集密度，一般为 55：45、50：50、60：40 等。

③　砂率：一般为 28%～32%。这主要与细度模数有关。砂越粗，砂率越高。但一般不超过 32%，再高将可能影响强度。

④　水灰比：水灰比不大于 45%，现场用 43% 和 44% 较多。混凝土的单方用水量现在一般不超过 145kg。

根据以上理论分析和经验数据，我们认为由新疆公路科研所做的配合比粗骨料用量不足，这将会使道面提浆过厚，失水裂缝的产生机会大为提高。所以，我们把配合比中的粗骨料用量增加了 70kg。

调整后的施工配合比如表 16-8 所示。

表 16-8　配合比材料用量

水泥/kg	大石/kg	小石/kg	砂/kg	引气剂/%	减水剂/%	缓凝剂/%	改性聚酯纤维/kg
325	760	633	676	0.02	2.2	2.2	0

16.3.3　过程控制

1. 7 月 5 日试验过程

1)　试验

7 月 4 日下午，在吐鲁番石油宾馆召开了吐鲁番机场失水裂缝防治试验

---

① 　按安文汉教授级高工的意见修改。

研究动员大会，参加本次试验的人员全部到会，由试验组组长杨文科宣讲了试验研究方案的设计过程及目的和意义等，指挥部廖正军指挥长作了动员讲话，杨文科回答了各单位工程技术人员提出的疑问。7月5日下午，试验组到现场最后一次详细检查了各单位的试验准备情况。7月5日22:40，在鞭炮声中，吐鲁番机场道面混凝土失水裂缝防治试验正式开始，过程如下。

首先进行天山水泥加外加剂的试验，水灰比加到0.46。当第一车料运到现场倒入模板后，试验人员立即进行含气量、坍落度等常规的技术指标检测，并立即做了混凝土强度试件，从料的外观对料的干湿程度、有无异常进行了初步判断，有关监理人员抽查了温度，认为料基本符合要求，试验可以正常进行。为了防止天气突然变化，后台出料工作加快。

22:45，第一车料被摊平，并开始振捣，出浆情况正常。

22:46，木行夯进行工作，出浆情况正常。

22:49，滚筒开始工作。发现出浆略稀；由于现场温度还一直在30℃以上，空气干燥，所以试验小组在现场决定暂不调整。但提浆的厚度合适。

22:56，第一道木抹子开始工作，发现浆的粘稠度合适。

23:17，第二道木抹子开始，发现面板干燥速度较快。

23:41，第三道木抹子开始工作，同时上一道铁抹子并开始拉毛。

0:06，面板开始出现假凝现象，拉毛速度加快。现场风力有偶尔加大的迹象，但还是基本维持在3级左右。

从0:06到0:37，拉毛一直没有间断，直到本段拉毛工作全部结束，转入使用抹光机试验段。本段3:21开始盖布，并试验喷雾养护。

0:39，天山水泥试验段倒料工作结束，同时多浪水泥试验段开始倒料。但在同等水灰比下和易性比天山水泥试验段差。试验人员同时做了含气量检测和温度检测。

0:45，滚筒开始工作，发现提浆也比前一试验段困难。

0:50，木抹子开始工作。

1:10，现场温度一直在32℃左右，风比刚才略大。

1:11，天山水泥试验段开始使用抹光机，多浪水泥试验段开始上第一道铁抹子。

1:20，发现多浪水泥试验段凝结速度快，假凝现象严重。现场临时决定，对多浪水泥试验段也使用抹光机。

2:03，现场风速变小。

从 2:00 到 4:00，现场倒料、摊料、振捣、揉浆、抹面、拉毛、盖布较为正常。

3:10，多浪水泥试验段倒料结束。但在拉毛段表面假凝速度明显高于天山水泥拉毛试验段。

整个现场 5:06 盖布完毕，当天的试验告一段落。

2)　观察与总结

7 月 6 日上午北京时间 11:08，试验小组全体人员对 7 月 5 日的试验段进行观察。先由工人揭布，用水冲洗后，按照昨晚试打的顺序进行观察。观察结果如下。

(1) 天山水泥试验段。

第一块板：分别在板边部、中部和其他部位发现 13 条裂缝，长度共 137cm，宽度为 1～2mm。

第二块板：无裂缝。

第三块板：板边部有 1 条裂缝，长 6cm，宽约 2mm。

第四块板：分别在板边部、中部和其他部位发现 3 条裂缝。长度分别为 5cm、7cm、12cm，宽度为 1～2mm。

第五块板：有 1 条裂缝，实际为上一块板延续过来，长度为 4cm，宽约 2mm。

第六块板：有 3 条裂缝，分别在板的中部和边部。长度分别为 12cm，9cm 和 7cm，宽度为 1～2mm。

第七块板：无裂缝。

第八块板：无裂缝。

第九块板：有 1 条裂缝，在板的边部。长度为 3cm，宽度为 2～3mm。

第十块板：无裂缝，但有 5 个砂眼。

第十一块板：无裂缝。

第十二块板：无裂缝。

图 16-6 所示分别是第四块板和第六块板的照片。

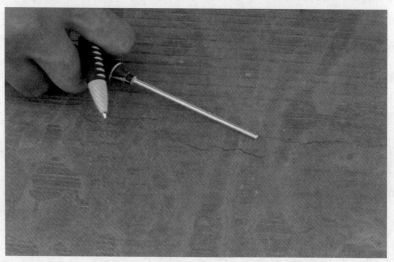

图 16-6　采用天山水泥的板块上的裂缝

天山水泥试验段共计有裂缝板为 6 块，裂缝共 22 条，总长为 202cm。

(2) 多浪水泥试验段。

第一块板：无裂缝。

第二块板；无裂缝，但有砂眼 7 个。

第三块板：有 1 条裂缝，长 6cm，宽约 2mm。

第四块板：无裂缝。

第五块板：有 2 条裂缝，长度分别为 3cm 和 6cm，宽约 2mm。

第六块板：无裂缝，有砂眼 13 个。

第一到第六块板为使用抹光机段。

第七块板：有一条裂缝，长 6cm，宽约 2mm。

第八块板：有 7 条裂缝，分别在板的中部和边部。长度分别为 12cm、11cm、6cm、22cm、31cm、8cm 和 18cm，宽度为 1～2mm。

第九块板：有 3 条裂缝，分别在板的中部和边部。长度分别为 11cm、9cm 和 6cm，宽度为 1～2mm。

第十块板：无裂缝，但有 5 个砂眼。

第十一块板：是 7 月 5 日整个试验段裂缝最严重的一块板。共有裂缝 32 条，长度 7～45cm 不等，宽度为 1～2mm。

第十二块板：无裂缝。

从第七到第十二块板为拉毛段。

图 16-7 所示分别是第八块板、第十一块板和第十一块板上的最长裂缝。

图 16-7　采用多浪水泥的板块上的裂缝

图 16-7   采用多浪水泥的板块上的裂缝(续)

多浪水泥试验段共计有裂缝板为 6 块，裂缝共 46 条，总长为 525cm。

7 月 6 日下午，在指挥部会议室召开了 7 月 5 日试验段施工总结会，参加试验的技术人员全部参加了会议，对 7 月 5 日的试验得出如下结论。

(1) 从浇筑的情况看，两种水泥混凝土入仓振捣直至抹面拉毛的间隔时间都比过去的经验值短，大面积出现表面失水严重、混凝土表面凝结过快，假凝现象严重，造成抹面、拉毛困难，特别是采用多浪 42.5# 普硅低碱水泥浇筑的混凝土尤为严重。

(2) 在第二天上水养护前整个混凝土板面大面积出现了严重的网状干缩裂缝，裂缝长度 3～45cm 不等，裂缝宽 1～2mm 不等，多浪水泥试验段明显严重。

(3) 在同等条件下，使用抹光机，裂缝明显减少。

(4) 没有发现喷雾对防止裂缝的产生有作用。

(5) 由于以上情况，对多浪水泥和喷雾工艺不再进行试验。

(6) 大家认为每个试验项目用 12 块板，49m 长规模过大，实验时间也过长，实际意义不大，建议明天的试验将第二组每个项目由 12 块板，49m 长改为 9 块板，34.5m 长。

2. 7 月 6 日试验过程

1) 试验

首先进行天山水泥加外加剂和纤维的试验，水灰比加到 0.52。当第一车料运到现场倒入模板后，试验人员立即进行含气量、坍落度等常规的技术指标检测，并立即做了混凝土强度试件，从料的外观对料的干湿程度、有无异常进行了初步判断。有关监理人员抽查了温度，认为料基本符合要求，试验可以正常进行。

23:10，第一车料被摊平，并开始振捣，出浆情况正常。

23:13，木行夯进行工作，出浆情况正常。

23:20，滚筒开始工作，提浆的厚度合适。

23:31，第一道木抹子开始工作。发现浆的粘稠度合适。

23:37，第二道木抹子开始，发现面板干燥速度较快。

23:41，第三道木抹子开始工作，同时上一道铁抹子并开始拉毛。

从 0:06 到 0:37，拉毛一直没有间断，直到本段拉毛工作全部结束，转入使用抹光机试验段。本段 3:01 开始盖布。

0:30，天山水泥加外加剂试验段开始倒料。试验人员同时作含气量检测和温度检测。

0:40，滚筒开始工作。

0:42，木抹子开始工作。

0:50，出现假凝现象。

1:00，现场温度一直在 32℃左右。

1:11，天山水泥加外加剂试验段开始拉毛。

2:45，天山水泥不加外加剂和纤维试验段开始倒料。

5:10，倒料全部结束。

整个现场 6:36 盖布完毕，当天的试验告一段落。

2) 观察与总结

7 月 7 日上午北京时间 12:00，试验小组全体人员对 7 月 6 日的试验段进行观察。先由工人揭布，用水冲洗后，按照昨晚试打的顺序进行观察。观察结果如下。

(1) 天山水泥加外加剂和纤维试验段的情况如下。

第一块板：无裂缝。

第二块板；无裂缝。

第三块板：板边部有 1 条裂缝，长 7cm，宽约 1mm。

第四块板：无裂缝。

第五块板：板边部有 1 条裂缝，长 11cm，宽约 1mm。

第六块板：无裂缝。

第七块板：无裂缝。

第八块板：无裂缝。

第九块板：无裂缝。

天山水泥加外加剂加纤维试验段共计有裂缝板为 2 块，裂缝共 2 条，总长为 18cm。

图 16-8 所示分别为第三块板和第五块板的照片。

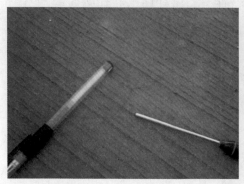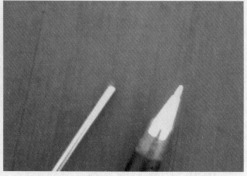

图 16-8　加外加剂和纤维的板块上的裂缝

(2) 天山水泥加外加剂试验段的情况如下。

第一块板：无裂缝。

第二块板：有 1 条裂缝，长 13cm，宽约 1mm。

第三块板：有 1 条裂缝，长 5cm，宽约 1mm。

第四块板：有 3 条裂缝，分别在板的中部和边部。长度分别为 15cm、11cm 和 9cm，宽度为 1～2mm。

第五块板：无裂缝。

第六块板：无裂缝。

第七块板：无裂缝，有砂眼 5 个。

第八块板：有 1 条裂缝，长 5cm，宽约 2mm。

第九块板：无裂缝。

图 16-9 所示分别为第四块板和第八块板的照片。

天山水泥加外加剂试验段共计有裂缝板 4 块，裂缝共 6 条，总长为 58cm。

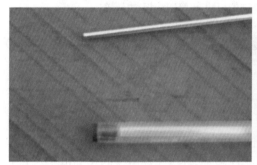

图 16-9 加外加剂的板块上的裂缝

(3) 天山水泥不加外加剂和纤维试验段的情况如下。

第一块板：有 1 条裂缝，长 7cm，宽约 1mm。

第二块板：有 1 条裂缝，长 12cm，宽约 1mm。

第三块板：有 3 条裂缝，长 5cm、9cm 和 11cm，宽约 1mm。

第四块板：有 3 条裂缝，分别在板的中部和边部。长度分别为 15cm、9cm 和 9cm，宽度为 1～2mm。

第五块板：无裂缝。

第六块板：有 1 条裂缝，长 5cm，宽约 2mm。

第七块板：无裂缝，有砂眼 5 个。

第八块板：无裂缝。

第九块板：无裂缝。

图 16-10 所示为第四块板的照片。

图 16-10　不加外加剂和纤维的板块上(第四块板)的裂缝

天山水泥不加外加剂和纤维试验段共计有失水裂缝板 5 块，裂缝共 9 条，总长为 82cm。

7 月 7 日下午，在指挥部会议室召开了 7 月 6 日试验段施工总结会，参加试验的技术人员全部参加了会议，对 7 月 6 日的试验得出如下结论。

(1) 总体上说，7 月 6 日晚上的试验比前一天顺利。温度和前一天基本一致，现场风力一直维持在 1～2 级；从浇筑和拉毛等情况看，和前一天天山水泥试验段基本相同。

(2) 在第二天上水养护前整个混凝土板面不同程度的失水裂缝，裂缝长度 3～15cm 不等，裂缝宽 1～2mm 不等。加外加剂段和不加外加剂及纤维段的严重程度基本相同，而加纤维段明显好于前二者。

(3) 在同等条件下，使用抹光机，失水裂缝明显减少。

(4) 从试验看出，加纤维明显减少了失水裂缝的发生。

在总结会上，根据前两天的试验总结和讨论，大家对 7 月 7 日的试验提出了三点修改建议。

(1) 由于不加外加剂和纤维是在天亮前施工的，有人认为裂缝增多可能是太阳出来温度快速升高所引起的，建议 7 日的试验将不加外加剂和纤维的试验段放在最前面，也就是天黑前进行。

(2) 前两天的试验都在地基和混凝土之间加了油毡，当时的目的是防止水泥砂浆下渗对试验结果产生影响。但也有人认为这样做阻断了地下毛细水上升的通道，可能又会对混凝土的耐久性不利。为便于长期观察，建议 7 日的试验取消油毡隔离层。

(3) 由于抹光机的效果已经非常明显，没有必要再进行试验，所以，下一次的试验不再使用抹光机。

总结会决定采纳这三条建议。

3. 7 月 7 日试验过程

1) 试验

首先进行天山水泥不加外加剂和纤维的试验，水灰比加到 0.46。当第一车料运到现场倒入模板后，试验人员立即进行含气量、坍落度等常规的技术指标检测。并立即做了混凝土强度试件，从料的外观对料的干湿程度、有无异常进行了初步判断，有关监理人员抽查了温度，认为料基本符合要求，试验可以正常进行。

22:50，第一车料被摊平，并开始振捣，出浆情况正常。

23:00，木行夯进行工作，出浆情况正常。

23:08，滚筒开始工作，提浆的厚度合适。

23:17，第一道木抹子开始工作，发现浆的粘稠度合适。

23:27，第二道木抹子开始工作。

23:41，第三道木抹子开始工作。

0:00 开始，现场出现 3 级左右的小风，比前两天都大。铁抹子加快工作，并临时决定先用抹光机抹面。

从 0:06 到 0:37，抹光机抹面一直没有间断，直到本段工作全部结束，转入拉毛试验段。本段 3:00 开始盖布。

0:35，现场风力转为 1～2 级，施工转入正常。

0:31，天山水泥加外加剂试验段开始倒料。试验人员同时进行含气量检测和温度检测。

0:40，滚筒开始工作。

0:43，木抹子开始工作。

1:00，现场温度一直在 31℃ 左右。

1:11，天山水泥加外加剂试验段开始拉毛。

2:45，天山水泥加外加剂和纤维试验段开始倒料。

5:00，倒料全部结束。

整个现场 6:30 盖布完毕，当天的试验告一段落。

2）观察与总结

7 月 8 日上午北京时间 11:31，试验小组全体人员对 7 月 7 日的试验段进行观察。先由工人揭布，用水冲洗后，按照昨晚试打的顺序进行观察。观察结果如下。

（1）天山水泥加外加剂和纤维试验段共计发现裂缝板 3 块，裂缝共 3 条，总长为 16cm，如图 6-11 所示。

图 16-11　加纤维段的水泥混凝土板块上的裂缝

（2）天山水泥加外加剂试验段情况如下。

第一块板：有 1 条裂缝，长 7cm，宽约 1mm。

第二块板：有 4 条裂缝，长 7cm、16cm、11cm 和 9cm，宽约 1mm。

第三块板：无裂缝。

第四块板：有 1 条裂缝，分别在板的中部和边部。长度为 7cm，宽度为 1～2mm。

第五块板：无裂缝。

第六块板：无裂缝，有砂眼 8 个。

第七块板：无裂缝。

第八块板：有 1 条裂缝，长 5cm，宽约 2mm。

第九块板：无裂缝。

图 16-12 所示为第二块板的照片。

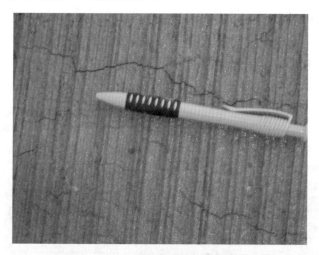

图 16-12　加外加剂的板块(第二块板)上的裂缝

天山水泥加外加剂试验段共计有裂缝板为 4 块，裂缝共 7 条，总长为 58cm。

(3) 天山水泥不加外加剂和纤维试验段共计发现裂缝板 2 块，裂缝共 2 条，总长为 12cm，如图 16-13 所示。

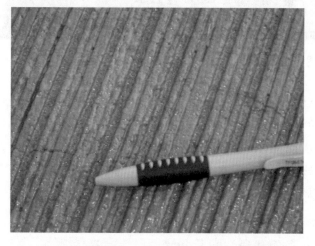

图 16-13　不加外加剂和纤维的板块上的裂缝

16.3.4 养护与观察过程

根据试验方案的要求，参加试验工作的空军某总队组织了专门的养护队伍，进行 24h 不间断养护工作。指挥部、监理也派人经常抽查。养护期按照民航规范要求为不少于 14 天，混凝土面板全部用双层土工布覆盖，每班两人进行 24h 不间断洒水作业。

指挥部于 7 月 12 日、7 月 16 日、7 月 21 日组织现场参加试验的有关人员对混凝土板进行观察，如图 16-14 所示。实验室对混凝土的 28 天试件进行了试压。

图 16-14 7 月 16 日，指挥部领导会同试验组成员在现场检查

8 月 23 日，试验小组对混凝土面板进行了全部检查。检查结果如下。

1) 7 月 5 日试验段

(1) 天山水泥加外加剂试验段。

① 拉毛段。

第一块板：裂缝 11 条，总长 72cm。

第二块板：裂缝 4 条，总长 15cm。

第三块板：裂缝 1 条，总长 4cm。

第四块板：裂缝 3 条，总长 31cm。

第五块板：无裂缝。

第六块板：裂缝 3 条，总长 12cm。

图 16-15 分别为第一块板和第三块板图片。

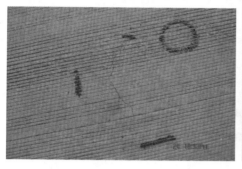

图 16-15　天山水泥加外加剂的板块上的裂缝

②　抹光机使用段无裂缝个别板有砂眼存在。

天山水泥加外加剂试验段共发现裂缝 22 条，总长 134cm。

(2) 多浪水泥加外加剂试验段。

①　拉毛段。

第一块板：裂缝 23 条，总长 29cm。

第二块板：裂缝 35 条，总长 42cm。

第三块板：裂缝 1 条，总长 4cm。

第四块板：裂缝 2 条，总长 5cm。

第五块板：裂缝 4 条，总长 7cm。

第六块板：裂缝 51 条，总长 224cm。

图 16-16 所示分别为第一块板和第六块板的图片。

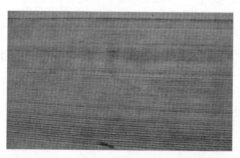

图 16-16　采用多浪水泥加外加剂的板块上的裂缝

② 抹光机使用段在第七块板上发现 1 条裂缝，长 7cm。

多浪水泥加外加剂试验段共发现裂缝 117 条，总长 318cm。

2) 7 月 6 日试验段

(1) 加外加剂与纤维试验段无裂缝。

(2) 加外加剂试验段。

① 拉毛段。

第一块板：无裂缝。

第二块板：无裂缝。

第三块板：裂缝 3 条，总长 14cm。

第四块板：裂缝 4 条，总长 15cm。

第五块板：无裂缝。

第六块板：无裂缝。

② 抹光机使用段无裂缝但有砂眼存在。

加外加剂试验段共发现裂缝 7 条，总长 29cm。

(3) 无外加剂和纤维试验段无裂缝。

3) 7 月 7 日试验段

(1) 无外加剂和纤维试验段无裂缝。

(2) 加外加剂和纤维试验段无裂缝。

(3) 加外加剂试验段。

第一块板：裂缝 3 条，总长 12cm。

第二块板：裂缝 7 条，总长 57cm。

第三块板：无裂缝。

第四块板：裂缝 2 条，总长 5cm。

第五块板：无裂缝。

第六块板：无裂缝。

图 16-17 所示分别为第一块板(三条清晰裂缝)和第二块板(裂缝细而短)图片。

加外加剂试验段共发现裂缝 12 条，总长 74cm。

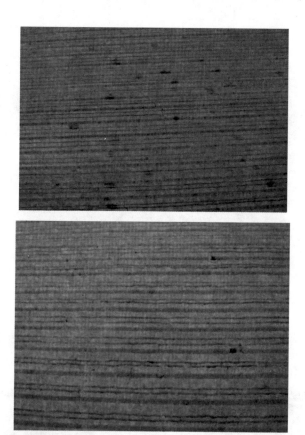

图 16-17　加外加剂，采用拉毛工艺的板块上的裂缝

16.3.5　对渗透速度的试验

在养护过程中，养护人员发现，使用抹光机后混凝土面板的渗透速度明显小于拉毛段的渗透速度。所以，8 月 23 日在 7 月 6 日和 7 月 7 日的试验段进行渗透速度的对比试验。我们认为对确认拉毛和使用抹光机两种工艺对混凝土板抗冻、抗渗和耐久性的作用很有意义，所以决定增加这个试验。试验方法为：对加外加剂和纤维、只加外加剂和不加外加剂和纤维三种不同的面板，分别选出拉毛两块板和使用抹光机的两块板进行对比。试验过程如下。

（1）选择 7 月 6 日加外加剂和纤维试验段，选拉毛和使用抹光机各两块板。试验记录如下。

10:40 开始浸水，如图 16-18 所示。

图 16-18　10:40 试验人员开始给板面浸水

　　在 10:42 已清楚看见,近处的抹光机使用段面板还是湿的,而远处的拉毛段已快渗干了,如图 16-19 所示。

图 16-19　10:42 抹光机使用段面板还是湿的,拉毛段已快渗干了

10:46 远处的拉毛段已经渗完,如图 16-20 所示。

拉毛段两块板 10:46 渗透完毕(晒干)。

抹光机使用段 10:53 渗透完毕(基本晒干)。

图 16-20　10:46 拉毛段两块板渗透完毕，抹光机使用段还未渗完

(2) 选择 7 月 6 日无外加剂和纤维试验段，选拉毛和使用抹光机各两块板。试验记录如下。

10:56 开始浸水，如图 16-21 所示。

10:58 近处的抹光机使用段面板还全是湿的，远处的拉毛段已有近一半渗完了，如图 16-22 所示。

图 16-21　10:56 开始浸水

图 16-22   10:58 近处的抹光机使用段面板还全是湿的，远处的拉毛段已有近一半渗完了

11:02 可以明显看出，拉毛段渗透速度大于抹光机使用段，如图 16-23 所示。

图 16-23   11:02 可以明显看出，拉毛段渗透速度大于抹光机使用段

图 16-23　11:02 可以明显看出，拉毛段渗透速度大于抹光机使用段(续)

拉毛段两块板 11:03 渗透完毕(晒干)。

抹光机使用段 11:10 渗透完毕(基本晒干)。

试验结果证明：使用抹光机比拉毛多需要渗透时间为 5～7min，说明使用抹光机增加了混凝土的抗渗和抗冻能力，提高了混凝土的耐久性。

16.3.6　对水灰比的试验

在试验过程中我们发现，加入纤维后混凝土在满足同等工作所需的和易性的情况下需水量更大。也就是说，在同等条件下，满足同等的施工工艺，加纤维的混凝土需要更大的水灰比。为了进一步确认需增加多少水灰比，8 月 23 日在施工现场做了对比试验。试验过程如下。

时间为 2009 年 8 月 23 日。地点在吐鲁番机场Ⅲ标段。对加聚酯纤维与不加聚酯纤维混凝土参数及施工工艺对照情况：加聚酯纤维水灰比为 0.52，不加聚酯纤维水灰比从 0.50、0.48、0.46、0.45 逐渐向下调至 0.45。施工时间：24 日 0:15 至 24 日 6:00。

以下为具体施工时间段记录的施工过程和现象。

0:15 第一车　　水灰比 0.50，外观明显水灰比过大。

0:20 第二车　　水灰比 0.48，外观稍稀。

0:35 第三车　　水灰比 0.46。

温度：27℃　　风力：微风。

0:40 第四车　　水灰比 0.46。

0:55 第五车　　水灰比 0.45。

1:00 第六车　　水灰比 0.45。

水灰比采用了逐次变小的方式。

工艺：两个振动棒振捣→平板夯振动一遍→两遍行夯→两遍滚筒。

1:10 第四块板(东→西，水灰比大约为 0.46)外观出现蜂窝状，滚筒过后几乎打不出浆。

1:30 局部存在蜂窝的地方，行夯再振动一次，通过处理，较大面积(0.1～0.2m²)蜂窝消除，小面积蜂窝仍难以消除。

1:37 混凝土浇筑完，封仓。

1:40 第四到第十二块板靠北边出现不同程度的蜂窝。

1:45 第一道木抹开始施工；1:47 第一道木抹结束，对出现的蜂窝麻面紧急处理，效果不理想，工人用前面加纤维段剩余的浆来补救抹面。

1:50 风力变大。

2:00 开始第二道木抹；4:20 第二道木抹结束，但此时已出现轻微的假凝现象。而加聚酯纤维，0.52 水灰比的两块板，此时无假凝现象。

2:15 通过现场对比，加纤维混凝土与不加纤维混凝土板面在同一坐标位置，加纤维板面用手指轻按出现同面积小坑(证明没有假凝现象)。而不加纤维板面用手指轻按则下陷面积远大于手指面积(证明出现了假凝现象)。

2:40 第三道抹子开始，风力稍大(估计 3～4 级)。

3:35 第四道抹子开始，此时在第一道抹与第二道抹之间出现泌水现象，具体为大概在 20m 长范围内出现 10 多处泌水。

3:45 通过用手指轻按板面对比加纤维与不加纤维发现，前者仍为与手指同面积的下陷，感觉板面下密实、硬；后者下陷面积仍为远大于手指面积的范围下陷，板面下仍较软。

4:50 再次用手指轻按第四道抹子后的板面，不加纤维的板面出现同手指面积大小的下陷，感觉同前面加纤维的一样。

在前四道抹面工作中工人抹面很吃力，且均认为水减得太多。

5:00 板面可以开始使用抹光机。

5:05 抹光机开始，由于前面刚开始用的水灰比为 0.5，抹光机自重可以抹光。

5:30 到水灰比为 0.46、0.45 段，抹光机工作时必须加大重量(抹光机上坐 1 人)进行抹面。紧跟抹光机的最后一道抹子，通过观察和询问工人，收面比较轻松(比加纤维)。拉毛、盖布。

6:00 收面工作结束。

对比结果为：在满足同等施工条件下，加纤维混凝土需要的水灰比为 0.52；不加纤维的混凝土需要的水灰比为 0.46。也就是说，在达到同等性能的条件下，加纤维的混凝土要比普通混凝土增加 6 个百分点的水灰比。

16.4　试验总结及结论

16.4.1　概论

通过全体参加试验的领导和广大工程技术人员认真仔细的工作。在指挥部的全力支持和协助下，试验基本达到了预期的目的。影响失水裂缝产生的因素大约有 18 条，我们在试验中认真排查了 10 条，且都得出了相应的结论。这对吐鲁番机场的工程建设质量、工程进度及跑道的使用寿命都将产生重要的、决定性的影响。

由于条件所限，还有 8 种因素没有排查。这 8 种没有排查的因素主要集中在水泥的成分中，尽管它们对裂缝的产生有直接的、至关重要的影响，但由于全国基本建设形势的影响，水泥一直是卖方市场，没有一个水泥厂家愿意给我们生产试验所需要的、批量只有几吨的水泥。

吐鲁番特殊的气候环境条件，是开展这次试验的最大因素。因为本地的特殊气候，特别是这种气候条件对失水裂缝的巨大影响，可能对混凝土面板产生极大的、破坏性的影响，甚至可能会给整个机场的建设带来破坏性的后果，所以我们在工程建设的前期，单列出这个科研试验项目(结果将在下文专门章节里描述)。

我们对所有产生的失水裂缝都进行了仔细地观察和记录，许多裂缝在一个月以后消失了，还有许多没有消失，并可能会永远存在。但有些混凝土面板，在我们的有效控制下没有发生失水裂缝。我们将在今后吐鲁番机场混凝土施工中，扬长避短，减少直至杜绝失水裂缝的发生。

8 月 23 日，试验总结大会在吐鲁番机场指挥部召开。参加试验的领导和工程技术人员对各种影响因素进行了总结，总结分为环境、原材料、配合比、水灰比、外加剂、纤维、施工工艺等几大方面。

16.4.2　环境气候影响总结

在试验开始前，我们对环境因素对失水裂缝产生的影响程度没有把握，在制订试验方案时，对这一问题也做了多种设想，做了必要的准备。所以试验开始后我们从以下几个方面进行了观察研究。

1. 泌水问题

根据以往的经验，在夜间施工时，当水灰比大于 0.46 时，混凝土面板就会有不同程度的泌水。而本次试验过程中的三个晚上，面板不但没有出现泌水，反而出现了不同程度的假凝现象，特别是 7 月 5 日，甚至出现了比较严重的假凝现象，这是第一个不同点。

2. 抹面的开始时间

根据以往的经验，抹子做面的时间应该在滚筒工作结束后的 0.5～1h，而这次试验 7 月 5 日和 7 月 6 日晚基本都在滚筒做完面 10min 左右木抹子就开始做面，这是第二个不同点。

3. 盖布养护的时间

根据以往的经验，在夜间施工时，从倒料到面板能盖布养护一般需要4～6 个小时。而这次试验 7 月 5 日和 6 日的盖布时间都不足 4 小时，7 月 7日为 4 小时 5 分钟，这是第三个不同点。

当然，引起以上不同点的原因肯定是温度和空气相对湿度的差别，这还不包括我们使用的水灰比比其他机场大 1～3 个百分点。在其他机场，夜间施工时的温度一般不大于 25℃，空气相对湿度一般为 40%～60%。而本机场 3 个晚上试验时的温度均为 29～35℃,空气相对湿度一直在 20%左右。

这些差距致使施工现场出现了以上 3 个主要不同点。至于由于环境的不同失水裂缝产生的严重程度的差别，本次因条件所限没有办法做对比试验，所以没有得出结论。

经过试验研究人员讨论总结认为：尽管出现了以上的不同，但这些不同通过施工工艺的改善是完全可以解决的。这些问题并不会给混凝土的施工、质量甚至耐久性带来明显影响。所以我们认为：吐鲁番这种极端特殊的环境对工程的影响是可控的，其影响程度并没有我们事前设想得那么严重，这是我们这次最重要的一个收获。

我们在前面对影响失水裂缝产生的因素列了 18 种，这里面当然有主要因素，也有次要因素。混凝土的复杂性在于，在特殊的条件下，次要因素会变为主要因素，主要因素却下降为次要因素。在这 18 种因素中，我们把风速、温度和空气相对湿度的影响排在较后的位置，就是我们认为它们可能是次要因素。但在吐鲁番这种特殊环境下会不会转化为主要因素呢？这是这次试验的目的之一。当一个影响因素走到极端，不能通过改善其他因素来补救时，这样的因素我们认为就是主要因素。但对影响失水裂缝产生的 18 种因素来说，个个都可能有这样的效果，比如环境温度的影响，如果气温在 30℃以下，对失水裂缝的影响很小，可以忽略不计，那么当气温上升到 80℃呢？(吐鲁番夏季就达到过这个温度)那肯定是最直接的第一影响因素了，所以我们只能在一般环境下来评价它。这里还有一个条件，就是在目前的施工技术水平和混凝土操作工艺条件下，哪个因素容易解决，就把它列为次要因素。通过这次试验，我们认为风速、温度和空气相对湿度，在实际混凝土施工中，都是比较容易用改善其他因素的方法来补救的，所以，通过本次试验，我们还是认为这三个因素是影响失水裂缝产生的次要因素。

我们采取夜间施工，避开了高温，采取微风或无风时施工，避开了风速的影响，所以取得了成功。

总之，混凝土是一个复杂的、综合的系统科学。任何问题的出现都不是单一的因素引起的，而是许多因素综合作用的结果，即使某个因素上升到了极端，仍然可以通过改善其他因素来补救。通过这次吐鲁番的试验，完全能够证明上述论断是正确的。

根据以上总结，我们建议施工期间高温时对砂石进行覆盖。

16.4.3　原材料总结

1. 骨料

本次试验混凝土所用粗骨料为机场上游河床上的卵石破碎加工而来的。加工机械为反击破，符合民航规范的规定。河床上的卵石主要由安山岩、片麻岩和凝灰岩组成。由于没有见过不同的岩石成分对失水裂缝的产生存在不同影响的文章或专著，所以本次试验没有考虑用不同岩石进行对比试验。

所用砂子也是从同一河床砂卵石中筛出来的，为粗砂，细度模数 3.0 左右。也同样由于没有见到过砂子粗细对失水裂缝产生有不同影响的报道或观点，本次试验也没有安排对不同细度模数的砂子进行对比试验。

传统的混凝土科学观点认为：骨料是混凝土强度三大主要影响因素之一(水泥浆体、水泥浆体和骨料界面、骨料自身)，我们近年来经常做 C30～C60 的混凝土(对 C60 以上的混凝土由于做得较少，没有发言权)，主要是使用了规范允许的合格骨料，一直没有发现骨料自身的强度对混凝土强度有明显影响。我们认为是由于粗骨料破碎方式由原来的锷式变为反击式或锤式，使粗骨料的针片状含量大大降低的结果。裂缝的产生会给混凝土强度带来极大的伤害，既然现在的骨料对混凝土强度没有明显影响，那么不同骨料对失水裂缝的产生，我们推断也没有影响。

现场有人认为，粗砂在同等条件下容易产生失水裂缝，空军某总队林兴刚等工程师、西北民航监理王昭元工程师，根据自己的工程实践，就是这样认为的。但也有人持相反的意见，作者就认为粗砂更有利于混凝土表面砂浆层的体积稳定。以上这两种观点谁是谁非，还需要科研试验和工程实践来证明。但目前在现场做这样一个试验，条件是不具备的，甚至我们目前的混凝土科技水平，还不能准确地做出这样的试验，我们只能等后一代混凝土科技工作者来完成它了。

2. 水泥

本次试验在水泥方面做的工作较少，这是本次试验最大的一个遗憾。

我们一直认为这些年机场道面失水裂缝和网状裂缝越来越严重，主要是因为用现代方法生产的水泥起了很大的负面作用。这里面不仅是水泥的细度、标号、三天强度、凝结时间、混合材掺量及品种、C_3A 和 C_3S 含量等，主要还有水泥生产工艺中高效选粉机和助磨机的使用。以上这些原因都对失水裂缝的产生有很大的负面影响。我们也认为现代水泥和过去的水泥有质的区别，现代水泥除了对混凝土的 28 天强度有正面影响以外，对混凝土的其他影响也许都是负面大于正面。

本次试验为什么用近一千千米以外的阿克苏多浪牌水泥来做对比？这主要基于我们 6 年前在和田机场施工时对多浪水泥的良好印象。新疆和田机场位于塔克拉玛干大沙漠的边缘，大风、高温和空气湿度很低是其主要的环境气候特点，和吐鲁番有相似之处。当时多浪水泥的各项主要指标是：C_3A 含量为 1%左右，C_2S 含量为 25%左右，细度为 $330m^2/kg$，终凝时间为 4 小时 25 分钟。这种水泥的各项指标都非常适合新疆南疆这种干旱、高温和多风的环境气候特点。和田使用了这种水泥，在 35℃高温和 4 级大风的情况下施工无假凝无失水裂缝，并有很好的裂缝自愈合现象。所以我们一直认为，和田机场的成功建设，多浪水泥在当时起了很好的作用，这就是本次使用它来做试验对比的原因。

但 7 月 5 日晚上的试验让我们失望。在同等条件下，多浪水泥试验段共计有失水裂缝 46 条，总长为 525cm；天山水泥试验段共计有失水裂缝板为 6 块，裂缝共 22 条，总长为 192cm。在 8 月 23 日最后一次复查时，多浪水泥试验段还有裂缝 117 条，总长 318cm。虽然裂缝总长减少了，但裂缝的条数还增加了。这证明其后期的收缩还在加剧；天山水泥试验段还有裂缝 22 条，总长 134cm，多浪水泥的试验段裂缝远比天山水泥还要严重。经事后和多浪水泥厂的技术人员，也是 6 年前的老朋友座谈，他们水泥厂这 6 年来靠水泥市场的大好形势赚来的钱，进行了大量的技术改造工作，现在他们厂的水泥各项技术指标早已和全国各现代化的工厂没有任何区别了。和过去的水泥相比，这些现代化工厂的水泥最主要的特点，就是高细度、高强度和最大限度的混合材掺量。6 年前为我们和田机场生产的那种水泥早就在他们厂消失了。

尽管这次试验中多浪水泥的表现让我们很失望，但两种水泥在同等条件下对失水裂缝产生的完全不同的影响还是让我们有很大的收获，让我们认识到水泥的技术指标的改变对失水裂缝的产生有多么大的影响。

16.4.4 配合比总结

1. 配合比

如前文所述，我们对新疆公路科研所所做的配合比进行了适当调整。为什么要调整？调整的意义究竟何在？前面也已做了详细论述，这里不再重复。那么调整后效果如何？我们必须从正反两方面来总结。

(1) 本次调整只增加了 70kg 粗骨料，其他材料用量一律不动。根据以往的经验，如果粗骨料用量过大，现场就会出现振捣时混凝土料不下沉或下沉量很小、粗骨料甚至在混凝土表面出露、滚筒和抹子压不下去的情况，在这 3 天的试验过程中并未出现这种情况。

(2) 据现场技术人员和工人反映，他们在其他机场也用过新疆公路科研所做的配合比，经常出现由于表面砂浆过厚，必须人工铲除的情况，而在本次试验过程中没有出现这种情况，这也说明这次调整是正确的。

2. 水灰比

这里对水灰比的问题需要重点总结一下。大家从上文可以看到，在不加纤维时所用的水灰比为 0.46，加纤维时用的水灰比为 0.5～0.52，这略超出了民航规范规定的水灰比不大于 0.45 的要求。

混凝土科学理论认为，水泥水化时所需的水灰比为 0.2 左右，多余的水在水泥水化结束后就会形成孔隙。混凝土中的孔隙对混凝土的强度、抗冻抗渗性和耐久性等都会带来很大的伤害，所以，各行业的规范都对最大水灰比有明确限制，民航规范限制为 0.45。

既然水泥水化时需要的水灰比仅为 0.2，那么为什么还要加大到 0.4 以上呢？这当然是施工操作的要求。如果所用的水灰比仅是 0.2，那么就会因混凝土过于干硬而无法进行振捣抹面整形等工作。所以，任何建筑行业，都会根据本行业施工工艺操作的需要，制定一个满足施工操作需要的最小水灰比要求，当然比水泥水化所需的水灰比要大。

影响施工时水灰比的大小绝不仅仅是施工工艺的要求，温度、风速和空气相对湿度等，都对施工现场所需的水灰比有很大的影响。因为这些因素都会使混凝土中的水分蒸发加速，致使现场施工操作时的实际水灰比比搅拌时小很多，使施工无法进行。

国家规范一般是面对宏观的、绝大多数的情况，对于特殊情况下的问题，由于对全国来讲所占比例很小，规范就不可能面面俱到地讲清要求，这是必然的。当我们的工程遇到特殊情况时，如何合情合理地、科学地执行规范，就成了现场工程技术人员的一个重要的技术问题。

吐鲁番正是这样一个情况。吐鲁番的环境在全世界也是极端的，在这种环境下，如果还是机械地、教条地坚持水灰比必须满足民航不大于 0.45 的要求，显然是片面的，也可以说是错误的。北京和西安夏季空气相对湿度经常是晴天在 40% 以上，阴雨天一般在 70% 以上，在夜间施工时，在夏季这两地的温度基本能保持在 25℃ 以下。假设在北京和西安夜间使用的水灰比是 0.45，那么在吐鲁番，夏季夜间温度基本在 30℃ 以上，如果还要求施工单位采用 0.45 的水灰比，怎么能满足在同等条件下的施工要求呢？这还不算空气相对湿度的巨大差异带来的差距。

另外，按照我们过去的经验，温度每升高 1℃，混凝土的每方用水量必须增加 1kg 左右。北京和吐鲁番夏季夜间平均温度差距按 5℃ 算，在同等条件下，吐鲁番机场混凝土的单方用水量也要增加 5~6kg，这 5~6kg 水折成水灰比就是两个百分点，也就是说，北京的水灰比如果是 0.45 的话，吐鲁番的水灰比就必须达到 0.47 才能满足同样的施工工艺操作要求。如果再把空气相对的巨大差距考虑进来，那就应该比 0.47 还要大。

以上的分析主要是以我们的经验为依据的，因为没有人做过这样的对比试验，找不到相关的数据。在吐鲁番采用仅比规范规定大一个百分点的水灰比来施工，对规范的执行，应该是科学的，也是严格的。

3. 外加剂

本次试验采用北京安建世纪有限责任公司生产的 AFJ-6 高效缓凝减水剂(引气型)。该公司的产品在新疆其他机场多次使用，效果一直较好。比如在乌鲁木齐机场等地使用，可以将水灰比由 0.44 降到 0.39。但在本次试验中，减水效果并不明显。不仅如此，在 3 天的试验中，凡是加外加剂的面板，裂缝数量是最多的。我们对出现的这一现象进行了多次的研究和分析，认为主要是以下两个原因造成的。

(1) 过高的温度降低了外加剂的使用效果。根据我们的经验，一般减水剂在28℃以下使用效果最佳，在30℃以上效果就会大打折扣。本次试验前两天温度都在30℃以上，第三天也在28℃以上。这是本次外加剂使用效果不明显的原因。

(2) 减水剂会使混凝土的收缩增加。这次试验也恰好证明了这一点。在我国其他地方，由于温度和吐鲁番相比较低，空气湿度较高，外加剂增加混凝土收缩的现象被较好的环境因素掩盖了，所以一般难以发现这一现象。但在吐鲁番特殊的气候环境条件下，这一现象变得非常明显。

但我们认为还不能彻底否定外加剂的使用，考虑的原因有：试验时吐鲁番当地夜间气温在30℃以上，而机场计划混凝土施工时间为9～10月份。根据当地的气象资料，到9月份以后，夜间气温将降到25℃左右，在这个温度下，外加剂将起到很好地降低水灰比的作用。另外，尽管试验外加剂确实增加了失水裂缝产生的机会，但这一问题完全可以通过改善其他施工工艺来解决。总之，在可能的情况下，尽可能地降低水灰比总是混凝土技术的最大原则。

4. 强度

本次试验28天强度结果(多浪水泥试验强度结果略去)如下。

不加外加剂和纤维：　　　5.7MPa

加外加剂：　　　　　　　5.2MPa

加外加剂和纤维：　　　　5.4MPa

从结果可以看出，不加外加剂和纤维的混凝土强度最高，加外加剂和纤维次之，加外加剂最差。

经分析认为：加外加剂和纤维的试件可能是由于水灰比的增大对强度造成了一定的伤害，加外加剂的试件可能是由于本地的特殊气候造成了收缩过大，也使强度受到一定程度的伤害。但由于试件组数较少，对这三种不同的结果还不能下最终的结论。

我们认为：在本机场，除了混凝土的强度以外，最应该关注的就是失水裂缝的减少和消除。我们在前面也说过，减少和消除失水裂缝是本机场建设成功与否的关键标志。所以，我们要兼顾强度和减少失水裂缝产生两种因素，来决定一种材料的取舍。

16.4.5　对添加聚酯纤维的总结

聚酯纤维和聚丙烯纤维是近些年混凝土中添加的一种新材料，主要的目的就是用来防止失水裂缝的发生。但一直也存在着不同的争议，科技界一些赞同的学者认为对混凝土来说，它有利无害，是防止失水裂缝的锐利武器。但也有人说经试验证明没有效果。作者于 2004 年在宁波某机场，经十多万方加纤维的混凝土施工后认为没有效果。

但是，近几年在新疆和甘肃一些极端干旱高温地区机场，添加同类纤维(有的是聚酯，有的是聚丙烯)后认为效果良好，如甘肃敦煌的空军机场、新疆哈密机场等。本次试验开始时，为了慎重起见，试验组副组长带队到哈密机场进行了实地考察，听了施工单位和使用单位的情况介绍，认为添加聚酯纤维对防止失水裂缝，甚至对混凝土面板的抗冻抗渗和耐久性都有好处。正是由于以上原因，我们本次试验把添加聚酯纤维作为防止失水裂缝的重点措施进行对比试验。

试验分别在 7 月 6 日和 7 日两个晚上进行。6 日在 23:00 先加聚酯纤维，凌晨 3:00 再进行无纤维的对比试验；7 日晚上又将顺序倒过来，夜间 23:00 先进行无纤维的试验，凌晨 3:00 再进行加纤维试验。

结果为：将纤维试验放在夜里 23:00，无纤维对比试验放在凌晨 3:00 时，无纤维试验段失水裂缝比有纤维段严重得多。这说明加纤维对防止失水裂缝是十分有效的。

将纤维试验放在凌晨 3:00 施工，而对比的无纤维试验放在 23:00 时，两个试验段都基本无失水裂缝发生。这反过来又说明加纤维对防止失水裂缝没有明显效果。

经试验小组分析认为，从理论上讲，混凝土强度增长的过程，也是一个收缩的过程。收缩就会对混凝土产生一定的拉应力，但同时强度增长的过程也是一个抗拉能力增强的过程，当拉应力大于混凝土此时的抗拉能力时就会出现失水裂缝，反之，就不会出现失水裂缝。

失水裂缝主要发生在混凝土入模的这 24h 之内，特别是前 6h，就像人的婴儿期一样，容易伤风感冒。我们的经验认为，对现代水泥来说，混凝土在前 6h，如果强度一直是均匀地、缓慢地增长，那么，混凝土就不容易出现失水裂缝。相反，当混凝土受到某种因素的影响，强度增长的速度忽然加快，表面失水的速度也随之加快，就很容易产生失水裂缝。

使混凝土强度增长速度突然加快的因素有很多，比如环境因素中的突然大风、气温突然升高等。从夜里 23:00 到早晨 6:00，环境温度属于一个越来越低的发展过程，这个因素使水泥水化的速度越来越低，所以，失水裂缝产生的可能性就越来越小。到 6:00 气温升高时，混凝土的抗拉能力已经增大到足以抵抗许多失水裂缝的产生。而凌晨 3:00 以后入模的混凝土就不同，太阳出来使气温迅速升高，水泥水化速度突然加快，而此时混凝土的抗拉能力还抵挡不住混凝土内部较大的拉应力。而这个阶段的混凝土，产生失水裂缝的可能性是最大的。

从以上的分析可以看出，纤维提高了这个阶段混凝土的抗拉能力。所以说，纤维对减少混凝土失水裂缝有效果，从理论上讲应该是对的。但能否达到人们肉眼能看到的宏观效果，还要受许多因素的复杂影响。这就是许多人认为有效果，许多人同时又认为没有效果的症结所在，就如我们这次试验一样，在夜里 23:00 到早晨 6:00 这个时间段，水泥水化的速度越来越慢，产生失水裂缝的可能性越来越小，或者也可以说，这个时间段(再无其他因素如大风等影响的话)的混凝土，其自身的抗拉能力远大于由于水化引起的拉应力，其自身就可以完全抵抗失水裂缝的发生，根本就不需要纤维来帮忙。

作者在宁波某机场的试验也可能属于这样的情况，由于宁波地处海边，当地气候温差小，空气湿度大。使混凝土发生急速水化的可能性变小，产生失水裂缝的可能性也变小，所以在宁波某机场纤维混凝土实践的结果是没有效果，这也可能是地处南方潮湿地区的混凝土学者认为纤维无效果的原因所在。但这一结论还受到水灰比(水灰比越大抗拉能力越小)、配合比(体积稳定性越小抗拉能力也越小)和施工工艺(是否采用多抹面)等诸多因素的影响，还不能一概而论武断地认为纤维在南方就没有效果。

但纤维绝不是只有优点没有缺点。通过这次试验，我们发现加纤维的主要缺点有：①必须加大水灰比，这使混凝土的强度受到了一定程度的损伤(许多学者都认为没有损伤，甚至还有说强度有增长的)；②搅拌时间不能长也不能短(过短搅不匀，过长起团)；③水灰比不能过大也不能过小(过小容易假凝，过大容易泌水)；④面板出现砂眼等小缺点难以弥补；⑤成本较高(混凝土成本需增加 10%左右)。这些缺点都可以通过采取施工措施来克服。

总之，通过试验，我们认为在吐鲁番机场混凝土中添加聚酯纤维，对防止失水裂缝的产生是十分必要的，效果非常明显，特别是在早晨天亮这个施工阶段。

也有人说，既然试验结果认为在天亮这个施工阶段效果明显，那我们为什么不只在这个阶段加纤维呢？我们研究认为，在混凝土施工的其他阶段，突然的大风、砂石料和水泥因白天日晒温度过高等因素，也会使水泥水化速度突然加速，这时都需要纤维来帮助消灭失水裂缝的发生，所以，我们试验小组建议，在整个机场混凝土施工中，全部加入聚酯纤维以防止失水裂缝的产生。

16.4.6　对网状裂缝的总结

本次试验的重点不是网状裂缝的研究与总结，但在失水裂缝的研究过程中，也顺便对网状裂缝的发生做了一些观察和研究，现在就试验中出现的一些现象进行一些总结(由于没有进行相应的对比试验，所以没有结果性的论断)，主要是给以后的专门研究者提供一些参考。

采用拉毛(加外加剂)后出现的网状裂缝，如图 16-24 所示。

采用拉毛(加纤维)后出现的网状裂缝如图 16-25 所示。

采用抹光机后出现的网状裂缝如图 16-26 所示。

图 16-24　采用拉毛(加外加剂)后出现的网状裂缝

图 16-25　采用拉毛(加纤维)后出现的网状裂缝

图 16-26　采用抹光机后出现的网状裂缝

本次对网状裂缝产生的结论有：在其他机场，网状裂缝一般在养护结束后一个星期才出现。在本机场试验中，在混凝土入模的第二天，上水养护前就大面积出现了严重的网状失水裂缝，这是本地特殊的气候条件造成的。

过去，我们认为网状裂缝产生的主要原因有：①风速的作用；②高温的作用；③干旱的作用；④水灰比的作用；⑤外加剂的作用；⑥水泥自身的作用；⑦混凝土表面砂浆厚度的作用。在这些原因中，我们过去一直认为水泥自身的原因占次要位置，但在本次试验中，不管是加纤维、加外加剂、不加纤维和外加剂、不同品牌的水泥和不同的施工操作工艺，都出现了网状裂缝，而且严重程度基本相同。

通过本次试验，我们认为除当地特殊的气候条件外，现代化的水泥生产工艺可能是网状裂缝发生的主要原因，甚至是直接原因，而采用加外加剂、加纤维、改变施工操作工艺对防治网状裂缝没有效果。

16.4.7　对施工工艺的总结

本次试验施工工艺和过去最大的不同之处是抹光机的使用。

由上海某公司生产的这种抹光机,是由一个功率为 2kW 的马达带动一个 90cm 直径的圆盘,圆盘底下安装了 4 个铁抹子,代替过去的人工进行抹面工作,如图 8-9 所示。这种机械在民航工地上使用时间不到五年,根据使用过的工人和技术人员反映,对防止失水裂缝的发生非常有效。本次试验的结果也正是如此。在三天的试验中,抹光机的使用,可以说消除了绝大部分失水裂缝的发生。

在 7 月 5 日的试验中,多浪水泥试验段出现失水裂缝共 46 条,总长为 525cm;但使用了抹光机的对比段只有 3 条裂缝,总长 15cm,其余裂缝都是没有使用抹光机段产生的。在 8 月 23 日的最后一次复查中,多浪水泥试验段共有裂缝 51 条,总长 224cm。抹光机使用段仅在第七块板上发现 1 条裂缝,长 7cm,其余裂缝都在没有使用抹光机试验段。

天山水泥试验段出现失水裂缝板为 6 块,裂缝共 22 条,总长为 192cm;但使用了抹光机的对比段只有一条裂缝,总长 3cm,其余裂缝都是没有使用抹光机段产生的。在 8 月 23 日的最后一次复查中,天山水泥试验段共有裂缝 21 条,总长 133cm;抹光机使用段没有一条裂缝。

在 7 月 6 日的试验中,加外加剂加纤维试验段共计有失水裂缝板为 2 块,裂缝共 2 条,总长为 18cm,全部在没有使用抹光机试验段。加外加剂试验段共计有失水裂缝板为 4 块,裂缝共 6 条,总长为 58cm;使用抹光机试验段仅有 1 条,为 5cm。不加外加剂和纤维试验段共计有裂缝板为 5 块,裂缝共 9 条,总长为 82cm;抹光机试验段只有 1 条,为 5cm。

在 7 月 7 日的试验中,加外加剂和纤维试验段共计发现失水裂缝板为 3 块,裂缝共 3 条,总长为 16cm;裂缝全部在拉毛试验段,抹光机使用段没有发现裂缝。加外加剂试验段共计有失水裂缝板为 3 块,裂缝共 6 条,总长为 55cm,使用抹光机试验段仅有 1 条,为 4cm。不加外加剂和纤维试验段共计发现失水裂缝板为 2 块,裂缝共 2 条,总长为 12cm;裂缝全部在拉毛试验段,抹光机使用段没有发现失水裂缝。

在 8 月 23 日的复查中,天山水泥试验段中,凡使用抹光机的区段内,所有失水裂缝全部消失。

使用抹光机对防止失水裂缝的作用可以说是巨大的，也是很了不起的。

从理论上讲，在初期，混凝土强度增长的过程，实际上也就是失水裂缝产生的过程，在这个阶段的施工工艺中，主要由人工用抹子将这些裂缝消除掉。过去我们民航的施工工艺特别强调抹子遍数的重要性(一般规定要抹 6 道抹子)，就是这个道理。当人工最后一道抹子抹完以后，混凝土再出现的失水裂缝就会成为混凝土永远的损伤和薄弱点。实体混凝土今后的强度、抗冻抗渗、耐久性等技术指标都与这些裂缝关系密切(特别是产生于混凝土表面的裂缝)。这和我们过去常讲的木桶盛水理论是一个道理：最短的一条木板决定了木桶盛水的多少，这些裂缝也许就决定了混凝土的许多技术指标。

抹光机的使用，在人工之后再一次消除了混凝土表面的裂缝。当混凝土进一步凝固，人工已经抹不动的时候，抹光机靠机械的力量，再一次消除了混凝土表面产生的裂缝，从而进一步提高了混凝土抗失水裂缝的能力，同时也提高了混凝土的抗冻抗渗能力。8 月 23 日进行的渗水试验也说明了这一点。

其他工艺因与过去没有区别在此不再详述。

16.4.8　总结论

本次试验在 12h 之内总计产生失水裂缝 191 条，总长度 898cm。8 月 23 日还有裂缝 159 条，总长 554cm。

采用多浪水泥的失水裂缝数量和总长度，在同等条件下远大于天山水泥，因此，在本机场施工中应选用天山水泥。

在混凝土中添加聚酯纤维对防止失水裂缝的产生有明显效果，在天亮前后效果最佳。因此，在本机场施工中应加入聚酯纤维。

使用抹光机对防止失水裂缝的产生有明显效果，因此，在本机场施工中应使用抹光机。

外加剂虽然增加了混凝土的收缩，但这种增加可以通过其他施工措施进行弥补。随着气温的降低，它可以大幅度降低水灰比。建议施工时可根据天气温度的变化，适当加入外加剂。

养护时应采用双层土工布，24h 不间断洒水。

白天气温过高时，应采取措施对砂石料进行降温。

16.5　对吐鲁番机场混凝土施工的总要求

通过本次试验和结论，经试验小组全体人员讨论，对吐鲁番机场道面混凝土施工提出如下要求。

16.5.1　对施工准备的要求

(1) 应科学合理地做好施工组织设计，安排好工期，合理编制施工工艺流程，准备好所需的施工、质检、试验各项设备及小型设施，为创优工程创造必要的条件。

(2) 必须充分认识到做好本混凝土施工的技术难度和复杂性。必须严格按照本次试验的科学成果进行施工。施工前必须对施工过程中每一个细节进行认真的研究，取得共识后方可进行施工。

(3) 施工前还应根据本次试验取得的成果作混凝土试验段，在取得能满足设计的质量要求、施工工艺流程的可靠参数并报监理审核后，才允许进行正式混凝土道面的施工。

(4) 应主动和气象部门取得联系，以取得机场范围内准确的天气预报。特别是恶劣气候，如高温、大风及雨天的天气预报，以便正确指导生产并防止给工程质量带来损害。应在 4 级以上大风来临之前停止施工。

(5) 应对水泥、砂石料的温度每天进行检测。如发现温度过高应采取降温措施，如对砂石料进行覆盖洒水等。

(6) 施工前应对各种施工机械进行检查，以确保其在正常使用状态。

16.5.2　施工过程控制

(1) 施工单位在基础验收完毕后，经监理同意后方可进行混凝土施工支模前的准备工作。

(2) 独立仓的长度一般以一个 45 人的作业队在 12h 内能够完成的工程量来确定，独立仓一般以不大于 150m 为宜。

(3) 支模前应对基础按每块混凝土板的四角最后精测一次，根据基础的误差值和模板底面标高做砂浆垫块或方木垫块。

(4) 模板的固定必须先用冲击钻钻孔，将支撑杆打入水泥稳定砂砾层内，以减少对基层的破坏。安装好的模板除平面高程位置准确外，还必须稳定牢固，不得有松动现象。三脚架或拉杆与模板的连接宜用木楔加锁，以便进一步校正模板，施工单位校正完毕经监理验收合格后方可进行下一步工作。

(5) 填仓的时间要根据气温来定。一般在邻板完成 72h 后方可进行。填仓的距离最长以不超过 200m 为宜。填仓的混凝土道面的铺筑工作应当仔细，既要铺筑好填仓的混凝土，也要保护好原道面的混凝土，在使用联合振捣器和木行夯时，要铺铁皮板，以避免对原道面的破坏和便于清洁施工，填仓的混凝土板要考虑混凝土板的邻板差，避免邻差过大。

(6) 混凝土浇筑前应测定砂石料的含水量，以便调整混合料的用水量。

(7) 混凝土拌和机应配备打印系统以便抽检，调试正常后方可进行混凝土混合料的拌和，以提高配料的准确性。

(8) 混凝土混合料的拌和应严格按有关干硬性混凝土的拌和要求进行操作，每天按配合比通知单拌料，将原材料的比例按顺序输入，拌和好的混合料应颜色一致，不应有离析现象，为确保混凝土的强度，施工单位有权根据天气情况自己决定在后台减水；若遇到大风高温等特殊天气需要加水时必须征得监理同意。混合料的拌和应严格按混合料的拌和规程进行操作，拌和时间不应低于 90s，工作电压不应小于 350V，也不宜大于 620V。

(9) 混合料在上料时要特别注意，严禁将泥土混装入混合料内，降低混合料质量。

(10) 混合料运输车辆必须保持清洁，不准有杂物和遗留的混合料存在车厢内，亦不准有冲洗车的积水留存。

(11) 混合料从搅拌站运至现场，最长时间不应超过 30min。运料的道路应是平坦无坑洼，并定期进行养护。以避免因运输原因导致混凝土离析或杂物混入混凝土。

(12) 拌好的混合料要随即运至现场摊铺，不准停留，如混合料超过初凝期，不准运入现场。

(13)运输车辆进入铺料现场倒车应慢,现场应有专人指挥,以防止车轮碰撞模板,如发生此类情况,应立即校正。

(14)混合料摊铺应按施工技术要求进行,运入现场的混合料要立即摊铺,铺料要均匀,摊料时如果发生模板漏浆或移位,应立即处理并校正模板。

(15)混合料振捣工作应随摊料后立即进行,靠模板处应用插入振捣棒,插入振捣器振捣应快入慢出,防止不均匀的振捣,振捣时间以表面浆平不再有水泡泛出或细集料液化、粗集料共振为宜。完成后要用平板拖振一次以便找平。在振捣时还应辅以人工找平,振捣好的混合料表面不能出现高低不平。

(16)联合振捣器振捣后用平板振捣器拖平、用木行夯振捣梁振捣不得少于两遍。第一遍木行夯振捣的目的:①使混合料表面密实;②将粗骨料压下去;③使混凝土表面达到初步平整。所以在振捣时必须辅以人工找平,挖出高的混合料,填平坑洼处。以木行夯前面的混合料高出木行夯 3cm 左右最为适宜,木行夯一般来回两遍可以达到施工要求。其质量要求为由木行夯底部的钢钉在混凝土表面形成印迹但又不是过高(无印迹表明混凝土面过低应立即补料,印迹过高表明混凝土面过高应立即铲除一部分料),并同时在表面形成浅显的水泥浆波纹,木行夯的工作此时可以结束。在进行振捣梁作业时模板易发生移位,模工应特别注意校正模板,测量人员必须随时复测以控制模板高程。

(17)木行夯振捣完成作业面 5～10m 后,一般来回两遍即可。第二遍行夯的目的:①使表面密实;②进一步使混凝土表面平整;③消除表面局部坑凹现象;④进一步将粗骨料压下去。质量要求为:木行夯振过后混凝土面板表面形成平行的水泥浆波纹,以便提浆筒提浆作业。

(18)提浆的滚筒由两人操作来回搓揉提浆,其作业时间应待行夯作业完成 5～10m 后进行。滚筒作业的目的:①提浆;②整平;③进一步压实,提高表面砂浆均匀度。一般 2～3 遍即可完成作业。两道滚筒间应间隔一定时间,一般以第一道滚筒完成,待砂浆沉降稳定后,再进行第二道滚筒作业。其目的是为避免砂浆在作业时向低处流动,导致板面低处高程超标,提高板面平整度,保证高程的精确度。在作业时,操作者对混凝土面的平整度要有特殊的敏感性。滚筒感觉过轻可能就是混凝土面低了需要补料，滚筒感觉过重可能就是混凝土面过高需要铲出去一部分料。最后滚筒前砂浆应饱满成型。还有一个施工经验在此必须提醒施工者注意：如滚筒前面砂浆过稀不成型，证明混凝土的水灰比过大，这不但影响混凝土强度而且会使后继的抹面工作不能按时进行，此时应通知后台适当减水。滚筒工作结束以混凝土表面出现明显水波花纹为止。最后用钢钎或木楔将滚筒卡死使滚筒在混凝土面上滑动而不是滚动，将混凝土面板滑平。一般提出的浆应为3～5mm，过厚则板面容易产生龟裂影响混凝土质量，过薄则难以做面和拉毛。

(19)这里需要特别强调的是：混凝土面板的平整度是场道混凝土质量标准最重要的指标之一。但平整度的粗平主要靠两道滚筒之间用三米直尺反复检测。一般的做法是：每一道滚筒作业过后，立即用三米直尺检测。如发现不平应用砂浆和混合料填补找平，直至平整度达到满意方可结束滚筒作业。

(20)滚筒提浆结束后，即可进行木抹子做面工作。但具体能否立即开始木抹做面工作与此时砂浆的粘稠度有很大的关系。一般的施工经验是：用食指用力按压混凝土板面，第一遍木抹以表面3～5mm深度痕迹为宜，第二遍木抹以表面2～3mm深度痕迹并明显感觉砂浆有粘稠度为宜，第三遍木抹以表面1～1.5mm深度痕迹明显感觉砂浆有一定强度为宜。木抹的作用：①压砂；②抹平提浆；③对表面进一步压实。后一遍应在前一遍砂浆沉降稳定后进行。此时，面板的整平工作应继续跟踪进行，在每道木抹抹面过程中，用三米直尺随时检测反复整平，以进一步达到精平目的。

(21)最后一遍木抹完成后，即可进行第一遍铁抹。铁抹作用：①抹面；②压实收光。第一遍铁抹在砂浆有一定强度，用食指用力按压混凝土板面，表面有1mm深度痕迹时进行为宜。

(22)当表面用食指按压有痕迹但无深度时，即可采用抹光机做面。做面时一人操作抹光机不断按顺序抹面，不得留有死角。抹光机抹后再人工上一道铁抹子，然后即可开始拉毛。

(23)拆模时间应视气温而定(一般在20h以上为宜)，拆模操作应细心进行，避免损坏混凝土的边角。拆模后宜立即刷沥青以减少混凝土中水分散失并避免与下道混凝土的粘结。沥青的厚度不少于 0.3mm。

(24)切缝工作应根据气温掌握好时间，切缝的宽度、深度应严格按照设计要求，切缝顺直。横缝以整个道面宽度为基准拉通线来保持顺直缩小偏差；纵缝应用经纬仪打通线来指导切缝工作，偏差不得大于 10mm。

(25)养护：养护采用二层无纺布或土工布养护。混凝土浇筑完成后应加强养生及道面的管理工作，禁止车辆行驶，限制人员通行，在 14 天的养护期间内特别要加强对道面洒水养护，保持道面始终处于湿润状态。

(26)养护期结束后，应清理道面，切缝浆均应清理干净。

总之，整个混凝土的质量应贯彻"准、匀、稳、实、平、勤、精、直"八字方针，即配合比准、搅拌匀、运输稳、振捣实、做面平、养生勤、测量精、切缝直。

参 考 文 献

中国民航机场建设集团公司西北分公司. 吐鲁番民用机场飞行区设计说明. 内部资料，2009.

附录 A 似是而非的"比表面积法"理论

《商品混凝土》期刊 2012 年第 7 期发表了杨文科先生系列文章的首篇:《谈混凝土的灵魂——配合比》。文章指出了:①过去配合比所依据的理论基础是比表面积法和最大密度法;②旧的配合比理论和现代混凝土不相适应;③分析了不相适应的原因;④对建立现代混凝土配合比理论的思考。笔者本文则仅就其第 1 部分论述提出一些看法,着重评议一下"比表面积法"。

一

众所周知,比表面积大是细粒和粉状物料的一种属性,对一些表面作用过程很有影响,经常构成相关话题。混凝土原料的水泥、掺合料、砂子乃至石子,属于粉料和细粒物料,会关联比表面积来说事原也正常,就看是说什么事和怎样个说法,其中或有是非正误,则不可不明辩。如果说到水泥的水化反应及相关现象,像水化速率和进程、水化热、强度表现,以及与超塑化剂的吸附和"相容性"等话题,做出"水泥越细、比表面积越大,就水化速率越快,水化进程越快,水化放热越多,强度呈现越早,对超塑化剂的吸附量越多,……"等推断,大致都是成立的,盖因水泥的水化或吸附正是界面反应,所关联的事项是界面反应直接呈现的种种后果,所说的因果关系实际成立并无错位。不过,有些事并不是或并不单纯是个界面过程(现象),还另有其他的机制起着作用乃至起着决定性的作用,那就未必能用"比表面积"来说三道四了。比如"水灰比定则"就与水泥的比表面积不构成对应关系。

但是,笔者未能查究出是何因缘,所谓的"比表面积法"竟成了过去配合比设计所依据的理论基础,成为不少人秉持的基本技术理论之一。据说,早在 1905 年,有人正式提出依据比表面积的理念来建构混凝土配合比设计理论和方法,几十年后得以实现,我国的《普通混凝土配合比设计规程》似乎也是其滥觞之一。笔者无法去查证历史轨迹,对"比表面积法"

的来龙去脉及其切实内容知之不详，仅知人们因习传承的、大同小异的一些说法。这些说法，杨文科的文章介绍得言简意赅而且相当确切。如其所说，"比表面积法"的实质是：视粗细骨料由水泥(浆)粘接起来形成混凝土，粘接剂水泥(浆)的需要量与粗细骨料提供的表面积总量相关。总表面积越多(在达到一定的强度要求的前提下)，水泥(浆)的需要量就越大。按此思路，混凝土配合比设计应尽可能提高粗骨料用量，降低砂率，这是最重要的原则。最形象、通俗的理解，比表面积法把水泥(浆)看成粘结砂石的"浆糊"，砂石提供的表面积越小，所需的水泥"浆糊"就越少。可以论证，骨料的比表面积与粒径成反比关系，所以当骨料粒径减少时，所需"浆糊"量相应增加。因此，在实践中，当砂子变细时，配合比应取较小的砂率值。……

　　不知读者认可以上"比表面积法"的阐述否？！在一些混凝土书刊文章中，在规范中，是常有这些说法的。笔者作为期刊编辑，在批阅稿件时也经常读到这类表述，或引为机理分析的依据，或作为技术取向的守则，确实是把"比表面积法"理论奉为圭臬的。面对这种文稿，笔者常无法删改，只能任其刊出。读者若翻阅《商品混凝土》或其他刊物，必定会找到这类表述，在谈论砂子或掺合料细度影响的文章中，几乎都难免不这样说。对这种众口俗成的说法，笔者其实是不予认同的，是视为错误认识的，"予以放任"是"实在无奈"的违心做法。今天，在这里表白出来，明正视听。

　　对以上"比表面积法"的阐述，笔者明确认定它是似是而非的一套伪说。它开始有些正确的表述，然后并不做出符合实际过程的推演，而是"偷换命题"岔到另外的语境中去，"不合逻辑"地得出臆想的结论来，整个论述其实是前言不搭后语，并不存在真实的因果关系，只是迷惑人的一个忽悠。不妨具体地来剖析阐释比表面积法"实质"的"浆糊"说。水泥"浆糊"要粘接在砂石表面上最终粘接成混凝土，这个开头是事实，不会错的，但下文应该演绎砂石怎样被水泥浆糊团团粘接包裹，粘接包裹成的砂石又怎样聚集起来成为一体，成为一体的混凝土(拌合物)究竟是个什么状况，混凝土(拌合物)中砂、石、水泥浆糊在过程中和最终时是如何粘接(粘结)的，水泥浆糊的用量和形态究竟是怎样的，是由什么因素决定的，和砂石的表面积有没有关系，……然后才能得出正确的结论。光凭一个有头无尾的"浆糊糊表面"的模糊表象，就突兀地断言"总表面积大则浆糊耗量多"，是罔顾事实真相的、想当然的妄念。其中，逻辑错乱、因果不搭、违背事实、确系妄言。

其实，在"简单易懂"的"浆糊"论说中，只要简单地问一句"浆糊要涂多少、怎么涂？"就不会被忽悠了。一问浆糊怎么涂？就得回答涂成个什么样、浆糊有多厚、是否有个什么机制决定着浆糊层的厚度一致不变，否则是怎样形成差异的、各种差异造成浆糊总量如何增减……就得参照实际混凝土构成状况一路追索思忖下去，最后是找不到浆糊量与表面积有实质性关连，哪怕是定性的对应关系也没有！(表面积大，浆糊量多这种定性理念特别忽悠人，必须揭穿它、摒弃之。)不妨设想，按照常理，砂石的粒度越大，比表面积是随之减小了，但包裹的浆糊层似乎也该越厚些，总不能设想大小不同的砂石裹着相同厚薄的浆糊吧？事实上只能是粒度大裹浆也厚，但这么一来，砂石粒度变化、总表面积变化、总的浆糊量变化，其中关系就十分复杂了，得具体问题具体分析，并无"总表面积大则浆糊量大"的定论。正如同地皮的多少和地皮上盖的房子的多少并不是一回事，而且许多小块地皮上盖的房子，未必比较大几块地皮上盖起高楼大厦所形成的房舍多。

以上对比表面积法基本立论的质疑和否定，其实道理是"简单易懂"的，经得起论战辩驳。笔者纳闷的是，比表面积法这么个漏洞彰显、因果错乱的理论或理念，怎么就能长期存在并忽悠住许多人，让人轻信盲从还援例引用着?!是否比表面积法还有别的隐情或玄机?!对此，诚盼有识者能答疑解惑，或者来一番辩析议论，指点迷津。

二

下面，不妨更具体地观察混凝土的实际粘接结合状态，来进一步探究比表面积法的虚实。先看个对照事例，超塑化剂对水泥颗粒的吸附。由吸附机理研究得知，无论是哪种超塑化剂(萘系、聚羧酸系或其他)，对水泥的吸附都是电性相反的极性基团的相互结合，超塑化剂分子在水泥颗粒表面形成单分子吸附层的包裹层，……。在这种吸附的因果关系下，判断说水泥颗粒比表面积越大，吸附超塑化剂量越多，无疑是正确、成立的。如果砂石被水泥浆糊粘接成混凝土也有类似的某种特定的"包裹层"的机制存在，那么对这种包裹层引用比表面积法的理论，在一定程度上还算靠谱。现实中，唯有所谓的生态混凝土的独特混凝土品种，能差强符合这种构想。生态混凝土采用较大粒径的单粒级石子(例如 25～30mm 粒径)，通过特殊的工艺，给石子都裹上一层粘稠的水泥浆糊，浆体包裹石子表面，很紧固而不流淌，包裹层厚度也就大体上是均匀一致的，石子之间紧密堆聚着，靠水泥浆体粘接着不离散，石子间仍存在着占混凝土体积 26% 以上的孔隙，孔隙是内外贯通相连的，得以适应种植草皮的需要。对这种植草护坡用的生态混凝土，水泥浆糊量与石子的总表面积大致是成正比的，比表面积法理论在这里可以成立。

但是，这种生态混凝土当然是极稀罕的特例，其他种类的混凝土都是密实型的。密实的混凝土，共同特点就是砂石堆聚体的空隙空间完全由水泥浆体充填着，砂石间的空间充填着水泥浆，砂石的表面也就都被水泥浆粘接包裹着。从极干硬的碾压混凝土，到传统的塑性混凝土，再到大流动性的泵送混凝土和自密实混凝土等现代混凝土，都是这种粘接结构。虽然由于砂石骨料体量和水泥浆体量的相对消长，造成粘接结构大同小异的差别，形成混凝土性能和品种的显著差异。在碾压混凝土中，骨料体量大到彼此挨着挤着真正形成所谓的"骨架"，水泥浆体量则小到仅够完全充填"骨架"造成的狭窄空间并稍有富余而略微把"骨架"撑开一点，但不足以赋予混凝土具有坍落度。在塑性混凝土中，骨料体量显著减少，水泥浆体量相对增大，骨料的"骨架"被水泥浆体撑开来，散了架，混凝土拌合物相应具有了坍落度。在大流动性现代混凝土中，骨料体量更减少至骨料完全谈不上有架构，而是呈散料游离分散开来，悬浮于体量足够多的水泥浆体中，混凝土拌合物则具有需要的流动性能。以上种种，大同(格局相同)小异(具象有异)地呈现出密实混凝土乃系水泥浆体密实填满砂石外部空隙空间的混凝土体积结构组成模式。其中，水泥浆体的体量，取决于它所占有的空间体积，与被它围裹的砂石的表面积没有因果关系。即使非要拿砂石的表面积大小来说事，充其量只能把砂石的表面积与其所围成的(内部)砂石体积罗织点关系，但扯不上与砂石外部空间有所关联。进一步说，混凝土的体积结构组成模式中，砂、石、水泥浆的体量也各自都是独立的自变量，可以人为地选择组合的，亦即即使是砂石的(绝对)体量也并不能左右水泥浆的(绝对)体量，比如说有 0.7 方的砂石料，并非必然要配合 0.3 方的水泥浆来拌制出 1 方混凝土，也可以配合如 0.5 方的水泥浆来拌制出 1.2 方混凝土，而如此则分别可制出塑性混凝土和自密实混凝土来。综上所述，(密实)混凝土的水泥浆体量与其砂石的表面积值是完全不存在对应关系的，比表面积法理论的基础立论在(密实)混凝土中实际是不成立的，它就是虚妄的伪说。

说到这里，笔者要再补充揭示一个事实，那就是：在把砂、石、水泥浆拌合而成(密实)混凝土拌合物时，砂、石和水泥浆是单纯的固-液(悬浊液)相界面的物理接触现象，直接接触砂石表面的水泥浆并无特殊的性状变化，亦即并不在砂石表面上形成有特定性状的包裹层，就像人体洗盆浴时，直接接触体肤的水不是特异的一层，而是与全盆的水相同无异的。只是到后来，水泥水化到足够程度，浆体呈现出胶凝性能，与砂石表面粘接结合，混凝土拌合物硬化成混凝土，这时在砂石与水泥石的粘接界面处呈现有微观尺度的所谓界面结构层，其性状决定着粘接强度及其他性能。即使如此，宏观尺度的水泥浆(石)对砂石的特定包裹层也仍不存在。

补充这一点，是因为笔者看到稿件中有比表面积法理念变种的新表述。一种说法是避开指陈水泥浆糊形成砂石的包裹层，而构想出在砂石表面有个吸附和润湿其表面的"水层"，"水层"的水当然来自水泥浆，用比表面积法就"水层"说事，似乎是不犯因果逻辑错误的，而借此再攀附上水泥浆量。此说可谓用心良苦，可惜"水层"不是现实存在，否则混凝土结构概念、水灰比定则等基本原理必须全盘改变。另一种说法是想法子界定出个砂石的水泥浆包裹层来，不能拿强度说事，因为强度只涉及水泥浆的质地(水灰比)而无关其体量，拿流动性则可以说。于是立论：混凝土的拌合物要具有要求的流动性，经流变学的演绎，归结为砂石颗粒外面得裹上一定厚度的水泥浆隔离-润滑层。如果砂子粒度改变，比表面积将显著改变，摊到砂粒上的浆层将难以保持需要的厚度，于是要按比表面积法的原理进行调整，合情合理。这里绕了许多机理复杂的弯子，是个编织精致的忽悠，需要长篇大论来破解它，笔者暂且搁置，但请读者同仁共同思忖题解，或有专家学者指点、辨析之乎？！

结束本节前，笔者想给出两个简单的示例，来演示上述内容。

一个简化的案例：设想有 1m 见方的模型，内置 1 个直径 1m 的圆球，周围空隙注入砂浆，遂成 1 方混凝土。此时，石球的直径 $D_1=1m$，石球的全面积：

$$S_1 = \pi D_1^2 = \pi$$

石球的体积：

$$V_1 = \frac{\pi}{6} D_1^3 = \frac{\pi}{6}$$

所用砂浆体积：

$$V_{S_1} = 1 - V_1 = 1 - \frac{\pi}{6}$$

若改用直径 $D_2=\frac{1}{2}$m 的圆球置入模型，需置入 2^3=8 个，浇注砂浆，形成 1 方混凝土。

此时，8 个球的全面积：

$$S_2 = 8\pi D_2^2 = 8 \cdot \pi \cdot \left(\frac{1}{2}\right)^3 = 2\pi$$

8 个球的全体积：

$$V_2 = 8 \cdot \frac{\pi}{6} \cdot D_2^3 = 8 \cdot \frac{\pi}{6} \cdot \left(\frac{1}{2}\right)^3 = \frac{\pi}{6}$$

所用砂浆体积：

$$V_{S_2} = 1 - V_2 = 1 - \frac{\pi}{6}$$

若改用直径 $D_3=\frac{1}{3}$m 的圆球，正好置入 3^3=27 个，浇注砂浆成 1 方混凝土。

此时 27 个球的全面积：

$$S_3 = 3^3 \cdot \pi \cdot \left(\frac{1}{3}\right)^2 = 3\pi$$

全体积：

$$V_3 = 3^3 \cdot \frac{\pi}{6} \cdot \left(\frac{1}{3}\right)^3 = \frac{\pi}{6}$$

所用砂浆体积：

$$V_{S_3} = 1 - V_3 = 1 - \frac{\pi}{6}$$

同理可证，改用直径 $D_n = \dfrac{1}{n}$ m 的圆球，整齐排列置入模型，将正好装入 n^3 个，浇注砂浆成 1 方混凝土，

n^3 个球的全面积：

$$S_n = n^3 \cdot \pi \cdot \left(\frac{1}{n}\right)^2 = n\pi$$

全体积：

$$V_n = n^3 \cdot \frac{\pi}{6} \cdot \left(\frac{1}{n}\right)^3 = \frac{\pi}{6}$$

所用砂浆体积：

$$V_{S_n} = 1 - V_n = 1 - \frac{\pi}{6}$$

这个案例中，球径缩小，球数按三次方成比例增大，总表面积成比例增大，总体积不变，耗用水泥砂浆的体量不变。杨文科文中引用傅沛兴的工作，关于表面积与直径的关系，在此得到认证，但关于水泥浆体量的说法在此证明是错误的。几何学上不难证明，凡几何形状相似的立体，可看作是沿任意方向按相同比例伸缩的结果，其伸缩前后的表面积随线性伸缩比值的平方值而增减，体积则按线性伸缩比值的立方值而增减。注意这里的前提条件是"几何形状要完全相似"，这些关系才成立，傅沛兴的结论也才成立。

如果不是几何形状完全相似，则沿不同方向的线性伸缩不会按同一比例，表面积和体积的变化就难说了。举个最简单的例子：一块普通红砖，长为 24cm、宽为 12cm、厚为 6cm，全表面积 $S = 2 \times (24 \times 12 + 24 \times 6 + 12 \times 6)\text{cm}^2 = 1008\text{cm}^2$，体积 $V = (24 \times 12 \times 6)\text{cm}^3 = 1728\text{cm}^3$。现在用瓦刀把它砍成两块"半砖"，长为 12cm、宽为 12cm、厚为 6cm，两块"半砖"的总体积当然不变，仍为 1728cm³，总表面积则增加了 $(2 \times 12 \times 6)\text{cm}^2 = 144\text{cm}^2$，成为 1152cm²，这些数据都很明确，但其粒度、表面积、体积之间的变化关系该怎么说呢？

又如前例中直径 1m 的球，如果通过球心的三个互相垂直的平面将其切割，则得到 8 块体积、形状都相同的切块，每块的体积为(1/8)，其体积当量直径应该是 $\dfrac{1}{2}$ m 吧？！(与 $\dfrac{1}{2}$ m 直径球的体积相等)，8 个切块的总体积仍为π/6，总表面积则为π+6×(π/4)×12=(5/2)π>2π，粒径变化与表面积变化的反

比关系并不存在。总之，傅沛兴的反比关系在几何形状不变、只变尺度的条件下才成立。

三

前文笔者简单明了地正面论述了所谓的"比表面积法"理论是虚妄的"半吊子"理论。下文则要讨论它与现实的配合比设计乃至配合比设计的"规程"究竟有怎样的关联？！无疑，既然对"比表面积法"持根本否定观念，还要谈它的"实际运用"，岂非悖论。但这是无可回避、必须解答的棘手话题。从何谈起？还是回到杨文科先生的论述中吧。

杨先生指认配合比设计的理论基础有比表面积法、最大密度法和断档级配法，三者是到目前为止做任何配合比的依据。比表面积法以如何减少骨料的总表面积为核心，最大密度法和断档级配法以如何增大骨料的单位容重和最小空隙率为核心。这些说法笔者是认同的。但杨又说最大密度法和断档级配法虽看似和比表面积法有矛盾之处，但仔细分析后不难发现都是对后者的补充——这是笔者不认同的，笔者认为前者是科学的、实在的、有效的，后者是伪科学的、虚构的、妄想的，更谈不上相互关联和"补充"。笔者更关注的是杨的后续表述：比表面积法是使用时间最长、影响最大的一种方法。我国《普通混凝土配合比设计规程》到目前为止都是以它为理论依据的，国外的情况也基本一样。最大密度法近二十多年来在我国公路、民航使用较普遍一些。两种方法在粗细骨料的用量上大不相同。比表面积法在低强度等级(C30以下)和大水灰比混凝土中适应性较好，而最大密度法在高强度等级(C40以上)和较低水灰比(水灰比为0.45以下)适应性较好。而随着现代混凝土技术的不断发展，在具体的配合比工作中，用旧的比表面积法指导配合比工作，已经出现了很大的误差，主要表现在：旧的配合比理论认为，砂率对强度有直接影响，砂率越高，强度越低，在现代混凝土中，砂率的大小对强度已经没有明显影响；旧的混凝土理论中，水灰比和强度是最重要的关系式，即鲍罗米的经典混凝土强度公式，在现代混凝土中特别是对C40以上混凝土，这些理论和实际实验数据找不到相关性。近几年做了强度和水泥用量的对比关系，发现相关性也很差，几乎查不到规律。过去，工地上的配合比是在半理论半经验的状态下进行的。半理论主要是以比表面积法为基础，最大密度法和断档级配法为辅助，半经验是指仅仅靠理论还是做不了一个实际工程的配合比，还要靠工程师的经验。现在，根据比表面积理论做出的水灰比原则、砂率选取原则、水泥用量选取原则，都出现了错误，说明过去的配合比理论已经不适应现代混凝土了，已经是错误的了。从我国目前正在使用的《普通混凝土配合比设计规程》(2000 年版)中，也能得出同样的结论。在这样的规程中，做配合比的第一步就是水灰比的确定，第二步是水泥用量的确定，第三步是砂率的确定。而这三步如何确定，主要是以比表面积的理论为基础的。而这个理论根据对指导现代混凝土已经是错误的了。综上所述，二十年前，配合比的理论基础就是比表面积法。那时依据理论和规范做具体的配合比工作，基本上满足工程需要，也基本符合工程实际。但现代，用二十年前的比表面积理论和规范来指导现代混凝土，特别是高性能混凝土的配合比工作，误差很大。所以，必须重新建立新的配合比理论，使它能和现代混凝土技术进步相匹配、相适应，并在此基础上建立新的符合工程实际的规范。

　　上面大段引述了杨文科先生的指认，重复的话语表达的核心内容是：比表面积法确实在长时期内作为配合比设计的理论基础了，并具体化为《普通混凝土配合比设计规程》之类的规范。用比表面积法理论和相应规范来作配合比设计，对二十年前的传统混凝土而言，在低强度等级、大水灰比的混凝土方面，是适应性较好的，在高强度等级、低水灰比的混凝土方面，适应性已较差，对当前原料和工艺均今非昔比的现代混凝土而言，则完全不相适应，必须更新重建现代混凝土的配合比理论和相应的规范。

　　笔者认为，用一种并不正确乃至虚妄的理论基础来构建出一套学说和实践纲领之类，是完全不奇怪的事，科学技术史上事例多多。不过，错误的认识发展出的学说和实践纲领要是能被人们认可和接受，大概至少要具备几项条件。其一是在该学说和实践纲领中包含着其他正确的、实在的、可运用而有实效的内容，真正支撑着该学说和实践纲领。其二是错误的基础理论能够附会到一些主要的关节内容上去，显得似乎是相互印证的。其三是由错误的理论引申出一些难以查清其真实内情或难以鉴证其虚实正误的推论和结果来，或者就只给出理论的导向理念意见，不给予具体化的着落。有这几条，就可以由错误和虚妄的基础理论构建出一套虚实正误内容混杂在一起的学说和实践纲领来，并让人"信神如神在"地认可和接受。用比表面积法作为理论指导，得出《普通混凝土配合比设计规程》来，如果是事实，也是逃不出这个窠臼的。笔者没有读到过 20 世纪早先论说由比表面积法理论如何能具体构建出《普通混凝土配合比设计规程》之类的设计方法及相应规范的文献，没有看到《普通混凝土配合比设计规程》的推出和多次修订时说及其理论基础是或者有比表面积法理论的陈述，也没有自觉地用比表面积法从事配合比设计的认识和体验，所以无从知晓比表面积法与规程相瓜葛的具体情节，尚希望知情的学者、专家，包括杨文科先生，能够提供这方面的资讯。

四

指望科学地阐释比表面积法理论推演出《普通混凝土配合比设计规程》之类的设计方法和规范或许是奢求。笔者并不认为，以前人们真会被破绽明显的所谓比表面积法理论所蒙蔽，可能倒是作为权宜之计，为了实用的目的，为了实施配合比设计，故意知错就错予以迁就默许的谋略做法。

混凝土是人类所生产利用的貌似最简单最普遍、实则最复杂最玄妙的建筑材料，混凝土配合比也是貌似单纯、实则深奥的技术关键，称之为混凝土的灵魂是蛮贴切的。不论是原材料和拌制及施工工艺已今非昔比、性能变化远胜从前的现代混凝土，即便是过去的四组分的所谓传统混凝土，配合比设计都是统筹全局的关键技术，做好配合比也绝非易事。实际上，19 世纪初发明波特兰水泥后，作为其必然的主要应用方式的混凝土也随即产生。但在长逾一个多世纪的时间里，由于缺乏基础理论体系支持，混凝土配合比设计技术空缺，混凝土的生产和施工基本上是泥瓦匠人的经验操作。20 世纪初和早期，学者们系统性地研究了砂石骨料在混凝土中的运用问题，提出了级配和筛析等理论认知和实验方法，形成了最密实堆积法的理论，联同关于水灰比的理论，共同奠立了混凝土学科的两大基石，也为配合比设计奠立了原则和方向。但需指出的是，尽管许多学者艰辛努力，作为混凝土配合比核心问题的砂石骨料施用设计，这看似简明的几何学课题，理论研究成果只能是由简化设定的理想模型推演得出，面对实际上粒形粒径变幻不定、材质和表面性状也大有差别的真实的砂石材料，虽然有定性的规律性可用作指引和遵循，要作精准的定量计算则很艰难，乃至实际上办不到。通过研究提出的筛析曲线控制和其他砂石质量控制等办法，得以消减某些变动因素的变动幅度而减少了模型计算值的误差，这里，控制越严，估算结果的精准度越高，但这样做的成本付出当然越大，应以满足实用要求来做出得失的取舍。还有就是可以和应该通过实践，总结实证数据和经验规律，来半理论半经验地推进配合比设计得以实施。实际上，继续着理论上的深化研究和质量控制的严谨详尽，结合实践经验和实证资料的丰富积累，到 20 世纪中期，传统混凝土的配合比设计方法终于问世，并成为规范，广泛推行。

　　调查的话，可以发现，世界主要国家，自 20 世纪中叶以后都制订有混凝土配合比的设计规范。但不同国家，不同时代，规范各有异同。笔者认为，可以分为两种类型。一种是专业技术型的，一些欧洲国家所制订，讲究遵循科学原理，按规定的砂石级配曲线去处置砂石，求得最大密实度和最小空隙率；再采纳拨开系数之类调控混凝土组成体积模型以实现混凝土工作度(流动性能)的延伸理论所提供的方法进行调制；对混凝土强度的设计固然也依据水灰比定则，但必定讲究按定则原理实验实测出强度曲线而后选定设计数据；如此这般，尽量按正确的科学理论和方法去构建出能实现追求的性能的配合比来。杨文科先生所说的最大密度法的设计法应该就对应于这种规范。但这种规范的施用要求较高的专业学术素质，设计内容比较繁难，设计和背景试验、测试的工作量相对较大，设计效果较好，成本高。这里也应该没有比表面积法的容身之地。打个比方，这像是截缝量身制衣，实测现算出服装设计再行裁剪缝制出合体时装的方式方法。

　　另一种是业余简捷型的，像美国的规范堪称范本。面对专业学术素质通常不高的混凝土生产施工人员，前述规范、方法的施用确实繁难，而且因为理论探索本身的局限性、实践理论的方法手段等方面的欠缺和不足，前述规范的内容未必就妥善无疑和能够顺利实施，不排除劳而无功的结果。遵循实用主义，另辟蹊径，提供一种科学性或欠严谨但简单易行的实用方法，或许倒是睿智的办法。为此可以采用提供样板、让人简单地对号入座找出设计结果的盲从式办法。样板数据大体是有根有据地得出来的，有真实性和代表性，但终归是对应于具体的典型案例的，不会符合千变万化的实际情况，实际个案与样本的偏差则或大或小。如果引进科学的对比分析，或许能引入校正来减少偏差，专业学术素质高的人自然会做到这一点，但对于普通执行人，规程并不引导你去深究技术解决问题。规程对其贯彻的理论依据是不加说明的，对样板数据的由来是不加解释的，对如何分析和校正偏差也不给出技术意见的，对于规程制订者和其他知情学人，这些内情是"知者自知之"，对于欠缺有关学养的规程执行者，则只有不问青红皂白地盲从规程，"不可知而为之"。而在如此安排下如何能减少偏差、校正设计结果？规程的招数是不问究里，同法炮制出上中下三个模拟样板的设计方案来，由拌制试验来择定性能结果符合要求者，如果都不中选用，则扩大样板选用范围，但仍用盲试的相同方法去寻找之。这种实验主义的方法正是辅佐实用主义谋略的终极手段，经常有效。总之，这就是美式规范的特点，使执行人可以完全避开掌握理论机理和实践经验，抄袭样板就可实现配合比设计。在原材料和工艺条件与规程所用作样板的情况相差不很悬殊的情况下，所得结果还是可用的。但因这种设计方法不严格遵循科学学理来构建和调制设计结果，而不能顾及对密实性-耐久性方面的调控，规程若申说为对耐久性等的承诺，那是空话。对美式规程也可以作比方，那就是制售定型成衣的规格规范，身高 165、170、175…，肥瘦分几档，你去对号选购吧。从实用角度看，这种规程也不乏可取之处。

实用主义的美式规程不明言它的科学理论依据，也并不讲求科学技术的严谨性，倒是兼收并蓄、异彩纷呈。正如它用水灰比定则(鲍罗米公式)来确定强度，又默认水泥用量和砂率(在相同水灰比的前提下)对强度有明显影响，这在许多奉行规程设计配合比而又作进一步试验研究的文章中司空见惯、丝毫无牴牾。规程不解说来龙去脉，干干地开列出用作样板的系列数据，让人有理由按不同的理解去解读，很是凑巧，用比表面积法理论与所示系列数据大体上全能附会上，比表面积法理论本身也疑似有点道理，拿来在这里用，给予假象当真的理论附存，以实用主义的眼光来看，似乎并非不妥。笔者认为，这或许正是比表面积法成为这种美式规程的理论依据的背景和症结所在。此说成立的话，规程和比表面积法理论就是两张皮，由实用主义的胶水给贴合在一起，显现出互为表里的假象而已。这样，既无须去追究本身就虚妄的比表面积法理论何以能作为依据，指导构建出设计方法和规程来，对这肯定是虚无缥缈的事无须再去捕风捉影。又能解释规程如何能被加贴上比表面积法理论的标签的内幕。应该指出，有关人士把比表面积法附会到规程中，或许以为是有用的、有益无害的。但久而久之，人们早不知真相，真把比表面积法在应用规程设计配合比时当作是理论指导，不知所终地以减少骨料的总表面积为目标，结果能歪打正着得到实现期望性能的配合比来？！这令人无从理解、无法相信，所以笔者要戳穿它。

五

如上所述，美式规程使比表面积法得以寄寓其中，两者走上合流，乃至比表面积法成为理论依据和指导原则，反客为主起来，变附会为主导，如杨文科先生所言，"规程的水灰比原则、砂率选取原则、水泥用量选取原则"这些基本内容都似乎是"根据比表面积理论做出的"了。就此，有必要考查规程内容，实事求是地对情况做出甄别，还原真相。

中国的《普通混凝土配合比设计规程》是美国规程的翻版，其实质性的内容架构几十年来并无变更，甚至一些样板数据也少有更换。用它来具体讲述，参证的资料比较齐全。

《普通混凝土配合比设计规程》(下面简称《规程》)本身从未说明它是以比表面积法为理论依据的，前些年的混凝土学科的大学教材，多以《规程》为主讲解配合比设计的内容和方法，似乎连比表面积法理论的正式或完整的术语概念也未见提出，倒是给出了水灰比定则、需水性定则、砂石骨料的级配研究等正经的学术内容来阐释。但是，也确实有些人士，包括实践经历多的专家，认定《规程》是遵循比表面积法理论的。认知的矛盾，难以说清。笔者用"附会"说来排解矛盾，需要就《规程》的具体内容来作论证，如下：

《规程》中真正提供来进行配合比设计的技术、方法就是算一个公式、查一个表格，再加上用三联方案平行对比试验作调整—判定，总共就这一、二、三个格式。三联方案试拌试验是付诸实践检验，与比表面积法完全瓜葛不上，先予排除。"算一个公式"指按《规程》§5.1用强度公式计算确定满足既定强度要求的混凝土水灰比，其理论依据是著名的水灰比定则，这是机理确切的理论，混凝土学科的基石。强度这个物理量的力学本质以及水灰比定则理论，都是排斥比表面积法之类的非分之说的。所以，在这里也并不能附会上比表面积法。只有"查二个表格"的程序内容确实容易附会上比表面积法的说法。两个表是指《规程》§5.2的用水量选用表和§5.4的砂率选用表。先说砂率选用表，按照对砂石集料级配的研究成果，对于粒形良好，趋近于理想形状的砂石颗粒，其粒径大小又符合相应的理想级配曲线的话，而这时的砂率即为最优砂率，由级配曲线很容易计算得出。如果砂石的粒形偏离理想形状，但保持自身规律，就也存在着相应的理想级配曲线，符合级配曲线的砂石堆聚体有最佳性能，这时亦有最优砂率，亦可由级配曲线计算得出。当然，粒形不同，级配曲线是不同的，最优砂率相应改变。容易看出，依据级配曲线，石子的最大粒径增大或减小，即对应着砂率减小或增大，反向而行。实际的砂石，也可由筛分试验绘制出级配曲线，多半要偏离那些理想级配曲线，但有些变化趋势还是相同的。总之，根据连续级配理论和实际实验测定，《规程》§5.4.2混凝土砂率的选用表格就得出了。另外，比较一条实际砂石的级配曲线和与之接近的一条理想级配曲线，从图形上可以判断最优砂率的变动，《规程》§5.4.2砂率表格的附注应该就是这样得来的。以上这些，其实都是最大密度法理论的基本内容。不幸的是，连续级配砂石的几何属性决定着随石子最大粒径的增大或减小，石子的比表面积相应减小或增大，同步对应于砂率的变化，还可攀附到同步对应于用水量的减小或增大，这就把比表面积法关于表面积—水泥浆糊(水泥或水)—砂率等的说法都"宣示"和"论证"出来了。比表面积法就是这样附会到规程中的。说到底，混凝土配合比的核心内容是砂石骨料的使用，骨料使用的核心内容是其堆聚体系的空隙率，最大密度法理论是认识和解决骨料使用问题的正确理论，构成配合比设计的原则和规律的，就是空隙率的变化情况，空隙率的理论主要是级配理论，级配的规律就是配合比设计的依据。级配的规律每每与粒度变化关联，连续级配时，比表面积连带着随粒度增减而减增，有些事情比表面积法理论得以附会上级配规律，是不奇怪的。比表面积法附会上级配规律，例如"解释"砂率表格，尚不为害，但因此在别处推行起"以减少骨料比表面积为核心"的原则来，则难免以讹生讹，因理念错误导致错误做法。

　　回过头来说说《规程》§5.2 的用水量选用表。这个表依据的是所谓的"需水性定则"——在集料级配良好的条件下，集料最大粒径为一定时，混凝土拌合物的坍落度(流动性)取决于用水量，而与水泥用量(在一定范围内)的变化无关。流动性混凝土有公式 $W=10(T+K/3)$，常数 K 取决于粗集料品种和最大粒径。由此得出 §5.2 的表，对号入座查到的用水量应该获得 90mm 的坍落度结果。需水性定则是经验规律，没有什么科学原理作背景，完全不像水灰比定则那样让人可以理解领悟。笔者认为，它就是靠处理试验数据硬给捣弄出来的，在拌合物流动性的机制和影响因素十分复杂的情况下，能有这么个定则也实在难得，使样板方法轻易就得以应用了。但几十年前的需水性定则应该是在原材料和混凝土性状都较简单、稳定、变化不大的情况下得出的，在情况大变的今天，不知是否该有所修订?!笔者前十年在许多商业混凝土搅拌站检验过，§5.2 的用水量罕有能对应于 90mm 的基准坍落度值的，使这个用水量表成为整个《规程》最不靠谱的陈旧内容。当然，这个表失准的话，《规程》就大半失效了。至于这个用水量表，倒是比表面积法理论最好附会的，随着连续级配石子最大粒度增大或减少，石子比表面积及相应总表面积也减小或增大，需要的水泥浆糊应减小或增大，即用水量减小或增大。附注 1 砂子粗细的调整可重复上述附会。

　　综上所述，笔者认为，在"查两个表格"的设计程序中，比表面积法理论是可以附会上的。不过，比表面积法附会上《规程》，究竟在《规程》内外导演出哪些似是而非的具体做法来，乃至在水灰比的确定、水泥用量的确定、砂率的确定诸程序中如何按照比表面积法的比述和导向去做了。笔者还认识和体会不到，须待对比表面积法应用有理解、有实践、有体会的专家人士来揭示说明了。

　　关于"似是而非的比表面积法理论"的话题就说这些，欢迎批评指正。

附录 B 西直门旧桥混凝土破坏原因分析

王玲 田培 姚燕 李建勇 尚礼忠

西直门桥是我国最早兴建的立交桥之一，它的破坏情况一直受到各界人士的关注，其破坏原因也是工程技术人员研究的热点。通过搜集工程原始资料、对混凝土芯样进行分析及现场实测等几个方面的综合研究，判定该桥混凝土开裂破坏的主要原因是：盐冻、冰冻和钢筋锈蚀。文中还对该桥混凝土碱-集料反应情况进行了详细分析。

关键词 西直门桥、破坏原因

一、引言

北京二环路西北角的西直门立交桥是北京首批建设的立交桥之一，旧桥于 1978 年 12 月 10 日开工建设，1980 年 12 月 20 日全部完工。1999 年 3 月因各种原因拆除部分旧桥改建。

由于受地质条件、气候条件、原材料条件和施工等因素的影响，旧桥建成使用一段时间以后，桥的主梁、盖梁、立柱、桥面、挡墙、护栏等部位都有不同程度的开裂，有些部位混凝土表面起砂、露石；有些部位混凝土保护层已剥落、露筋，多处发生开裂破坏；有些部位混凝土表面严重泛白，影响了桥的外观。作为我国最早兴建的立交桥，它的破坏情况一直受到各界人士的关注，其破坏原因也一直是工程技术人员研究的热点。结合国家"九五"攻关项目"重点工程混凝土安全性的研究"课题，我们对该桥进行了重点研究，从搜集工程原始资料、对混凝土芯样进行分析并结合现场实测等几个方面进行了系统的研究，得出西直门旧桥混凝土开裂破坏的主要原因是：由于冬季严寒，为了保证行车安全，雪后大量抛撒化冰盐，这些盐类物质渗入混凝土表面，并随水分沿桥面下流，在梁的端头积聚，经冻融后引起钢筋锈蚀，导致部分混凝土膨胀开裂。即盐冻、冰冻和钢筋锈蚀是西直门旧桥混凝土开裂破坏的主要原因。

二、破坏情况及统计分析

对西直门旧桥的主桥和引桥上破坏严重的几个部位进行了破坏情况的统计分析。

1. 引桥上护栏的破坏情况

西直门旧桥共有六座引桥，其中东引桥和西引桥结构相似，破坏情况相似；东北引桥、西北引桥、西南引桥、东南引桥结构相似，破坏情况也相似。故选取西引桥和西南引桥为例作了护栏破坏情况统计，见表 B-1。

表 B-1　西直门旧桥西引桥护栏破坏情况统计

分类	西引桥		西南引桥	
	数量	比例/%	数量	比例/%
基本完好	848	94.8	285	30.2
通裂(部分露筋)			27	2.9
露筋	15	1.7	270	28.5
下部有裂纹	31	3.5	363	38.4
总数	894	100	945	100

在考察统计中发现，预制护栏的质量很不稳定，钢筋布置经常偏离中心位置，造成混凝土保护层过薄，有些甚至无保护层，以致钢筋直接暴露在大气环境中，这是护栏遭受破坏的原因之一。

另外，该桥的东、西引桥上的护栏基本完好，破坏程度较轻，有裂纹和轻微露筋的只占 5.2%；而在其他四个引桥，破坏较为严重，开裂或露筋的要占到 70%左右。这种差别与六座引桥的结构不同有关系，东引桥和西引桥下为挡土墙和回填土，行车时桥面受到的震动较小；而东南、西南、东北、西北四个方向的引桥下为立柱支承，行车时桥面可感受到明显震动，护栏同时也承受较大的震动荷载。这是造成护栏破坏的又一个主要原因。

2. 主桥立柱的破坏情况

对主桥上有破坏现象的立柱和完好立柱的周围环境分别进行仔细地观察。在每个道口两边分别有四根和六根立柱。在四根立柱的一边，一些桥面伸缩缝正好设在立柱一侧上方的桥面上，伸缩缝老化漏水，这四根立柱遇水一侧都有严重裂纹，一般裂纹高度为45cm左右；六根立柱一侧的立柱上方均设有落水管，落水管下方的溅水处的混凝土就发生了开裂。有对比意义的是，同样环境下唯一未设落水管的一根立柱的混凝土就没有开裂。即开裂的立柱均为上方有落水管或位于桥面伸缩缝下的立柱，在雨水溅落后，局部混凝土受湿吸水，经过冻融循环可能导致混凝土开裂。

3. 引桥立柱的破坏情况

和主桥立柱破坏原因相同，桥面伸缩缝漏水使得雨水或化冰盐渗入，混凝土立柱根部潮湿，导致钢筋锈蚀，经冻融循环混凝土强度降低，砂浆脱落，破坏一般发生在距离地面20cm以下。

在考察中发现有立柱支座向下坡移动的记录，从1995年11月21日至1997年5月8日约一年半的时间，支座向下坡移动15.5～18.5cm。结构方面的原因是引起该处立柱破坏的一个重要原因。

4. 引桥盖梁的破坏情况

该桥的西南引桥下有三根盖梁受到破坏，其中两根有顺筋横裂纹，另一根有一条25cm长的垂直裂纹；东南引桥也有三根盖梁受到破坏，均为顺筋横裂纹。有垂直裂纹的盖梁位于支座有位移的立柱上，该裂纹是结构原因造成的。其他有顺筋裂纹的盖梁混凝土均受到桥面渗水的侵蚀而胀裂。

5. 引桥翼形梁的破坏情况

引桥的翼形梁上或多或少都存在明显的垂直裂纹，裂纹的宽度在0.15mm左右；而且在翼形梁斜面或翼形梁与现浇硫铝酸盐混凝土接缝处存在严重析白现象。对桥缘处的渗出物进行了取样分析，这些渗出物是一些白色结晶状颗粒，加入稀盐酸可全部溶解。用水擦洗破坏处的渗出物，可将表面清洗干净，因此判断渗出物是混凝土内 $Ca(OH)_2$ 溶解物被空气中的 CO_2 碳化后形成的无机盐类结晶物。在这些渗出物中未发现有乳白色、黄褐色、茶褐色或黑色的碱-硅凝胶。

综上所述，西直门旧桥各部位的混凝土均受到了程度不同的破坏，但各部位破坏的原因不完全相同。

三、芯样分析结果

1. 集料的矿物组成

对钻取的混凝土芯样进行岩相分析得出：该桥混凝土粗集料最大粒径为 40mm，矿物组成为：安山岩 25%，碳酸盐 15%(以方解石为主，少量白云石)，玉燧和微晶石英 20%，玄武岩 20%，浅成火山岩 20%；所用细集料的细度模数为 3.04，其矿物组成为：石英砂 90%(其中 20%具有波状消光，消光角差一般为 10°)，长石砂 8%，玉燧黑云母 2%。可见该混凝土的粗、细集料均含有一定数量的活性成分，存在发生碱-集料的可能性。

另一方面，从施工原始资料中查得该桥混凝土工程使用的是东风矿渣 $425^\#$、$325^\#$水泥和东风普硅水泥，水泥用量在 $300kg/m^3$ 左右。按东风水泥的碱含量为 1%估算，每 $1m^3$ 混凝土水泥引入的碱在 3kg 左右；部分部位的混凝土还使用了建Ⅰ型混凝土外加剂，该外加剂本身含碱量低，掺加量也很少，由外加剂引入的碱量也就很少。另外，现浇带和托盘上使用的是硫铝酸盐自应力水泥，按目前的学术观点，该种水泥对混凝土碱-集料反应有很好的抑制作用。所以从该桥混凝土所用水泥品种及水泥用量上分析，单纯的碱-集料反应不是造成该桥混凝土破坏的主要原因。

2. 集料边缘的过渡区

将钻取的混凝土样品加工成薄片，先作光学显微镜观察，发现在一些细晶硅质集料的边缘存在明显的条带，对这些部位作圈定，再用扫描电镜观察和能谱分析，结果发现条带区富钙，贫硅、钾，以钙矾石为主，可以肯定它不是碱-集料的产物。钠元素分布扫描也发现钠的分布是比较均匀的，可见在这些界面区没有明显的碱-集料反应发生。

3. 强度和超声波测试

混凝土发生碱-集料反应以后，内部存在大量微裂缝，抗压强度会有所下降，并将使超声波波速降低。一般情况下芯样的超声波波速多降至 3.5km/s 以下，有的甚至低到 1～2km/s。

将桥面和桥基处的芯样精确加工成长径比分别为 2 或 1.5 的芯柱，检测

芯柱强度，结果见表 B-2。用 NM-3A 非金属超声波检测分析仪对芯样进行超声波检测，结果见表 B-3

表 B-2　西直门旧桥混凝土芯样强度

芯样部位	芯样数量/个	强度/MPa
桥基	4	45.1
桥面	3	40.2

表 B-3　西直门旧桥超声检测结果

km/s

编号	X-1	X-2	X-3	X-4	X-5	X-6	X-7	X-8
波速	4.48	4.76	4.60	4.89	3.86	4.46	3.87	4.45

从表中结果可见，西南和东南引桥桥面和桥基处混凝土强度均在 30MPa 以上，高于原设计标号。有 6 个芯样的波速在 4km/s 以上，较低的两个分别为 3.86km/s 和 3.87km/s。表中有 6 个芯样的波速在 4km/s 以上，较低的两个分别为 3.86km/s 和 3.87km/s。这些都表明此处混凝土内部并未发生重大破坏，已经发生碱-集料反应的可能性很小。

4. 残余膨胀值

芯样的膨胀试验可用来确定混凝土是否因碱-集料反应而具有潜在的膨胀性或继续膨胀的可能性。将桥基处的混凝土芯样两端磨平，并在端面中心处埋设测头，将芯样置于温度 38～40℃ 的高湿环境中促进养护。最初 7 天之内芯样膨胀发展较快，达到 581 微应变，7 天后膨胀变得缓慢，14 天后芯样长度增长较少，基本趋于稳定，560 天的残余膨胀值为 700 微应变左右，未观察到芯样有透明的凝胶析出。文献介绍由室温升高到 40℃ 可引起 200～300 微应变，如果残余膨胀值小于 700 微应变或更小，取样处的混凝土就可能不会有进一步的膨胀。据此分析，该处的混凝土进一步膨胀的程度不大。

5. 碱浓度和 Cl⁻ 梯度分布的测定

对西直门旧桥东南引桥桥面和桥基上钻取的 3 个芯样进行 K_2O、Na_2O、Cl^- 含量测试。制样时沿芯样长度方向每隔 1cm 长画线，在画线处切断芯样，剔掉粒径大于 0.5cm 的集料颗粒，再把每个薄片研磨成粉料样品单独进行分析，得到不同深度处的混凝土中 Na₂O.eq%和 Cl⁻ 的含量(砂浆重量的百分比)。样品数量为 42 个，结果见图 B-1～图 B-3。

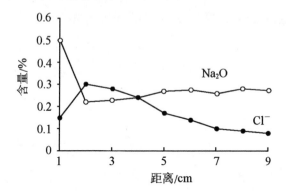

图 B-1　桥基混凝土芯样 A 的 Na₂O 和 Cl⁻含量

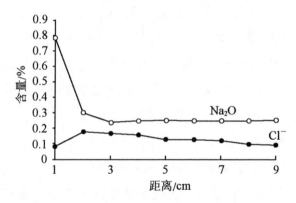

图 B-2　桥基混凝土芯样 B 的 Na₂O 和 Cl⁻含量

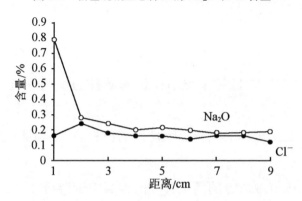

图 B-3　桥基混凝土芯样 C 的 Na₂O 和 Cl⁻含量

从图中结果来看，芯样内部当量氧化钠含量均小于 0.3%。从原始资料查得，各配比中水泥用量最大的一个是 326kg/m³，按这组混凝土来估算，每方混凝土内的碱含量=326×(1+2.27+0.47)×0.3%=3.6kg。

芯样的 Cl 浓度结果均显示出明显的梯度分布：表面的氯离子浓度分别是 0.15%、0.094%和 0.15%。距离表面 1cm 处的氯离子浓度骤增，分别为 0.30%、0.18%和 0.78%，随着离开表面距离的增加，氯离子浓度又开始逐渐减少，减少到 0.1%左右。即：距离表面 1～2cm 处混凝土的氯离子含量为最高值。

据查证，北京市在 20 世纪 80 年代每年化冰盐的撒放量为 400～600t，主要用于长安街和北京市的城市立交桥。我们认为西直门旧桥混凝土中的 Cl 主要来自化冰盐 NaCl。硬化的水泥石有如带正电的渗透膜，NaCl 中的 Cl 迅速向混凝土中渗透，逐步到达钢筋混凝土的保护层终点处。《GB 50164—92 混凝土质量控制标准》对混凝土拌合物中氯化物总含量(以氯离子重量计)有明确规定，在潮湿而不含有氯离子环境中的混凝土的氯化物总含量不得超过水泥重量的 0.3%。经估算上述芯样钢筋附近(约距离表面 2.5cm)混凝土的氯离子含量约为水泥重量的 0.6%。当氯离子超过最高限值后，氯离子就渗入钢筋的钝化膜，使钢筋钝化膜失稳，钢筋表面逐渐锈蚀，锈蚀产物体积膨胀，导致顺筋开裂，保护层脱落。混凝土表面受雨水冲刷，部分氯离子溶解在雨水中流失，所以表面处的氯离子含量略低于内部 1～2cm 处的氯离子含量。

四、结论

通过对西直门旧桥破坏情况的统计和芯样的检测分析，可得到如下结论：

(1) 护栏混凝土破坏的主要原因是预制护栏的质量不稳定，使护栏承受较大的震动荷载。

(2) 桥面伸缩缝或附近的落水管下的混凝土受湿后经盐冻、冰冻胀裂会引起立柱和盖梁开裂。少数部位的破坏和结构有关。

(3) 混凝土析白物主要是碳酸钙等无机盐，未发现有碱-硅凝胶。

(4) 西直门旧桥所用的集料含有碱活性集料，存在发生碱-集料反应的可能性，但目前多种试验尚未找到反应环及凝胶渗出物，还需进一步查实。

(5) 氯离子梯度分布和钢筋锈蚀表明化冰盐对混凝土破坏起到主要作用。盐冻破坏、冰冻以及钢筋锈蚀是混凝土破坏的主导因素。

附录 C 关于混凝土碱含量限值的思考

王福川 刘云霄

1. 序言

由于混凝土碱-骨料反应的严重危害性逐渐被工程界认识，水泥等混凝土原材料中的碱含量(当量氧化钠含量，下同)日益受到人们的重视，这无疑是一种可喜的现象。因为这对防止重大工程可能出现的难以修复的碱-骨料破坏至关重要。但与此同时，也有一些同志没有准确理解混凝土碱含量限值标准规定的界限和实质，对混凝土碱-骨料反应的了解也不够全面，因而不分环境条件、不管所用骨料是否具有碱活性、不分工程性质，盲目地要求混凝土的碱含量低于某一限值。如此，在本来可以不限制(或放宽限值)碱含量的混凝土工程中，要求采用低碱水泥等原材料，使在我国占很大比例的高碱水泥的应用受到不必要的局限，生产企业为生产低碱水泥不得不另选原料，既浪费了本地矿山资源，又增加了生产成本，也给生产带来不必要的麻烦，显然，这与我国可持续发展的国策是相悖的，也不符合限制混凝土碱含量规定的初衷。

另外，从科学研究的观点看，水泥等原材料中的碱的存在形式与作用、碱含量对水泥与外加剂相容性的影响等问题，国内外有关学者已进行了深入的研究，尽管观点和试验结果不尽相同，但对混凝土中的碱，只有部分参与碱-骨料反应的认识是相同的。再则高性能混凝土已经成为混凝土发展的主体，在高性能混凝土中必须掺加相当数量的矿物掺合料，而矿物掺合料已被证实是可以有效地抑制碱-骨料反应发生的。

2. 准确理解混凝土碱含量限值的规定

2.1 《混凝土碱含量限值标准》(CECS53:93)的规定

该标准"总则"第 1.0.2 条为"本标准适用于使用活性骨料的各种工程结构的素混凝土、钢筋混凝土和预应力混凝土"。

该标准"技术要求"第 4.1.2 条为"在骨料具有碱-硅酸反应活性时，依据混凝土所处的环境条件对不同的工程结构分别采取表 C-1 中碱含量的限值或措施"。

表 C-1　混凝土碱含量的限值(CECS53:93)

环境条件	混凝土最大碱含量/(kg/m³)		
	一般工程结构	重要工程结构	特殊工程结构
干燥环境	不限制	不限制	3.0
潮湿环境	3.5	3.0	2.1
含碱环境	3.0	用非活性骨料	

第 4.1.3 条为"在骨料具有碱-碳酸盐反应活性时，干燥环境中的一般工程坑沟和重要工程结构的混凝土可不限制碱含量；特殊工程结构和潮湿环境及含碱环境中的一般工程结构和重要工程结构应换用不具碱-碳酸盐反应活性的骨料"。

2.2　《高强混凝土结构技术规程》(CECS104:99)的规定

该规程第 12 节"混凝土施工"中第 12.1.7 条为"为防止发生破坏性碱-骨料反应，当结构处于潮湿环境且骨料有碱活性时，每立方米混凝土拌合物(包括外加剂)的含碱总量($Na_2O+0.658K_2O$)不宜大于 3kg，超过时应采取抑制措施"。

2.3　以上两个规范对混凝土碱含量限值规定的要点

①　限制混凝土碱含量的前提条件是确认骨料具有碱活性(包括碱-硅酸反应活性和碱-碳酸盐反应活性)；

②　对采用活性骨料的混凝土工程，应根据工程所处环境条件、工程重要性，对碱含量不限制或采用不同的限值或更换骨料；

③　碱-骨料反应是可以抑制的。

众所周知，所谓混凝土碱-骨料反应是指水泥中或其他来源的碱(Na_2O，K_2O)与骨料中的活性 SiO_2(或白云石晶体)发生化学反应并导致混凝土产生异常膨胀的现象。理论和实践均表明，产生碱-骨料反应的三个必备条件是：混凝土中含有一定量的等当量氧化钠；骨料具有碱活性；环境潮湿、有水。上述两个规范对混凝土碱含量的限值规定正是基于对产生碱-骨料反应三个条件的科学认识。我们不应该因为重视碱-骨料反应而在不需要限制混凝土碱含量的工程中盲目地要求采用低碱水泥等原材料，这既有悖于科学概念，也有草木皆兵之嫌。

3. 关于混凝土原材料中碱的形态和作用

一般认为，混凝土孔隙溶液中的碱以离子形式存在，它和活性骨料反应而导致碱-骨料反应破坏，这部分碱只是混凝土总碱量中的一部分，称之为有效碱或活性碱，清华大学封孝信建议称为有害碱。混凝土中，结合于C—S—H凝胶等固相中的碱则不参与碱-骨料反应，这部分碱常称为无害碱。

有效碱的测定方法可分为两类，一类为萃取孔溶液法，另一类为溶出法。溶出法又可分为两种，一种为取出来溶出法，另一类为原位置溶出法。

3.1 水泥中的碱及其存在形式

水泥中的碱来源于生产水泥的原材料：黏土、石灰石、页岩等所有含碱的物质。如果以煤作燃料，碱也可能来源于煤。

水泥中的碱有的是以硫酸盐存在，其具体的存在形式依赖于熟料中 SO_3 的含量，而有的则结合到硅酸钙及铝酸钙相中。水泥熟料中的碱可主要分为三类：碱的硫酸盐、碱的铝酸盐及铁铝酸盐、碱的硅酸盐，在某些情况下，碱也可能有一部分以碳酸盐的形式存在。

研究证明，熟料中的 SO_3 优先与碱结合，最终碱的硫酸盐的含量取决于熟料中硫酸盐含量与总碱量之比。之后剩余的硫酸盐形成硫酸钙、钙的复盐或以硬石膏的形式存在。硫的硫酸盐形式一般有 K_2SO_4、$Na_2SO_4 \cdot K_2SO_4$ 或类似的固液体，$2CaSO_4 \cdot K_2SO_4$ 或类似的固熔体。

形成硫酸盐后剩余的碱分布在硅酸盐、铝酸盐及铁铝酸盐中。Lea 给出了水泥中各矿物的含碱量范围，见表 C-2。

表 C-2　水泥熟料矿物的含碱量

	$Na_2O/\%$	$K_2O/\%$
C_3S	0.1～0.3	0.1～0.3
C_2S	0.2～1.0	0.3～1.0
C_3A	0.3～1.7	0.4～1.1
C_4AF	0.0～1.5	0.0～0.1

在这些矿物中，含钠的化合物主要是 NC_8A_3，含钾的则主要是 $KC_{23}S_{12}$，此外还有 KC_8A_3、$K_2O \cdot 4SiO_2$、$Na_2O \cdot 2SiO_2$、$Na_2Ca(CO_3)_2$、$K_3Na(SO_4)_2$ 以及碱的卤化物。

3.2　水泥加水拌和后碱的存在形式

根据碱在水泥与水拌和及硬化后的存在状态可以将之分为总碱、水溶性碱和有效碱。总碱是指水泥中含有的所有形式的碱，是通过酸溶法测定的；水溶性碱是指水泥与水拌和搅拌一定时间能够溶解出的那一部分碱；有效碱是水泥水化硬化后留在孔溶液中的那一部分碱，这种碱与混凝土中碱活性骨料发生反应使混凝土产生膨胀性破坏，故又称为可利用碱、活性碱、有害碱。

水化产物中的碱主要是结合到 C—S—H 凝胶相中。H. Stade 对 CaO/SiO_2 在 0.8～2.0 的 C—S—H 与碱(MOH)的结合量的研究结果是：①MOH 的结合量随钙硅比的减少而增加；随 C—S—H 的形成温度的降低而增加；随 M^+ 的离子半径降低而增加(KOH 与 NaOH 的结合量几乎相等)。②在钙硅比相同的情况下，含铝的 C—S—H 凝胶所结合的 MOH 比不含铝的要少。③碱与 SiOH 基因反应导致的对 MOH 的吸收主要发生在层间的内表面上。④在较高的碱浓度时，在层间小范围内会发生 M^+ 的交换。⑤只有在 MOH 的浓度高于 1mol/L 时才可以观察到较多的 Si—O—Si 键的断裂。

F.P. Glasser 认为，Ca/Si 比高时，C—S—H 凝胶带正电，排斥 K^+、Na^+，使其保留在孔溶液中；Ca/Si 比低时，C—S—H 带负电，吸引 Na^+、K^+。H. Stare 认为 C—S—H 凝胶的层状机构中，存在 SiOH 基团，Na^+、K^+ 可通过中和 SiOH 基团而被结合在 C—S—H 相的层间。Ca/Si 比小时，SiOH 基团量多，可结合更多的 Na^+ 和 K^+。

当水泥加水后，硫酸盐及碳酸盐形式的碱很快溶入水中，而固溶在熟料中的碱则随着矿物水化的进行而慢慢地溶入水中，同时溶入水中的碱又有部分被水化产物所吸收。表 C-3 是几种水泥的总碱量、溶于水中的碱的分配情况。从表 C-3 数据可见，并不是水泥中的所有碱都溶于水，也就是说碱在水泥中以可溶和不可溶的形式存在。根据 ASTM C114 方法测得的水溶性碱含量在 10%～60% 之间变化。

表 C-3　不同水泥的碱含量

水泥	A	B	C	D	E	F	G	H	I	J
总碱量/%										
Na_2O	0.04	0.48	0.25	0.24	0.24	0.26	0.26	0.18	0.35	0.11
K_2O	0.18	0.21	0.91	0.77	1.18	0.49	1.14	0.98	0.95	1.54
相当于 Na_2O	0.16	0.62	0.85	0.73	1.02	0.58	0.97	0.82	0.98	1.12

续表

水泥	A	B	C	D	E	F	G	H	I	J
溶于水的碱/%										
Na_2O	0.01	0.08	0.02	0.06	0.09	0.05	0.09	0.10	0.06	0.06
K_2O	0.05	0.06	0.11	0.58	0.86	0.26	0.77	0.85	0.44	1.30
相当于 Na_2O	0.04	0.12	0.09	0.43	0.66	0.21	0.60	0.66	0.35	0.92

3.3 其他原材料引入混凝土的碱

水泥混合材及矿物掺合料也是混凝土中碱的重要来源。同水泥中的碱一样，矿渣和粉煤灰中的碱也有总碱、水溶性碱和有效碱三种不同的表示方法。英国学者作了大量的研究认为粉煤灰中有效碱为其总碱量的 17%，即所谓的"1/6"有效碱原则。对于矿渣中的碱，D.W. Hobbs 建议其有效碱取其总碱量的 1/2。

J. Duchesne 等人对三种粉煤灰(PFA)、两种硅灰(CSF)和一种矿渣(GGBFS)的研究结果见表 C-4。

表 C-4 显示的结果尽管与英国学者提出的有效碱比例相差明显，但均说明了有效碱仅仅是矿物掺合料总碱中的一部分。

拌合水引入的碱都是可溶性碱，此外，对于混凝土外加剂含碱的数量及类型也是值得引起注意的。

表 C-4 SCMs 中的几种碱

SCMs	PFA-A	PFA-B	PEA-C	CSF-A	CSF-B	GGBFS	Cement
总碱量(酸溶)% Na_2O	2.34	3.07	8.55	0.77	3.63	0.64	1.05
水溶碱 (ASTM C114)，% Na_2O	0.09	0.01	1.88	0.19	0.74	0.02	—
(占总碱量%)	(3.8)	(0.3)	(22.0)	(24.7)	(20.4)	(3.1)	—
有效碱 (ASTM C311)，% Na_2O	1.02	1.31	6.39	0.62	2.20	0.32	1.02
(占总碱量%)	(43.6)	(42.7)	(74.7)	(80.5)	(60.6)	(50.0)	(97.1)

4. 碱对水泥与高效减水剂相容性的影响

由于水泥与高效减水剂的相容性是指减水剂用量小而混凝土的流动性大，且经时损失小，所以这只涉及一段时间范围内拌合物液相中碱的浓度。Shiping Jiang 的试验表明，几乎碱的最大浓度都是在拌和完成后 2min 内获得的。如前所述，在水化最初的几分钟内溶解的可溶性碱是由水泥的化学组成及矿物组成决定的，其数量与通过化学分析而获得的总碱含量没有一个确定的比例关系，所以不同水泥的总碱含量对水泥与高效减水剂的相容性的影响也没有一定的规律可循。

Shiping Jiang 通过对萘系高效减水剂与六种含碱量不同的水泥相容性的研究表明，存在一个相对于流动性和流动性损失而言的最佳可溶性碱含量，它是 0.4%～0.5% Na_2O 当量，在这个最佳碱含量下，浆体的流动性最好，流动性损失最小，而且这个最佳碱含量是独立于水泥组成与高效减水剂掺量的。水泥中含有少于最佳可溶性碱含量的碱时，掺加 Na_2SO_4 流动性会表现出明显的增加；当水泥中的可溶性碱含量高于最佳值时，掺加 Na_2SO_4 会使流动性略有降低。因此，在初期水化的几分钟内足够的可溶性碱对于保证水泥与高效减水剂相容性是很重要的，换句话说，如果溶液中没有足够的可溶性碱供应，水泥与高效减水剂将会是流变学不相容的。对于含有高效减水剂的水泥浆体来说，可溶性碱含量对于其流动性和流动性损失是一个主要参数，对于含有最佳可溶性碱含量的水泥来说，C_3A 的含量对流动性损失几乎无影响。

胡秀春研究了 AF、NF 两种萘系减水剂与五种纯熟料水泥的相容性问题，所用水泥熟料的矿物组成，碱含量等见表 C-5，净浆流动度试验结果见表 C-6。结果表明，碱含量最高的琉璃河水泥厂水泥与碱含量最低的江南水泥厂水泥的流动度相差甚微。

宋学锋研究了 FDN、SM 高效减水剂与 A 水泥(当量 Na_2O 0.61%)、B 水泥(当量 Na_2O 1.01%)的相容性问题，结果表明在分别掺用两种减水剂的情况下，B 水泥的坍落度经时损失，均明显小于 A 水泥。表明水泥的碱含量并不是导致水泥与外加剂相容性劣化的主要原因。

表 C-5　熟料矿物组成、水泥比表面积及细度

生产工厂	熟料矿物组成/%					熟料碱含量		水泥比表面积/(cm²/g)	4900孔筛筛余/%	注
	C_3S	C_2S	C_3A	C_4AF	f-CaO	K_2O	Na_2O			
启新水泥厂(干法窑)	56.54	18.83	11.16	10.21	1.70	0.67	0.19	3541	7.4	各熟料经小磨磨制
邯郸水泥厂(立波尔窑)	49.11	23.12	10.33	12.52	0.95	0.60	0.45	3338	5.5	

续表

生产工厂	熟料矿物组成/%					熟料碱含量		水泥比表面积/(cm²/g)	4900孔筛筛余/%	注
	C₃S	C₂S	C₃A	C₄AF	f-CaO	K₂O	Na₂O			
琉璃河水泥厂(立波尔窑)	47.40	29.29	2.82	17.18	0.40	0.94	0.39	3563	1.6	
琉璃河水泥厂(干法窑)	59.39	18.14	6.44	12.34	0.74	0.84	0.36	3519	7.2	
江南水泥厂(湿法5.00长窑)	54.00	19.00	5.00	16.00	0.60	0.49	0.30	3150	2~4	

表 C-6　减水剂对几种硅酸盐水泥分散性(以流动度表示)的影响

mm

减水剂品种及剂量		江南厂 525硅酸盐水泥	琉璃河厂325 矿渣水泥	琉璃河厂硅酸盐水泥(大窑、小磨)	琉璃河厂小窑硅酸盐水泥(小磨)	邯郸厂硅酸盐水泥(小磨)	启新厂硅酸盐水小泥(小磨)
AF	1%	224	213	219	224	221	142
NF	1%	222				223	

5. 结语与建议

(1) 对重要工程结构(桥梁、大中型水利水电工程结构、高等级公路、机场跑道、港口与航道工程结构、重要建筑结构)和特殊工程结构(核工程结构关键部位、采油平台),当使用非活性骨料时可以不限制混凝土碱含量;当采用活性骨料时应严格限制碱含量,采用低碱原材料,或采用可靠的抑制措施。

(2) 对处于干燥环境(如干燥通风环境、室内正常环境)中的重要工程结构和一般结构可不限制混凝土的碱含量。

(3) 单纯限制水泥的碱含量不能解决水泥与外加剂的相容性问题。建议从外加剂角度研究解决相容性问题比较有利。

(4) 建议研究制定与《混凝土碱含量限制标准》相配套的有效碱(或有害碱)的测定方法标准。并以有效碱(或有害碱)作为限制混凝土碱含量的指标。

附录 D　我国重要混凝土构筑物的失效、破坏、修复与防治

(中国工程院重要构筑物咨询项目组(2000年))

(中国工程院院士唐明述、吴中伟为项目负责人，历时两年完成)

一、提高重大混凝土工程的耐久性意义重大

提高混凝土的耐久性，延长工程寿命已成为全球关注的重大课题。1988年统计资料表明，美国基础工程(公路、桥梁、大坝、供水系统等)总价为6万亿美元，而其后每年用于维修和重建的费用高达3千亿美元，仅混凝土桥面就有25万座遭受程度不同的损害，其中有的使用还不到20年；英国1988年全部建筑和土木工程维修费为150亿英镑，其中混凝土工程维修费为5亿英镑。现在我国在建的一些重大混凝土工程，如大坝、桥梁、公路、港口、机场、隧道、高层建筑等投资达数千亿元，这些工程若成为"短命工程"，损失将是十分巨大的。

这仅是问题的一面，我们还应从可持续发展的战略方针来理解延长工程寿命的社会效益。据资料统计，建筑业(包括土建工程)消耗全球能源资源、资源总量的40%，若一座桥能使用百年以上，则其材料、能源消耗仅为30年寿命者的30%，若在15年内就要拆除，则其消耗又是30年寿命者的2倍。因此，混凝土工程寿命的缩短，不仅仅是资金、人力的浪费，而且也是能源、资源的极大浪费，应把延长寿命提高到节约资源、能源来认识，让全社会都能像重视能源、资源、环保、农业一样来重视建筑业。某些大型混凝土工程的破坏后果往往是灾难性的，对这种工程的安全和寿命就更应注意。

公元608年建成的赵州桥能延续到今天，这是我国造桥史上的奇迹，也是中华民族的骄傲。今天，我们若将重大混凝土工程寿命延长到百年以上，必将产生深远影响，造福于子孙后代。

二、京津地区重要建筑物及构件破坏情况调查结果及分析

此次调查主要从材质角度出发，研究由于混凝土材劣化对混凝土工程所造成的破坏。除了对京津地区的重要混凝土构筑物进行了广泛调查以外，为了对比，还考察了京津地区以外的一些建筑和构件。在京津地区调查了新老立交桥、十大建筑的一部分、机场和某些大型化工企业，以及用北京地区原料所生产的大跨度铁路桥梁，用于山东兖石线、京秦线、滨绥线、上海站、镇江站、贵阳站、永定门站和北京站的铁路轨枕。在京津以外，考察了沈阳、大连、西安及武汉等地的一些立交桥。表 D-1～D-4 分别列出了北京部分立交桥、北京生产的构件、北京地区建筑物的损坏情况和天津立交桥及碱厂混凝土工程的损坏情况。其中：A 表示损伤显著，B 表示损伤较显著，C 表示轻度损伤，D 表示完好。表 D-5 列出了所调查的京津以外地区的桥梁。

表 D-1 北京部分立交桥的损坏情况

编号	桥名	建成时间	损坏程度	备 注
1	阜成门桥	1973.11	A	裂缝宽达 0.2～0.5mm
2	朝阳门桥	1978.11	A	裂缝宽达 0.2～0.5mm
3	建国门桥	1979.1	A	
4	西直门桥	1980.12	A	已进行加固处理
5	三元桥桥	1984.9	A	掺有 $NaNO_2$ 及 Na_2SO_4，已加固
6	安贞桥桥	1985.6	B	
7	左安门桥	1989.5	A	
8	和平里桥	1944.9	C	时间短，未暴露问题

表 D-2 北京生产的构件的损坏情况

编号	构件	生产日期	使用地	损坏程度	备 注
1	预应力桥梁	1982—1984 年	兖石线	A	损伤约 90%
2	预应力桥梁	1982—1984 年	京秦线	A	损伤约 84.67%
3	轨枕	1985—1987 年	上海站	A	损伤 60%～85%
4	轨枕	20 世纪 80 年代	贵阳南站	A	
5	轨枕	20 世纪 80 年代	北京站、镇江站	B	
6	轨枕	20 世纪 80 年代	永定门站	A	
7	轨枕	20 世纪 80 年代	魏善庄站	A	

表 D-3 北京地区建筑物损坏情况

编号	名称	建成期	损坏程度	备注
1	人民大会堂	1959 年	B	梁柱开裂明显
2	西郊展览馆	1959 年	B	梁柱开裂明显
3	北京站	1959 年	B	梁柱开裂明显
4	燕山石化	1972 年	C	淋水塔及部分车间
5	奥林匹克中心	1990 年	C	部分梁柱开裂
6	丰台体育馆	1990 年	C	部分梁柱开裂
7	首都机场	1989 年	B	部分跑道开裂显著

表 D-4 天津立交桥及天津碱厂混凝土工程损坏情况

编号	名称	建成期	损坏程度	备注
1	十一经路立交桥	1982 年	B	
2	八里台立交桥	1985 年	A	
3	宜兴埠立交桥	1990 年	A	
4	京津立交桥	1989 年	A	
5	中山门立交桥	1989 年左右	B	
6	天津碱厂	1978 年	A	部分车间存在显著化学腐蚀

表 D-5 京津以外地区的桥梁

城市	桥 名
沈阳	文化路立交桥、沈海立交桥、黄河南大街立交桥、北陵大街立交桥
大连	马兰河桥、高尔基路桥、金三角立交桥、香炉礁立交桥
西安	星火路立交桥、太华路立交桥
武汉	汉阳立交桥
南京	长江大桥、中央门立交桥

可以看出：京津地区建筑物及采用北京原料所生产的构件(如轨枕、桥梁)的损坏情况一般都十分严重，有的不到 10 年就发生了严重损坏，而其他城市的一些桥梁，到目前仍然完好，未见到比北京三元桥和天津八里台立交桥更为严重的破坏情况；特别值得注意的是，沈阳和大连地处严寒地区、温差也大，但并未出现短期内发生严重破坏的现象，这主要是因为混凝土所用原料的来源和成分不同所致。

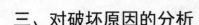
三、对破坏原因的分析

引起混凝土破坏的原因是多种多样的，概括起来主要有以下几个方面：一是人为因素，如设计不当、管理不善、施工质量差；二是环境因素，如冻融循环、化工厂化学腐蚀、去冰盐腐蚀、地基沉陷、干湿循环乙级超负荷使用；三是原材料材质因素，如钢筋锈蚀、碱集料反应(又称碱骨料反应)。这些因素在已破坏的工程中均能找到准确证据，一般来说，前两个因素是造成混凝土破坏的外因，可以通过制定规范、严明职责及修缮防护等措施来补救；而第三个因素是内因，所造成的破坏基本上是"无药可治"，尤其是碱集料反应，由于破坏范围大、损坏重、发生后难以阻止其继续发展，再加上反应发生的过程比较缓慢，其危害性往往不易被人们所觉察，被喻为混凝土"癌症"。

碱集料反应(Alkali-Aggregate Reaction，AAR)系指水泥或环境中的碱与集料(又称骨料，即混凝土中的砂、石)中的某些有害成分发生化学反应从而导致混凝土的膨胀开裂和破坏。它的开裂将会诱发其他诸多因素协同其破坏作用，更加缩短工程的使用寿命。

发生碱集料反应的主要原因有：构成混凝土的原材料即水泥含碱量高、集料(混凝土中的砂、石)有活性以及加入超量的含碱外加剂等。通过近年来反复调查研究，确证碱集料反应是京津地区众多大型混凝土工程早期破坏的重要因素之一。

下列事实是确证碱集料反应的重要依据。

北京地区的集料活性大。通过对北京地区，北起南口、昌平、南至大兴，分布在永定河、沙河、温榆河水系的十七个砂石厂取样测定，证实碎石和卵石为硅质灰岩、硅质白云岩等，活性集料占 20%～40%。活性组分主要为玉髓及微晶石英，其中的玉髓是属于高活性的。

近 10～20 年来，我国混凝土工程界广泛推广含碱的早强剂和防冻剂，特别是北方地区。档案资料表明北京的一些立交桥掺有 5% $NaNO_2$ 和 3% Na_2SO_4，在某些情况下将使混凝土中总的碱含量高达 15～20kg/m³，为国外普遍认为的 3kg/m³ 安全碱含量的 5 倍以上。这样高的碱含量即使是集料活性不高也将出现严重问题。可以肯定，京津地区一些混凝土工程在短期内出现显著损坏与此有关。

供应北京地区的水泥均属高碱水泥。有的碱含量以等当量 Na_2O 计达 1.2%～1.4%，这在国外是不多见的(国外许多重视碱集料反应的国家都尽可能地降低到 0.6%以下)。

大量对比调查证实碱集料反应是破坏的重要因素。

(1) 北京丰台有一铁路跨线桥(现已拆除)建于 20 世纪三十年代，直到九十年代，挡墙及墩柱完好，说明混凝土是可以抵抗北京地区冬季的冰冻破坏的。

(2) 在山东兖石线上，同时使用四个厂家的大跨度应力桥梁，仅北京制造的有破坏。在滨绥线上的轨枕，也有相似情况，这就证明北京地区原材料有问题，因为这些厂家的生产设备和技术水平无甚差异。

(3) 在江西景德镇铁路线上，使用北京同一制品厂生产的预应力桥梁，用低碱水泥制成者无损坏，而用高碱水泥制成者损坏显著，这说明其破坏程度与水泥碱含量密切相关。

(4) 微观结构研究表明，破坏的轨枕、桥梁芯样中有碱的硅酸盐凝胶，这是得到多次证实的。

(5) 碱集料反应的直接证明是：工厂养护十余年的混凝土试块和在实验室养护的 1990 年从三元桥取出的芯样，发生严重破坏，前者裂缝宽达 0.5cm，尺寸由 15cm 膨胀至 16cm，后者遍布裂纹，而且肉眼能观察到裂缝贯穿集料颗粒，这绝非盐腐蚀、钢筋锈蚀或冻融所造成的，因为在实验室中养护不存在以上这些破坏作用。

四、对策与建议

根据世界各国经验，防治碱集料反应主要在于预防，为此提出如下的建议。

1. 修订标准规范

(1) 将建设部所订砂石材料标准(JGJ52、JGJ53)晋升为各行业的国家标准，重大混凝土工程必须对所有集料的碱活性进行分析和鉴定。

(2) 修改完善集料碱活性的鉴定标准，目前国内采用的标准(包括水工建筑)均参照美国前期的标准。现在国际上(包括美国)已有重大修改,为保证全国重大混凝土工程的安全性和耐久性,必须重新修订标准。

(3) 慎重使用各种用于混凝土工程的含碱外加剂,根据工程的重要性和环境条件,限制混凝土的碱含量,大力开发、推广无氯无碱外加剂。

2. 从原材料入手预防碱集料反应

(1) 在京津地区建立规模较大的优质砂、石材料供应基地,所供应的集料应事先有详细的勘察资料及日常检测,保证集料无碱活性并完全符合其他建筑标准,以供应大型重要工程。这是解决当前集料供应混乱的最主要途径,也是国外预防碱集料反应破坏作用的有效措施。

(2) 在京津地区建立能满足大型工程需要的低碱水泥厂(水泥碱含量以等当量 Na_2O 计低于 0.6%)。当前京津附近的水泥特别是大中型厂生产的水泥基本上属于高碱水泥,有的碱含量远远高于国际上的一般水平,而这些水泥常用于大型工程,隐患十分严重,使用低碱水泥预防碱集料反应是国际上公认的有效措施。现有高碱水泥厂应力争生产掺有混合材(如矿渣、粉煤灰等)的水泥。

3. 加强宣传教育和研究工作

应在现有基础上进一步扩大范围、加大深度、继承开展大型混凝土工程的调查研究。同时应加大宣传力度使全社会能像重视环保、能源、农业一样重视建筑业的可持续发展,既要重视施工速度,更应重视质量,提高耐久性。经验证明献礼工程、限期工程弊多利少。在任何情况下都应以保证长期耐久性为最重要的目标。

以上建议不仅适用于京津地区,对其他地区也有参考价值。

(注:由于选登主要内容,故文章中的图例省略)

附录 E 关于我国当前纤维混凝土研究与使用中的问题和误区

杨文科 韩民仓

道路、机场跑道所使用的混凝土和房屋建筑及其他领域所使用的混凝土有很大的不同。其主要特点是干硬，也就是单方混凝土用水量少、坍落度低。做配合比时，混凝土的其他指标也自然与房建混凝土有所不同，比如水泥用量相对较少，粗骨料用量相对较大等，都会使混凝土的密实度相对增加，抗折强度相对增加，体积稳定性相对得到改善，混凝土产生裂缝的可能性相对减少。为了有效防止机场与道路混凝土的主要破坏形式——断板和裂缝的出现，应该以抗折为主要控制指标；其混凝土配比原则应以如何提高抗折强度为主要目的。但混凝土是一种脆性材料，其抗折强度只是抗压强度的 10%～20%。要想借助改变配合比的方法来大幅度提高混凝土的抗折强度是不可能的。在混凝土中加入钢纤维，其原理是在混凝土中加入 2～4cm 长的"钢针"，在混凝土受拉时起拉接作用，从而达到提高混凝土抗折强度的目的。但由于这种方法工程成本较高较难推广，在 20 世纪 90 年代又出现了工程成本相对较低的高分子聚丙烯纤维来代替钢纤维。从 20 世纪 90 年代，我国的广大学者和工程技术人员对这种混凝土的新材料和新方法进行了大量的研究和试验工作，写出了许多论文和专著。21 世纪以来，这种纤维混凝土在机场和道路甚至其他领域的混凝土中得到了更多的应用，我国上海深圳等东南沿海地区出现了许多专门生产这种纤维的工厂。

作者是一个专门从事机场跑道工程建设的工程师。2003—2004 年，作者在南方和北方共三个机场，就纤维混凝土在机场的使用问题进行试验，目的是通过试验总结经验，使这一新材料、新技术在机场建设中能更好地得到使用。在试验过程中，我们翻阅了大量文献和专著，组织工程技术人员多次召开技术讨论会，对试验进行研究分析。本文就是对这几次试验中出现的情况和问题进行的分析和总结，希望能得到各位专家的批评指正。

第一次试验：讨论后决定放弃

2003 年 3 月，新疆某寒冷地区机场停机坪进行扩建，设计建议采用钢纤维混凝土新技术。设计钢纤维混凝土抗折强度为 28 天 6MPa(不加钢纤维设计一般为 5MPa)；设计道面混凝土厚度 22cm(不加钢纤维设计一般厚度为 30cm)。

业主会同设计、监理和施工单位共同进行试验。

钢纤维：采用上海厂生产的切削型钢纤维。单方混凝土用量为 60kg。

水泥：采用新疆伊犁南岗水泥厂生产的 PⅡ 42.5# 硅酸盐水泥。

粗骨料：伊犁产石灰岩碎石骨料，规格为 0.5~2cm、2~4cm 两种，视比重为 $2.71kg/cm^3$。

砂：伊犁河产青砂，细度模数为 2.8。

具体配比如表 E-1 所示。

表 E-1　具体配比

序　号	钢纤维/kg	水泥/kg	水/kg	砂/kg	碎石/kg	大小石比例
1	0	320	140	645	1435	60：40
2	60	350	157	673	1250	60：40

考虑到加入钢纤维后混凝土坍落度损失较大，必然造成施工困难，所以配比 2 相对配比 1 进行了适当调整，如降低了粗骨料用量，提高了砂率及水泥和水的用量。每个配比共做了三组 9 个试件，经 28 天标准养护，其抗折强度 1# 配比为 6.86MPa，2# 配比是 6.97MPa；抗压强度(用抗折试件断头做) 1# 配比为 53.65MPa，2# 配比为 51.87MPa。工程技术人员对试验结果进行了研究分析，结论如下。

(1) 由于混凝土试验方法中存在许多系统误差及偶然误差，根据我们的施工现场经验，在试验组数较少的情况下，对强度在 5% 以内的变化，一般认为没有变化。也就是说：1# 配比和 2# 配比的强度应是同一水平，加了钢纤维以后并没有引起强度的极大增加，特别是抗折强度。

(2) 根据其他科技资料，一般钢纤维混凝土的水泥用量在 400kg 以上，抗折强度才能有幅度较大的提高。但本次试验水泥用量采用 350kg，是因为我国机场道面混凝土的水泥用量，一般为 300~350kg。把水泥用量大幅度提高到 400kg 以上，对道面的耐久性会不会带来危害，大家心里没底。

(3) 从经济方面讲：单为了把混凝土的抗折强度提高 20%，也就是提高 1~1.5MPa，而单方混凝土增加水泥用量 50~100kg，钢纤维增加 60kg，工程的实际成本将增加一倍以上，而且还无法确定是否给混凝土的耐久性带来了有利影响。

在这种情况下，大家放弃了这次试验。在本次机场停机坪改造施工中，没有加入钢纤维。

第二次试验：基本满足施工要求

2003 年在海南某机场改造工程中，设计停机坪为钢纤维混凝土。设计抗折强度 6.5MPa，混凝土厚度 22cm(按民航规定，如果是素混凝土，本机场的停机坪厚度一般是 30cm)。碎石采用粗粒式花岗岩破碎，规格为 0.5～2cm、2～4cm 两种规格，视比重为 2.68kg/cm³。水泥为海南产海岛牌 P.O42.5，钢纤维为江西工程纤维科学技术研究所生产的切削型钢纤维。

作者根据第一次试验的经验，在计划本次试验原则时，就决定大幅度提高水泥用量，进一步降低粗骨料用量并提高砂率。在增加水泥用量的同时，为了防止因水泥用量过大引起断板裂缝等一系列不良影响，本次试验经各方工程技术人员研究后决定加入粉煤灰。试验共进行了两次。

第一次试验配比表如表 E-2 所示，第二次试验配比表如表 E-3 所示。

表 E-2　第一次钢纤维混凝土配合比表

序号	每方混凝土材料用量/kg							7 天强度/MPa	
	水泥	粉煤灰	水	水灰比	砂	碎石	钢纤维	抗压	抗折
1	335	70	155	0.42	625	1215	55	44.1	5.6
2	340	65	155	0.42	625	1215	55	43.8	5.6
3	360	60	150	0.38	684	1300	55	42.1	4.6
4	360	60	155	0.39	649	1235	55	43.5	5.01

表 E-3　第二次钢纤维混凝土配合比表

序号	每方混凝土材料用量/kg							28 天强度/MPa	
	水泥	粉煤灰	水	水灰比	砂	碎石	钢纤维	抗压	抗折
1	370	60	155	0.38	630	1225	55	51.1	7.11
2	380	50	155	0.37	630	1225	55	50.8	7.25
3	390	50	155	0.37	630	1215	55	52.6	7.20

第一次试验 7 天强度和我们以前做的素混凝土 7 天强度相比没有变化。

本次试验结果也无规律性可循。大家研究认为可能是粗骨料粒径过大和水泥用量过小影响了试验结果。所以决定将粗骨料中的2～4cm碎石取消，并进一步加大水泥用量，重新做试验。

通过第二次试验，我们认为钢纤维对混凝土的抗压强度没有影响，在增加水泥用量的前提下，混凝土的抗折强度增加了20%左右。

由于海南地处热带，本次对混凝土的抗冻没有试验，抗渗也由于现场条件有限没有进行。但大家对素混凝土和钢纤维混凝土抗折试件(15cm×15cm×55cm)的28天吸水量进行了对比，发现没有明显的变化，也可大致认为钢纤维对混凝土的渗透性没有明显的改善。

试验结束后我们立即组织施工。两个多月的施工结束后，我们组织业主、监理和施工单位的工程技术人员召开了技术讨论会，对钢纤维混凝土施工工艺和技术问题进行了总结，结论如下。

(1) 由于机场飞机跑道和滑行道对道面的粗糙度有较高要求，加入钢纤维后无法进行旨在提高道面粗糙度的拉毛或压槽作业，刻槽又容易将钢纤维刻断。所以钢纤维目前还不能用于机场飞机跑道和滑行道等关键部位，只能用于飞机停机坪等对粗糙度要求相对较小的部位。

(2) 经过计算，加入钢纤维后，使道面混凝土的工程成本增加了100%以上，而实际的结果仅仅是使混凝土的抗折强度增加了20%左右，其他性能指标都未见明显改善，这使得加入钢纤维的实际工程意义有多大，值得怀疑。

(3) 加入钢纤维后使施工增加的难度主要有：①搅拌困难。一般道面混凝土的搅拌时间为90～120s，而钢纤维混凝土的搅拌时间为180～210s。②抹面难度大。每次抹面，都会有为数不少的钢纤维尖头露出来，必须人工拔出来或用抹子压下去。③容易起球结团。每次施工都有不少结团的钢纤维被拣出来。

(4) 加入钢纤维后，使混凝土的泌水现象减少，但未见对减少混凝土裂缝(特别是塑性阶段的裂缝)有明显好处。

第三次试验：未发现聚酯纤维对道面混凝土的任何性能有改善

由于加入钢纤维成本过大以及在飞机跑道、滑行道等关键部位无法采用等原因，2004年1月，在浙江某机场，跑道滑行道设计要求采用聚酯纤维混凝土，抗折强度要求 5MPa。从 2 月份起，我们对此开始试验，目前已进入施工阶段。整个试验过程如下。

水泥：采用浙江江山虎山牌 P.O42.5 水泥。

纤维：采用北京海达工顺科技有限责任公司产的聚酯纤维。

碎石：采用本地产凝灰岩碎石，0.5～2cm、2～4cm 两种规格。做配合比时，大小石比例按 60∶40 考虑。

砂：采用福建南平产河砂，细度模数为 2.78。

具体配比如表 E-4 所示。

表 E-4　具体配比

序　号	水/kg	水泥/kg	水灰比	砂/kg	石子/kg	纤维/kg
1	149.5	325	0.46	626	1339	0
2	149.5	325	0.46	626	1339	1.2

28 天抗折强度，1#配比为 6.07MPa；2#配比为 6.13MPa。

抗压强度 1#配比为 51.2MPa；2#配比为 49.7MPa。我们通过对试件强度结果的分析，基本认为 1#和 2#配比是同一水平。我们又委托浙江省内其他科研单位进行试验，和我们自己的试验结果基本相同。由于加入纤维后跑道拉毛或刻槽工艺无法进行，设计采用压槽法。目前施工试验还在进行之中。

总结分析

通过以上三次在不同工程地点对纤维混凝土的试验，作者也多次在现场召开了有关技术人员参加的技术讨论会。我们认为：纤维混凝土作为新技术在机场道路上大范围推广还不成熟，主要原因如下。

(1) 对钢纤维来说，抗压强度没有增加，抗折强度增加了 20%左右，但这也是以大幅度提高胶凝材料用量和工程造价为代价的(水泥一般比我们的习惯用量增加了 100kg 以上)。我们一般认为，大幅度增加水泥及其他胶凝材料用量，只会使道面混凝土断板机会增加寿命减少，钢纤维混凝土会不会产生同样的结果，目前找不到技术资料，还不能下准确的结论；聚酯纤维加入后，道面混凝土的抗压抗折强度及抗渗指标都未见改善，或者说未见明显改善，没有达到改善混凝土脆性特点的目的。加这种材料的意义究竟在哪里？让每一位使用者都感到困惑。

(2) 从理论上来分析，纤维的加入，必将增加混凝土中的粗细骨料在振捣力的作用下寻求最大密实度的难度，在一定的条件下，会使混凝土的孔隙率增加。另外，针状的钢纤维周围由于绝壁的作用自然会使孔隙增加形成下水通道，怎么会使混凝土的抗冻和抗渗能力增强呢？也有人说，纤维的加入使混凝土的弹性模量增大，徐变变小，但对飞机跑道和道路混凝土来说，徐变也许是混凝土适应自然环境的一种能力。徐变变小，对机场和道路混凝土的耐久性是有利还是有害，目前还很难下结论。

(3) 工程成本的增加是惊人的。以钢纤维为例：每吨目前的市场价达到 7000～10000 元，以单方混凝土习惯掺量 60kg 计，单方混凝土仅钢纤维材料费增加就达 400～600 元，这足以使工程成本增加一倍以上。聚酯纤维的成本虽然相对较低，但正如前文所说，一个施工现场的工程师，很难找到要在飞机跑道混凝土中加这种新材料的合理理由。

结束语

总之，通过这几次工程实践，作者认为：纤维混凝土作为新材料在工程中使用，目前还存在许多问题。也就是说，它还是一个正在研究还需要完善的技术，有优点但同时还有许多缺点。有人说，纤维混凝土的使用将越来越广泛，坦率地讲，作者的看法恰恰相反。在试验过程中，笔者曾翻阅了大量的有关纤维混凝土的专著和科技文献，也发现了一些问题。比如有些专著和论文在谈到纤维混凝土的优点时，使用的篇幅较长，而谈到缺点时，或轻描淡写或只字不写，作者不认为这是实事求是的科学态度，这容易给施工现场的工作造成误导。总之，作者认为要使纤维混凝土广泛应用于工程实践中，我们还有很多的事要做，有很长的路要走。

附录 F 关于纤维混凝土应用的讨论

杨文科同志：

前些天听刘莹谈到您对纤维混凝土的应用存在疑问，今天又接到您的电话和发来的文章，我以前在交通部公路科研所工作过十几年，对道路工程有一些了解(我的专业是建筑材料)，下面就我看了您的文章后谈几点看法，供参考。

(1) 公路、机场等的道面板按现行规范规定，其抗折强度已经足够高，没有必要再掺纤维材料。与美国、英国的标准比较，他们的抗折强度才4MPa，而且翻修后达到2MPa就可以开放交通，这些说明：我国对道面混凝土的强度要求盲目地过于偏高。

(2) 近些年公路路面板、桥面板等断裂现象普遍，实际上并非因为混凝土抗折强度不足，而主要是由于以下几个原因。

① 现今水泥普遍粉磨过细、国内北方的水泥含碱量又较高，早在几十年前美国的研究就表明，这样的水泥拌制的混凝土抗裂性能差，用于浇筑路面板、桥面板容易出现开裂和断板(实际上并非碱骨料反应引起，骨料即使没有碱活性，这样的混凝土也比较容易开裂)。

② 目前国内的基层普遍刚性过大，对新浇筑的路面混凝土收缩变形(包括自身收缩、干燥收缩、温度收缩等)约束强烈，致使其内部在早期就产生相当大的内应力，叠加上开放交通后荷载产生的应力，以及环境温度、湿度反复变化引起的应力，超过其抗拉强度就出现开裂、断板。

③ 国内的路面接缝普遍用不耐久的填缝料填充，对排水设施不重视、做不好，传力杆设置施工也存在问题，因此道面板传递荷载能力随运行时间延长下降迅速。一旦道面板出现开裂(包括可见与不可见裂缝)，其整体性和承载力就受到很大影响，在外荷载和环境作用下则会进一步加剧道面板的开裂，这是由这种没有配筋的混凝土结构的本性所决定的。

(3) 各种纤维材料掺入混凝土所起的作用主要是提高混凝土的断裂韧性，而在一般掺量条件下都对抗折强度不会有明显影响。此外，其作用大小与混凝土用骨料最大粒径、纤维与水泥浆体的界面有显著关系。如我们曾研究过的活性粉末混凝土，只用细砂为骨料，掺入硅灰、粉煤灰、大剂量高效减水剂和2%体积钢纤维(160kg/m³)，使水胶比降低到0.15，可以制备出抗折强度达到50MPa的混凝土(国外部分人称为混凝土，但有人说应称砂浆)。

现在公路工程中有时用到钢纤维，主要是为了减薄路面板或桥面板厚度，以便增加桥下净空、减少土石方工程量等特殊需要；聚酯纤维因为弹性模量远小于混凝土，所以主要用于道面混凝土在多风、干燥季节时施工，减小施工过程混凝土表面水分蒸发迅速引起的塑性收缩开裂。

我同意你们文章中所说，由于商业需要，有些人夸大了纤维材料的抗裂效果，毫无必要地增加了工程成本，给国家和人民造成损失。但是，我认为宣传纤维材料的使用方法和适用范围，引导工程技术人员正确地应用也是必要的，如果你们认为有必要，也可以补充上你们的意见并由你们推荐到混凝土杂志社去供读者讨论。

清华大学
覃维祖

作者的回信

覃维祖教授：

首先对您在百忙之中给我们来信，表示诚挚谢意。拙文《关于我国当前纤维混凝土研究与使用中的问题和误区》在《混凝土》今年第七期发表后，作者接到许多专家学者来电，探讨此事。有人赞同，也有人反对(据作者寡闻，国际混凝土界对此事的看法也较混乱)。因而我们认为，大家参与讨论取得共识，给纤维混凝土一个准确定位，有极大的普遍意义。

下面就您信中所谈意见，谈几点我们的看法，供参考。

我们完全同意覃教授的看法，飞机跑道和公路路面混凝土发生断板现象并不是由于混凝土抗折强度不足的原因。相反，我们也认为：近几年片面追求过高的路面混凝土抗折强度，对耐久性来讲并不见得有利。强度过度增加的负面影响是混凝土弹性模量增高徐变能力变差，在温度应力的作用下，成为断板率增加的原因之一。而钢纤维混凝土只使抗折强度提高了

20%左右，这种增加对路面混凝土的使用寿命是否有利，我们认为目前还不能妄断，大大增加的工程成本使我们认为得不偿失。

许多人也认为：聚酯纤维对混凝土抗折抗压都没有明显改善，但对防止混凝土塑性阶段开裂有明显好处(经我们一年来的试验未发现有这样的优点)。混凝土表面塑性开裂，一般深度较浅(1mm 左右)，对飞机跑道和公路路面的使用寿命甚至耐久性都有十分有害的影响，对房建等行业来说，结构安全及耐久性的影响甚微。我们在近些年的机场跑道混凝土工程实践中，通过改善施工工艺和措施(如要求水泥厂适当降低水泥细度、大风高温时停止施工、及早喷雾或洒水养护等)已基本解决了混凝土塑性开裂问题。假如仅此原因就在混凝土中加入聚酯纤维，我们同样也认为存在着得不偿失的问题。

我们认为纤维混凝土应用的最好领域应该是以抗折强度为主的道路和机场。同样，我们认为如果在这两个领域的使用仅限在解决桥下净空和大风高温时施工等特殊需要，那么大范围推广这种材料的实际价值就值得怀疑。

正如拙文所说的那样，纤维混凝土作为新材料，要推广的确还有许多问题需要解决，也还有许多问题尚在争议之中，大家没有明确一致的意见。而现在，我国有纤维混凝土委员会，行业有专门的技术标准，全国有那么多专门的纤维生产厂家，如果学术部门不把其优缺点客观地说清楚，那么对整个工程领域，我们同样认为不是好现象。

以上拙见，不妥之处请覃教授批评指导，如覃教授同意，我们想把覃教授的意见和我们的看法一同投寄给《混凝土》杂志，以期与更多的同行讨论。

附录 G 十年前后同一混凝土试块的抗压强度数据对比及分析

高雪梅等

　　1995 年 6 月，我们在实验室门前修了一条小路。把当时压过的混凝土试块平铺一层，然后用 5cm 厚的水泥砂浆压平抹光。10 年后经常过往车辆的地方因磨损严重，试块又露了出来。笔者将它们取出，并找到 10 年前的原始记录，一一对应编号之后，重新又压了一次。表 G-1 为同一混凝土试块 10 年前后抗压数据的对比情况。表 G-2 为没找到原始记录的试块试压情况。

表 G-1　同一试块 10 年前后的抗压强度

序　号	成型日期	强度等级	R28/MPa	10 年后再压/MPa	试块状态	增长百分率/%
1	1994.04.10	C30	41.4	52.9	缺 1/3	27.8
2	1994.09.04	C20	12.4	26.9	缺角	116.9
3	1994.09.18		23.4	33.1	缺角	41.5
4	1994.09.19	C20	24.9	40.0	缺角	60.6
5	1994.09.26		22.7	38.7	缺角	70.5
6	1994.09.26		30.1(R9)	70.7	完整	135.0
7	1994.10.08	C25	38.1	67.6	缺角	77.4
8	1994.10.24	C30	30.2	44.2	缺角	46.4
9	1994.11.09	C20	20.0	38.4	缺 1/4	92.0
10	1994.11.10	C30	33.1	47.6	缺棱	43.8
11	1994.11.25	C30	35.6	54.2	完整	52.2
12	1994.11.27	C15	20.4	34.4	缺角	68.6
13	1995.03.30	C25	46.9	53.3	缺 1/3	13.6
14	1995.04.05		28.4	28.7	缺 1/3	1.06
15	1995.04.12	C20	21.8	28.1	缺角	28.9
16	1995.04.16	C20	28.8	31.1	缺 1/3	8.0
17	1995.04.20	C20	19.6	34.7	缺角	77.0
18	1995.04.21	C20	22.2	35.8	缺棱	61.3

续表

序　号	成型日期	强度等级	R28/MPa	10 年后再压/MPa	试块状态	增长百分率/%
19	1995.04.23	C20	22.2	42.7	缺棱	92.3
20	1995.04.27	C20	21.3	25.6	十道裂纹	20.0
21	1995.05.02	C15	19.6	34.7	缺棱	77.0
22	1995.05.04	C20	22.2	28.4	缺棱	27.9
23	1995.05.10	C20	24.4	36.9	缺棱	51.2
24	1995.07.01		22.8	42.9	缺角	46.4

表 G-2　无 10 年前原始记录的试块第二次抗压强度

序　号	成型日期	强度等级	10 年后再压荷载		试块状态	增长百分率/%
			/kN	/MPa		
1	1994.06.22	C25	1450	64.4	缺角	
2	1994.07.01	C20	1380	61.3	完整	
3	1994.09.03	C30	1250	56.6	完整	
4	1994.09.03	C30	650	28.9	完整	
5	1994.09.08		500	22.2	缺 1/3	
6	1994.09.12	C20	1410	62.7	完整	
7	1994.09.21	C20	560	24.9	完整	
8	1994.09.25		1010	44.9	完整	
9	1994.09.29	C20	905	40.2	完整	
10	1994.10.01	C25	1595	70.9	缺角	
11	1994.10.13	C25	1375	61.1	完整	
12	1994.10.13	C25	1500	66.7	完整	
13	1994.10.27	C20	620	27.6	完整	
14	1994.12		360	16.0	完整	
15	1995.01.13		1280	56.9	完整	
16	1995.03.09	C10	1120	49.8	完整	
17	1995.03.22	C30	100	48.9	完整	
18	1995.04.25	C20	900	40.0	完整	
19	1995.05.05	C20	1410	62.7	完整	
20	1995.05.06		1110	49.3	完整	
21	1995.05.10	C10	815	36.2	完整	
22	1995.05.10	C10	735	32.7	完整	
23	1995.05.17	C20	540	24.0	完整	
24	1995.10.18	C20	1290	57.3	完整	

注：试块第二次试压的受压面积仍按原面积计算(即 22 500mm^2)。

从表中数据可以看出，尽管每一个试块的状态经过 10 年前的第一次试压后破坏程度不尽相同，但其抗压强度均有较大幅度的增长，尤其是试块状态较完整的，强度增长的幅度更大。笔者认为，这项试验验证了两个问题：①验证了混凝土确实具有自愈性。这一点，从试块的表面也可以观察到，曾经压开的裂缝，现在紧密地挤在一起，裂缝痕迹隐约可见。这种自动愈合的现象，很可能是由于当时尚未水化的水泥，在遇到较为潮湿的环境(如紧贴地面)后，吸收了土中的水分，水化又开始进行了。②混凝土的强度会随龄期的发展而不断增长。

把以上数据提供给感兴趣的同行，供大家做研究时参考。

附录 H　雾里看花的高性能混凝土

杨文科

一、什么是高性能混凝土

高性能混凝土自从 1994 年引入我国以来，其定义问题一直大同小异。阎培渝先生在文中引用了美国混凝土学会(ACI)关于高性能混凝土的正式定义："高性能混凝土是符合特殊性能组合和匀质性要求的混凝土，采用传统的原材料和一般的拌和、浇筑与养护方法，往往不能大量地生产出这种混凝土。所指特性例如：易于浇筑，振捣不离析，早强，长期力学性能，抗渗性、密实性，低水化温升，韧性，体积稳定性，恶劣环境下的较长寿命"。

吴中伟院士给出的定义是："高性能混凝土为一种新型高技术混凝土，是在大幅度提高普通混凝土性能的基础上采用现代混凝土技术制作的混凝土，它以耐久性作为设计的主要指标，针对不同的用途要求，对下列性能有重点地予以保证：耐久性、工作性、适用性、强度、体积稳定性以及经济合理性。为此，高性能混凝土在配制上的特点是低水胶比，选用优质原材料，并除水泥、集料外，必须掺加足够数量的矿物细掺料和高效外加剂。"这一说法作为当时最权威的说法被广泛引用，廉慧珍、阎培渝教授 1999 年在《21 世纪的混凝土及其面临的几个问题》一文中也引用了吴中伟院士的说法。并在该文中说："高性能混凝土大量使用矿物细掺料，既提高了混凝土性能，又减少了对水泥的需求，同时可降低煅烧熟料时 CO_2 的排放，因大量使用粉煤灰、矿渣及其他工业废料，减少了自然资源和能源的消耗以及对环境的污染，安全使用期长。可减少因修补和拆除造成的浪费和建筑垃圾。高性能混凝土适应了人类最大规模的改善和保护环境、节省能源和资源的需要。因此，高性能混凝土是可持续发展的混凝土，是 21 世纪的混凝土，但对高性能混凝土仍要一分为二，发挥其优点，克服缺点，以期不断完善。例如解决由于低水胶比引起的自收缩问题以及如何提高混凝土的韧性问题等。"

在我国，有的专家的定义与对吴中伟院士的定义有一些小的不同，冯乃谦教授在其专著《高性能混凝土》中说："高性能混凝土必须是高强的，因为一般情况下高强对耐久性有利。"黄士元教授认为把包括 30 MPa 的普通强度而耐久性好的混凝土也归入高性能混凝土范畴，则很难划分普通混凝土与高性能混凝土的差别，也难于与国际混凝土界沟通。中国土木工程学会高强与高性能混凝土委员会将高性能混凝土定义为以耐久性和可持续发展为基本要求并适合工业化生产与施工的混凝土。与传统的混凝土相比，这种高性能混凝土在配比上的特点是低用水量(水与胶凝材料总量之比低于 0.4，或至多不超过 0.45)，较低的水泥用量，并以化学外加剂和矿物掺合料作为水泥、水、砂、石之外的必需组分。廉慧珍教授等我国最权威的专家主编的《混凝土结构耐久性设计与施工指南》里对高性能混凝土的解释是：高性能混凝土是以耐久性为基本要求并满足工程其他特殊性能和匀质性要求、用常规材料和常规工艺制造的水泥基混凝土。我国 CECS 207—2006 高性能混凝土应用技术规程(由清华大学老年科技工作者协会和北京交通大学联合主编)中说：高性能混凝土是采用常规材料和工艺生产的能保证混凝土结构所要求的各项力学性能，并具有高耐久性、高工作性和高体积稳定性的混凝土。刘娟红、宋少民教授在他们编著的《绿色高性能混凝土技术与工程应用》一书中说，对高性能混凝土的定义或含义，国际上迄今为止尚没有一个统一的理解，各个国家不同的人群有不同的理解。美国学者更强调高强度和尺寸稳定性(北美型)，欧洲学者更注重耐久性，日本学者偏重于高工作性。

另外，作者所知道的，在行业里较有影响的各方面专家的专著有：1999年吴中伟、廉慧珍合著的《高性能混凝土》，2000 年冯乃谦、邢锋著的《高性能混凝土技术》，2006 年姚燕、王玲、田培编著的《高性能混凝土》，2011 年刘娟红、宋少民编著的《绿色高性能混凝土技术与工程应用》，2012年孙伟、缪昌文二位院士出版的《现代混凝土理论与技术》等。

之所以作者要在这儿列举这么多，就是要说明一点，以上这些论文、专著、指南、规范等，所指的高性能混凝土，虽然在定义时使用的文字略有不同，但都是一个具体的，掺有高效外加剂和大量矿物掺合料，工作性好的混凝土品种。吴中伟、廉慧珍合著的《高性能混凝土》第一页概论中开宗明义："高性能混凝土(HPC)是最近十几年出现的混凝土新品种,是经过漫长时间的发展,在长期研究与实践中创造的至今最完善的混凝土。"可见吴院士、廉教授最初也认为 HPC 是混凝土的一个品种。

正是由于以上的原因,近二十年来,高性能混凝土被广泛应用在我国各行各业各种不同类型的工程结构中。不论房屋、桥梁、隧道、道路、码头等,在学术界、科技界和权威的大力提倡下,几乎全部使用。因为在很多时候,高性能混凝土一直被学术界宣传为只有优点没有缺点的混凝土品种,有何理由不使用?

关于高性能混凝土在我国的使用和发展,《黑龙江科技信息》2009 年第 29 期发表的唐建华、蔡基伟二位先生的《高性能混凝土的研究与发展现状》一文说得比较全面,作者在此不再摘录,有兴趣的读者可以找来看看。

总之,可以这样说,近二十年来,高性能混凝土是我国混凝土科学领域里最重要、最时髦的科技成果。为了研究它,有人投入了全部的精力,贡献了青春年华,国家更是投入了大量的人力物力。发表在我国各种科技杂志上的难以计数的论文对高性能混凝土的抗冻、抗渗、碳化、氯离子渗透、力学性能及耐久性进行了全面系统的研究,这些研究和成果许多也是由国家各种科学基金支持的,许多也得到了国家的奖励,它们的作者有院士、有教授、也有一线的工程技术人员。有的行业在总结大量的研究成果和实践经验的基础上制定了规范。

那么都有哪位学者认为高性能混凝土不是一个品种呢?作者反复查阅了能力所及的文献,主要有:2003 年 7 月,廉慧珍教授在《混凝土》杂志发表了《对"高性能混凝土"十年来推广应用的反思》一文提出:高性能混凝土不是一个混凝土的品种而是强调混凝土的"性能"(performance)或者质量、状态、水平,或者说是一种质量目标。这在我国应该是第一次。2010 年 6 月,廉慧珍教授在《混凝土世界》发表了《对"高性能混凝土"的再反思》一文,再次强调,高性能混凝土并不是一个混凝土的品种,而是强调混凝土的"性能"(performance)或者质量、状态、水平等表现,或者说是一种质量目标。2010 年,阎培渝教授在第七届高强与高性能混凝土学术会议上发表了《高强与高性能混凝土发展现状》一文,也说高性能混凝土不是一个混凝土品种而是一个质量目标。另外,覃维祖教授 2011 年在给刘娟红、宋少民教授《绿色高性能混凝土技术与工程应用》一书作序中也说："高性能混凝土(HPC)则是充分考虑了现今范围宽广的不同工程和环境条件的不同，对新拌与硬化混凝土性能要求迥异的前提下，所提出的新的概念和定义。美国混凝土学会(ACI)在1998年将HPC的定义整理发表时，曾强调指出'HPC的特性，是针对一定的应用和环境所要求的'。也就是说，HPC并不是一类具有特定性能的混凝土。"作者认为：覃教授这段话的意思也是，高性能混凝土不是一个混凝土品种。

作者目前所知道的只有这三位学者有这样的观点，没有再看到其他学者有这样的说法或同意他们的观点。而且这三位学者的看法，只发表在学术讨论会上或杂志上，并没有出现在更有权威性的规范、指南上。在我国，应该说这种观点还只是部分学者的观点。

如果说高性能混凝土不是一个混凝土品种，这对于把它当成一个品种，倾其全部精力进行研究的广大学者，对我国正在按绝大多数人的观点来进行教学、科研和施工的混凝土界来说，无疑是发生了一场八级学术地震。

二、争议发生的时间及原因

为什么有人会有这种与众不同的说法呢？产生的原因到底是什么呢？作者反复查阅资料，进行了一些研究和分析。

以廉慧珍教授为例，2003年第一次提出高性能混凝土不是一个品种而是一个质量目标，而高性能混凝土是1994年引进到我国的，到此时已经有十年的时间了，所以她当年文章的题目就是《对"高性能混凝土"十年来推广应用的反思》。而在此之前，她也发表了不少的文章，特别是1999年和吴中伟院士合著的《高性能混凝土》一书，一直被我国混凝土界看作最权威的著作。在这本书中，她非常明确地说过高性能混凝土就是一个混凝土品种。就作者所能找到的资料还有：2005年，由廉慧珍教授本人起草的(主要起草人)《混凝土结构耐久性设计与施工指南》里的解释是：高性能混凝土是以耐久性为基本要求并满足工程其他特殊性能和匀质性要求、用常规材料和常规工艺制造的水泥基混凝土。这和她在2003年发表的《对"高性能混凝土"十年来推广应用的反思》一文的观点明显不同。由于《混凝土结构耐久性设计与施工指南》更有权威性，我们有理由认为，廉教授在

2005 年的学术观点，并没有认为高性能混凝土不是一个具体的混凝土品种而是一个质量目标。2008 年，由《混凝土结构耐久性设计与施工指南》演变而来的，也是由廉教授任主要起草人的《混凝土结构耐久性设计规范》中，取消了在现代混凝土中非常重要的高性能混凝土一词的解释，也没有说高性能混凝土是一个质量目标，由此可见，廉教授本人对这个问题的认识也是有一个变化的过程的。阎培渝教授和覃维祖教授的情况也类似。

　　为什么他们三位学者的认识有一个发展变化的过程呢？作者认为，这与高性能混凝土在我国推广过程中出现的许多问题，甚至可以说是质量事故有关。

　　我国从 20 世纪 80 年代开始，基本建设投资规模不断增大，城市里的摩天大楼及跨海跨江大桥等大型工程不断增多。而这些工程中的混凝土构件，其明显特点是钢筋的密集程度比过去成倍增长。这使得过去的混凝土施工工艺明显出现了不适应性。特别是到 20 世纪 90 年代，由于构件中钢筋过度密集，用旧的施工工艺很难振捣密实，混凝土表面经常出现蜂窝、麻面和狗洞等质量问题。

　　就是在这种情况下，1994 年，清华大学从国外引进了高性能混凝土(廉慧珍和覃维祖教授应该都是主要参与者之一)，这种混凝土的显著特征就是坍落度大、易振捣、能泵送等，大大降低了工人的劳动强度。也使工程进度明显加快。特别使混凝土表面经常出现的蜂窝、麻面和狗洞等质量问题基本绝迹。推广之初，受到了工程界的广泛欢迎。对于这种混凝土叫什么还有一个小插曲：这就像刚出生的孩子，父母当然想起一个响亮的名字。据廉慧珍教授介绍，吴中伟先生是国内最早(1992 年 6 月)提到 HPC(High Performance Concrete)的人，当时他把 HPC 译成"高功能混凝土"，也有人译成"高性能混凝土"。1993 年下半年，我和吴中伟先生讨论对 Performance 的翻译问题，认为 HPC 译成"高效能混凝土"比较贴切些，后来，有些工程技术人员提出，"高效能混凝土"叫起来觉得别扭，希望暂时叫"高性能混凝土"。我们接受了这个意见。(以上摘自廉慧珍教授《对"高性能混凝土"的再反思》一文)

　　但是，任何事物都有两面性，混凝土科学也不例外。这种混凝土虽然帮助工程界解决了许多问题，比如降低了工人的劳动强度。加快了工程进度。混凝土表面经常出现的蜂窝、麻面和狗洞等质量问题基本绝迹了。但同时却带来了新的，甚至比过去还要严重的质量问题，那就是裂缝。这是学者们最初可能没有想到的。

作者是 1997 年在兰州一个大型公用建筑上第一次使用高性能混凝土。混凝土打完 7 天养护结束后，发现在一道 56m 长的地梁上，每隔 6～8m 的距离，就有一条基本是贯穿性的裂缝。在工程一线工作十几年，从来没有发现如此严重的裂缝。

1986 年，作者在秦皇岛一个铁路工地任技术员，在一个桥墩的顶帽上发现了一条长 32cm，宽不足 1mm(当时量的不准确，有人说 0.9mm，也有人说只有 0.6mm 的裂缝)，从铁道部到单位，各级质量管理部门的领导都到了，开事故分析会，想解决办法，工地的主管工程师和队长写检查，扣奖金并影响到以后的个人升迁。

工地的指挥长一个月没有睡好觉。停工，开会分析原因，商量处理方案。但所有的工程技术人员都无良策。有人建议可以参观一下全国其他地方的同类工程，看看有没有类似情况发生。指挥部立即组织人员前往北京、上海和广州等大城市参观考察，发现凡是使用高性能混凝土的工地，裂缝已经成为普遍现象，而且无法解决。

高性能混凝土减少了粗骨料用量和粒径，增加了砂率和胶凝材料用量，使混凝土的流动性增大工作性变好，但同时体积稳定性必然变差，产生裂缝的可能性必然增大，这些现在看来很普通的原理，当时的学术界好像并不清楚。以致现场施工中认为最为严重的质量问题——裂缝，普遍地出现在全国各种重要的工程中。

一道梁出现了贯穿性的裂缝，一块板裂成豆腐块，这还能承受荷载吗？还有耐久性可言吗？混凝土还有强度吗？这些疑问不断被现场工程师提出。自然会被经常乐意下现场的廉慧珍教授所听到、所看到。所以，2003 年她写了《对"高性能混凝土"十年来推广应用的反思》一文。在文中，她总结了推广十年来出现的问题，首先纠正了高性能混凝土的概念，承认裂缝成为混凝土提早劣化的隐患。并且明确指出：混凝土首先就必须是体积稳定的、匀质的；开裂了的当然就不能称之为"高性能"。

但就作者所知，这篇文章并没有被学术界和工程界所重视。由于高性能混凝土在实验室用小试件做试验时表现出的十分良好的性能等原因，这种混凝土受到了几乎整个学术界的热烈追捧。许多专家学者不仅认为高性能混凝土是一个混凝土品种，而且认为是当今最完美的、只有优点没有缺点的混凝土品种。下面这段话是作者在一个论文中摘抄的："高性能混凝土是一种全新概念的混凝土，它以耐久性为首要设计指标，这种混凝土有可能为基础设施工程提供 100 年以上的使用寿命，它区别于传统混凝土。……高性能混凝土由于具有高耐久性、高工作性、高强度和高体积稳定性等许多优良特性，被认为是目前全世界性能最为全面的混凝土"(由于对高性能混凝土过分地热棒和我对这种观点的强烈的异议，按中国人的习惯，作者不在此写出此篇论文的名称和作者姓名——作者注)。类似的说法在我国近二十年来许多论文的开头结尾中是最常见的。

就这样高性能混凝土和它的伴生物——裂缝，出现在全国各种重要或不很重要的工程结构上。到了无板不裂，无梁不裂，裂是正常的，不裂不正常的地步。正如作者在《现代混凝土科学的问题与研究》一书中所说的那样："三十年前，谁敢说自己施工的混凝土工程有裂缝？今天，谁敢说自己施工的混凝土工程无裂缝？"(第 8 章：现代混凝土的癌症——裂缝)。2007年，作者在内蒙古陪同指挥长检查工地，指挥长抬头望着布满裂缝的现浇楼板忧心忡忡地问我：这能行吗？我说：这是当今耐久性最好的高性能混凝土。指挥长说：都快裂成凉席了，还耐久呢，蒙人也没有这么蒙的！

裂缝大量的增加始终是高性能混凝土绕不过去的问题。在这一点上，许多专家学者都进行了实事求是的说明，唐建华、蔡基伟两位先生在《高性能混凝土的研究与发展现状》一文中说：近年来在国内外却发生较多"高性能混凝土"结构开裂，特别是早期开裂问题。宋少民教授在他编著的《绿色高性能混凝土技术与工程应用》中说，近年来，随着混凝土技术的飞速发展，高强高性能混凝土已在工程中大量应用，然而混凝土的耐久性问题仍然是困扰工程界的难题，尤其是其体积稳定性已成为高性能混凝土发展的瓶颈。由于高性能混凝土具有水胶比低，胶凝材料用量大，粗骨料用量较少，浆体含量多且掺加了各种类型的外加剂等特点，以及对高性能混凝土认识不足等问题，使得目前的高性能混凝土"性能并不高"，例如：尚存在收缩大，早期易开裂，脆性大，耐火性差等缺陷。但同时也有个别学者提出一些"裂缝无害论"的学术思想。

2010年,廉慧珍教授写了《对"高性能混凝土"的再反思》一文,再次强调高性能混凝土不是一个混凝土品种,而是一个质量目标的学术观点。但正如作者在前文中所说,她的这种观点目前无论是在学术界还是在工程界,仍还是部分学者的观点。

通过以上论述,读者可以较为清楚地看到,高性能混凝土1994年从国外作为一个新的混凝土品种引进到我国,在使用过程中发现了问题。2003年廉慧珍教授第一个站出来进行纠正,但这个纠正,到目前还是没有得到绝大多数学者和工程技术人员的认可。裂缝,这个当前最严重的质量问题,还是在绝大多数工程中事实存在,严重影响了结构使用的安全性和耐久性。作者不同意阎培渝教授的说法,好像高性能混凝土从引进之日起就不是一个具体的品种,不存在前文所说的,有一个发展、认识和反思的过程。这就像一个将军打了一场败仗,把责任全推给部下。全是别人理解的不对,自己没有错,这不能说是实事求是的态度。我认为:土木工程界应该向全国人民道歉,是我们在只知其优点而不知其缺点的情况下,把它推荐给了全国人民。

三、下一步工作的对策和建议

(1) 人非圣贤,孰能无过?首先需要坚定我们的信心,我们不需要分清谁的责任,批判谁的错误,要承认科学探索的道路从来都是曲折的。我们对高性能混凝土的探索,道路也绝不会是平坦的。出现问题立即总结、修改,符合科学发展的一般规律。廉慧珍老师二十年里二次写出了"反思"的文章,这种勇于否定自我,发现问题和解决问题,使我们进一步接近真理的大学者风度,是永远值得我们尊敬和学习的。

(2) 作者认为:要按照美国混凝土学会(ACI)关于高性能混凝土的正式定义,在我国当前工程环境下大范围广泛地实现,几乎是不可能的。这就像"梦中情人"一样,不是每个人都能找到的。所以,要尽快取得学术界和工程界广大同仁的认可。目前在我国流行近二十年的高性能混凝土其"性能"并不高,其耐久性也并不是最好。承认它和其他普通品种的混凝土一样,有优点也有缺点。不能再大力提倡而是要限制它的使用范围。如果我们不抓紧时间这样做，我国发生严重质量事故，甚至房倒桥塌的频率可能会越来越高。但做到这一点，谈何容易！二十年了，许多学者专家还是按照过去的认知在进行学术活动，许多大中院校还在按过去的观点培养自己的研究生、博士。这种混凝土在他们眼里，如同"梦中情人"一般完美。现在要让他们转过弯来，谈何容易。这个教训何其深刻！

(3) 我们必须承认，目前工程界流行使用的这种掺有高效外加剂和大量矿物掺合料，工作性好的混凝土品种，在很长一段时间内，被我国学术界统一认定为高性能混凝土。而且现在还有许多学者继续坚持这种观点。有学者甚至在此基础上研究开发"超高性能混凝土"(其具体内容作者不熟悉，如果说法有误，请读者谅解)。作者认为：由于其体积稳定性差，容易裂缝，这种混凝土不能再继续叫作"高性能混凝土"。如果还这么叫，就容易引起人们的误解。那它应该叫什么？也是目前急需要解决的问题。由于它是目前我国使用数量最大、范围最广的混凝土，所以必须给它一个符合实际的命名。作者不同意高性能混凝土不是一个混凝土品种，是一个质量目标的命名，因为不论是纤维混凝土、泡沫混凝土、干硬性混凝土等，都指的是一个具体的混凝土品种，如果唯独高性能混凝土不是一个具体的品种，就容易造成混乱，也好像不符合学科的命名习惯。既然认为它是一个质量目标，那就叫"质量目标"或"全面质量目标"好了，通俗易懂。如果我们把一个近似或者说类似于全面质量目标管理的一个理念，叫高性能混凝土，就有名词炒作之嫌。

(4) 必须要再次指出的是，在引进高性能混凝土的时候，我们并没有用严谨科学的态度查明这个品种的混凝土的全部优缺点，指出它的使用范围等。在只知其一不知其二的情况下，就盲目地向全国推广，当时确实解决了蜂窝、麻面和狗洞等质量通病，也加快了工程进度，减轻了工人的劳动强度，却没有想到带来了比过去更为严重的质量问题——裂缝。使全国近二十年来的工程质量和耐久性明显下降，是一个不争的事实。而且影响还在继续，像脱缰的野马，阻挡非常困难。这就提醒我们的广大学者专家，在推广自己的科研成果，提出自己的新的学术观点的时候，一定要注意一分为二，指出优缺点和使用范围等。这是学术界更要吸取的深刻的经验教训。

(5) 作者认为：目前关于高性能混凝土的概念，学术界的认识比较混乱，大家正处在一个反思总结和再认识的过程中，很难能有一个人的观点得到绝大多数人的认同。所以，写这样的文章是一件出力不讨好的事。

以上是个人看法，引起争议是必然的。为了我国的混凝土科学事业能健康快速发展，作者再次请各位学者专家批评指导。

《现代混凝土科学的问题与研究》读后感

宋少民

2012 年夏在一次朋友聚会中初识杨文科先生，赠余其著作《现代混凝土科学的问题与研究》，此后中国混凝土与水泥制品协会召开《现代混凝土科学的问题与研究》主题沙龙，蒙同仁信任，我主持了此次研讨会。此期间研读了文科先生的著述，今第二版即将出版，受作者之邀谈谈对此书的读后感，仅代表个人观点，供大家参考。

1. 这是一本贴近工程技术人员的书

作者长期在建设一线从事混凝土技术工作，写作风格没有学府气息，读来简朴、易懂，往往直击问题进行分析，可读性强，所以受到行业许多技术人员的欢迎。这样的写法给许多技术类著作以启示，如果书的主要读者是一线技术人员这种文体比较适合。

2. 面对现代混凝土技术中存在的问题，敢于质疑和发表观点

现代混凝土的复杂性决定了我们应该坚持唯物辩证法，坚持两点论，不仅看到事物有利的一面，还应看到不利的一面。文科先生从另一个角度对于外加剂、粉煤灰、纤维、大流态的负面影响进行阐述，有助于我们更全面地认识现代混凝土技术。而且面对碱骨料反应这样的经典结论进行大胆质疑，勇气和精神可嘉。

3. 面对不同意见拥有豁达的心胸

《现代混凝土科学的问题与研究》出版后引起不小震动，褒贬两面，冰火两重天。面对不同观点、意见甚至是批评，文科先生能够坦然、开放地接纳，并将不同观点和意见列入第 2 版，请读者去思考和实践，这种做法令我十分钦佩，我的印象中没有人这样做过，值得我辈学界同仁学习。其实客观地说，我们许多学者写在书中的观点和技术也未必都能得到工程实践的证实。我们对待一个一线工程技术人员写的书应该更宽容一些，从积极的方面去看问题。

4. 注意克服以偏概全，看问题力戒极端

文科先生从工程中走来，深受过许多工程问题的"煎熬"和困惑，其切肤之痛跃然纸上。但面对现代混凝土这样一个复杂的庞大体系，仅从自己经历的工程问题的分析和体会中就得出结论对某项技术进行否定，很可能出现问题。正如哲人所说："当你看到 100 只白天鹅，你也不能说天鹅都是白的"。

例如，高性能混凝土技术确实存在一个发展的过程，人们对高性能混凝土的认识也有一个变化的过程，但 2010 年以后轮廓日渐清晰，著作中对高性能混凝土的认识存在问题，且结论过于极端。书中对碱骨料反应、粉煤灰、引气剂、纤维等内容论述也有类似痕迹。

5. 从实践中分析易，从研究到理论难

从大量工程实践出发进行分析，并提出观点和结论是本书特点，确实有许多有价值的观点与结论。但建议作者不要轻易将结论上升到理论高度。这样就进入了作者不够擅长的领域，反而容易受到质疑。书中"混凝土的三阶段"是基于作者长年工程实践对混凝土技术的思考和体会的总结，称其为"现代混凝土的三段论"较为合适，如果称其为理论需要更为深入的研究和严密的逻辑推演所形成的概念体系和基本原理。

有感于杨文科先生对混凝土的热爱和执着，发表以上观点与大家分享，不当之处敬请指教。

混凝土科学技术的创新
——我们应该怎样读杨文科的书

王栋民

杨文科先生的专著《现代混凝土科学的问题与研究》要再版和再印，委托我写一点东西，我感到不胜荣幸。而我确实也有话想说。

应该说这本书是近年来混凝土行业的一本火爆和畅销的专著，是一本同时受到热捧、追逐和质疑、批评的书。因其如此，就更加大大地增加了业内同行的关注度。

事实上，该书在出版前的论证中就受到了诸多业内专家的质疑，出版社曾委托多位业内学术界的专家教授审稿，反馈多不正面，最典型的说法是，本书"出版后会把行业搞乱了"。这反而引起出版社的极大兴趣，一本专业书籍能把一个行业搞乱那也不一般啊。经过进一步的多方论证，出版社力排众议，决定出版，没想到一炮打红。

该书出版后立刻在业界畅销，并引起激烈的讨论和相当的轰动，这在同类学术和技术著作中是少有的。工程界的同行们一片点赞声，大呼过瘾，认为说出了他们各自想说但说不出来、长期都积郁在心中的一些共性和关键问题，并且不失时机地、在相当程度上给出了化解之法和答案，对于工程界同仁大有启迪、深有帮助，认为是多少年来难得的帮助解决实际工程问题的好书。该书也引起了香港、台湾地区和海外工程技术界同行的关注和热捧，据说已经被翻译成英文在国外出版。然而该书却极大地挑战了国内学术界一些正统学者的学术底线和神经，学者们认为该书中很多对于概念的表述、原理的讨论等严重地不符合经典理论与教材，"错误"百出。如果将其扩散出去，将"流毒"读者，特别是对于在校学生危害甚广，扰乱行业。学者们忧心忡忡。有鉴于此，学者们非常有节制但也是忍无可忍地对于书中的学说提出了一些直接的批评、质疑和讨论。为此《商品混凝土》编辑部还专门组织了研讨会，文章连载，争鸣与讨论，以期促成观点的统一和认识的深化。

文科先生对于来自于各个方面的批评和质疑采取了非常包容和宽厚的态度，积极与学者们交流、周旋、探讨。有些批判观点他接受了，有些他还在坚持自我。他是一个对于工作非常认真的人，他也是一个一切从实际出发的人。他在工程一线工作奋斗二十多年，既有成功的经验也有失败的教训，他不断学习理论知识、积极总结工程案例，加以对照，形成自己的认识。他也不断质疑经典著作和教科书中成熟的理论，大胆提出和试图建立他自己的"理论"。他是一个让人敬佩和尊重的人。

笔者曾邀请文科先生到中国矿业大学做过技术报告并进行了深度交流，也曾去他主持的工程项目(包括首都新机场停机场及跑道工程)去参观、学习和交流，也有一些合作。相对而言，也了解学术界的担忧和工程界热捧的内在原因和理由。在此阐述一下个人观点，也期望向广大的读者说明：我们应该怎样读杨文科的书？也可以说是给专著《现代混凝土科学的问题与研究》做一导读。

首先，我想说这本书绝对不可以做大学生的教科书。理由是，这本书不够系统，且书中涉及的概念、原理、方法、解释确实有太多值得商榷的地方。对于尚没有形成基本学科认识的大学生，这本书会让他们感到困惑和混乱，同时书中的精彩和独到之处学生们也难以体会。

对于学术界包括专家学者以及研究生们，应该以"批判地学习和吸收"的观点来阅读本书。事实上，对于任何的知识、技术和学问，"批判地学习和吸收"应该是一个通则，记得施一公就很倡导 critical thinking("批判性思维"或"审辩式思维")的学习和工作方法。相对于灌输性的学习方法，批判性地学习将增加创造性。对于本书，"批判地学习和吸收"将更加重要。因为它不是成熟经典的教科书，而是对于行业热点、关键问题在实践基础上的思考和探索，错误和不准确在所难免。最重要的是，书中提到的十四个关键问题都是在作者二十余年工程建设一线中产生、提出、研究解决和理论深化的，来源于工程实践，来源于第一手资料，来源于独立的思考，而非来源于书本，这是其最重要的价值所在。相对于"批判性地学习和吸收"，还有一种观点是"否定与排斥"，因为书中有一些"错误"的概念而否认书中的技术价值，一概排斥，只批判而不吸收，窃以为也是不可取的。

对于工程界的同仁，建议在热捧、追逐的同时，也要多一些思考、研究、分析、质疑和结合自身实践的创新性应用，不断修正错误，取得进展。我想大家应该也是这么做的。

本书的特点如下：

(1) 问题来源是生产和工程实际，书中给出大量、丰富的第一手资料，有些数据年度跨度、地域跨度很大，非常珍贵。可供我们学习、分析和研讨。

(2) 所讨论的问题均是行业热点、关键问题，也是工程多发问题，是大家关注的焦点，如裂缝、耐久性、自愈合等问题。

(3) 作者幽默、诙谐的用笔手法，这体现了作者独特的风格，实际上也反映了作者在相关问题上独到的、独立的思考，如"碱骨料反应，你在哪里？"，"外加剂——是药三分毒"等。

(4) 按照作者所述方法进行的工程实践，最典型的是全国各地机场跑道建设中都取得了很好的效果、很大的成功，这是非常有说服力的，为理论的提出和提升奠定了工程实践基础。

(5) 作者在工程实践的基础上大胆提出了一些理论、概念和观点，以图丰富学科发展。

学者们质疑较多的其实就是上面的第 5 个特点。事实上文科先生在对于客观事实的诸多理论解释方面也确实有些问题，虽然这些问题并未影响到他把工程做好。如"引气剂是解决抗冻性问题的灵丹妙药吗？"一章，作者混淆了受冻破坏和冻融破坏的概念，对于典型工程由于质量问题在一年内的受冻破坏，而误认为是冻融破坏，导致对引气剂解决冻融耐久性作用的错误认识等等，不一而足。这些都应该纳入学术探讨的范畴。

总之，我认为本书是非常有技术价值的一本专著。我希望学术界、工程界以及高校研究生们都能够以"学习吸收、批判提升"的态度，来进行我们的科学研究和工程实践，为我国混凝土的科学技术创新和可持续发展贡献力量。

王栋民　教授、博导

中国矿业大学(北京)

混凝土与环境材料研究所

2017.9.25

后　记

今天，北京新机场，连绵秋雨从早晨下到现在，工地上一片沉寂。我坐在临时办公室的桌前，不断回想自己三十年来的混凝土人生。大胆按照自己的心里所想，不加润色修改，写下如下的东西。

作为一个在混凝土界摸爬滚打三十多年的现场工程师，今天，我想呼吁：我们的混凝土科学应该进入一个反思的时代。

混凝土这门经验学科，目前在全世界被学术界公认的许多观点、理论，都存在片面甚至完全错误等问题。而这些观点和理论全部来自世界上著名的院士、教授、权威学者及他们的实验室，这些实验室得出的研究成果给实际工程带来了技术进步，同时也给工程质量及耐久性带来了许多危害。随着我们对混凝土研究的深入，实践中不断地发现，这种现象似乎已经遍及整个学科的方方面面。

1990 年，由美国混凝土协会倡导的，被学术界推崇为质量和耐久性得到极大提高的高性能混凝土，是现代混凝土最重要、也是影响最大的一次技术革命，在全世界推广应用二十多年来，许多的工程实践证明，其质量、耐久性不是提高了，甚至是降低了。粉煤灰等其他胶凝材料的使用，是二十多年来现代混凝土技术进步最重要的标志，在全世界，有无数个实验室数据证明，它对质量和耐久性有良好的作用，但在混凝土中大量使用二十多年后，许多因粉煤灰使用过量或不当造成工程破坏的实例却不断被发现。以聚羧酸为代表的高效减水剂，是现代混凝土的重要技术手段。其优越的减水性能使它被广泛应用于全世界许多重要的工程结构中，但其使混凝土收缩和干缩的大幅度增加，对工程结构耐久性的负面作用，一直被学术界所忽视甚至掩饰。引气剂能大幅度提高抗冻性，这一观点被学术界所公认，可对提高实际工程的抗冻能力却很有限。钢纤维在实际工程中似乎从来也没有达到过学术界所认为的那样的效果，聚丙稀纤维对防止塑性开裂的效果也十分有限。1940 年被美国学者发现的碱骨料反应，七十多年来被学术界所公认，有众多的院士、教授、著名学者写有无数篇论文，确认其存在并明确其对工程有巨大的破坏作用，必须在工程中严加防范。可让学者们尴尬的是，至今在全世界也没有找到一个让大家公认的工程实例来证明这种学术观点的正确性。有关碱骨料反应的国际学术会议至今已经开了十多届，每届都会有大量的权威论文，研究此问题的权威院士教授坐在主席台上，享受着鲜花和掌声，好像从来也没有关心过，为什么全世界找不到一个工程实例来证明自己的学术观点。而为了防止碱骨料反应的发生，仅在中国，每年造成的经济损失就可达上百亿元！

还有许多科研成果都是以提高耐久性为前提的，但被用在工程中，实际的耐久性却变差了。特别是裂缝，已经普遍存在于各种非常重要的结构中，成了不治之症，一道梁裂成好几段，却被科学家判定为耐久性将超百年。学术界普遍认为：0.2mm 以下的裂缝对混凝土的耐久性没有影响，可事实上任何裂缝都会对耐久性有致命的影响，等等。以上这些问题的一个共同的现象是，我们扩大了许多研究成果的优点，而忽视甚至掩盖了它的缺点，而正是这些缺点，对混凝土的实际质量和耐久性有不同程度的危害，个别的危害甚至大于其优点。总之，在现代混凝土的理论体系中，许多都存在着权威结论和工程实际相去甚远的严重问题。这就是我们必须要反思的现实，我们这门学科，大量片面的，甚至完全错误的观点和结论已经占了大多数，用在工程实际中，完全正确的已经非常少了，这样下去，我们愧对科学的精神，也愧对我们的地球。

为什么会出现这样的问题？经过我多年研究和思考认为，这主要是由我们科学工作者的浮躁心态和混凝土这个学科的特点造成的。许多科学家只相信自己在实验室做出来的数据，不顾及在工程实践中的应用效果。可大量的事实证明，实验室的数据有时只能代表部分工程实际，有时甚至恰恰相反，这就是为什么我们大量权威的科研成果应用到实际中，常常得到的效果和我们的设想不一致甚至相反。

实验室数据和工程实际相关性很差，这是许多学者都发现了的，我认为这是现代混凝土重要的理论进步。一个科学发现和结论，在实验室被证实，这仅仅只能是科学发现的开始，而不是最终，否则，就是片面的甚至错误的。比如粉煤灰，到目前为止，权威的学术界只论述了它的火山灰效应、滚珠效应及对环境的保护效果，而它对干缩、对裂缝及对耐久性的许多不利影响很少被提及，对高效减水剂，我们只论述它良好的减水效果，但它使混凝土收缩的增加以致影响到耐久性却被忽略，以及高性能混凝土等，我们都犯了这样的错误。事实上，有许多结论也只有用在工程实际中才能知道是否正确，如对耐久性有重要影响的干缩、裂缝、徐变等，可我们过去很少甚至没有这样做，以致大量片面、甚至错误的结论充斥在我们的理论系统中，我们的专家就用这样的结论在指导工程实际，造成了全世界混凝土的质量和耐久性越来越差的残酷现实，我们的教授用这样的结论来培养新一代研究生、博士，危害何其大呀！特别是二十多年来，代表学科最新最高科研成果的高性能混凝土，被全世界的许多学者认为耐久性可超百年，是最完美无缺的，但它的实际耐久性在许多时候差到无法让人接受的地步！

让我们反思吧，我们今天才明白，由于混凝土的复杂性及长周期，要验证一个实验室结论的正确性，需要在长期的工程实践中，克服急于求成的浮躁心态，牺牲常人所能享受的人生幸福，静下心来不辞劳苦用十年、二十年甚至一生的精力，才有可能得出全面正确的结论！这样的付出，是非常巨大的，但我们必须这样做，因为这也许是我们这个学科唯一正确的工作方法。我们承认我们犯过错误，但我们不是有意的，因为科学发展的道路从来都不是平坦的。混凝土近二百年来的发展史，其许多真正的规律从现在起被我们重新认识，我们不必为过去走过的弯路而惭愧，恰恰这是我们前进的财富和资本，让我们努力吧！

杨文科